JN252026

「新たなものづくり」 3Dプリンタ活用最前線

基盤技術、次世代型開発から産業分野別導入事例、促進の取組みまで

監修 桐原 慎也 株式会社シグマクシス

NTS

(a)　法華経寺五重塔の 3D モデル　(b)　3D プリンタで作成した同模型

（資料：千葉大学大学院平沢研究室）

図 5　千葉大学大学院工学研究科の平沢研究室が作成した 3D モデルと 3D プリンタで作製した模型 (p.95)

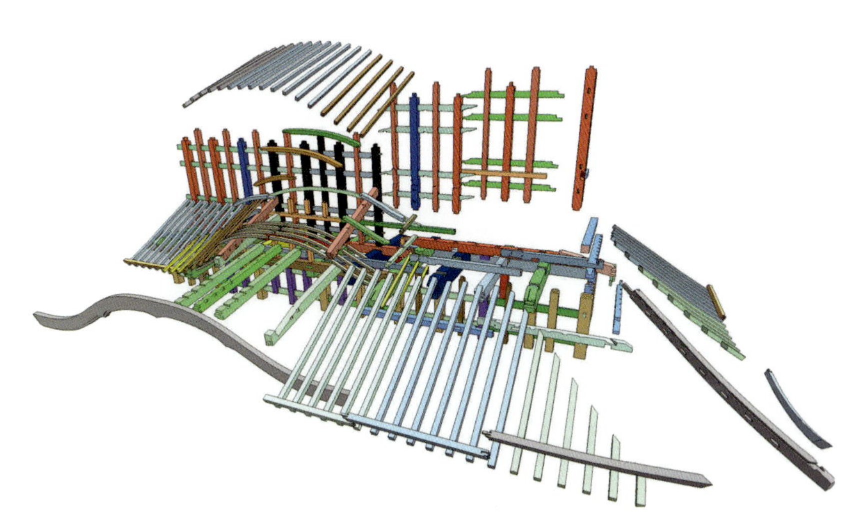

図 4　姫路城の屋根隅部の構成 (p.155)

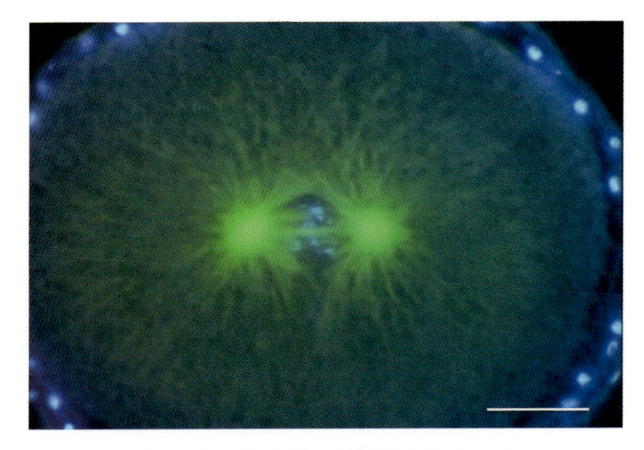

図 1　ホヤ卵の第一分裂の様子 (p.170)

緑色の細い繊維状の構造が微小管。強く光る 2 つの極から放射状に伸びており，それを星状体と呼ぶ。卵の中央部の水色の点は染色体。両極から染色体に向かっている微小管はラグビーボールのようなまとまりをつくっており，それを紡錘体と呼ぶ。この染色体と星状体，紡錘体をまとめて分裂装置と呼ぶ。卵の周囲にある水色の染色は，卵の周囲にあるテスト細胞の核。スケールバー，20 µm。

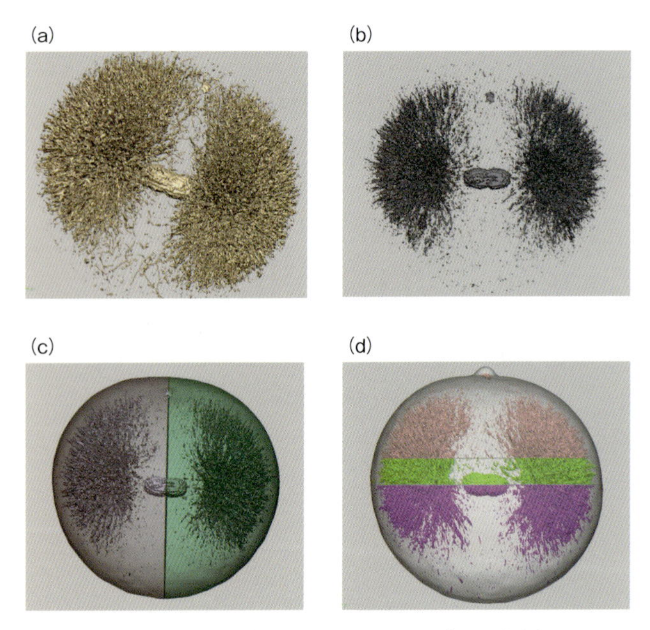

図 3　共焦点顕微鏡データからの 3D モデルの作製 (p.172)

(a) 卵表層まで広がった微小管の様子が分かるようにボリュームレンダリングを行ったもの。(b)～(d) 星状体の中心部付近まで透けて見えるように閾値を設定して 2 値化を行ったボリュームレンダリングモデル。(c)，(d) は，卵の表面の輪郭を別途抽出し，それと重ね合わせてある。また，内部を観察しやすいようにするためにどのようにパーツ分けするかを検討した際のパーツを色分けしている。

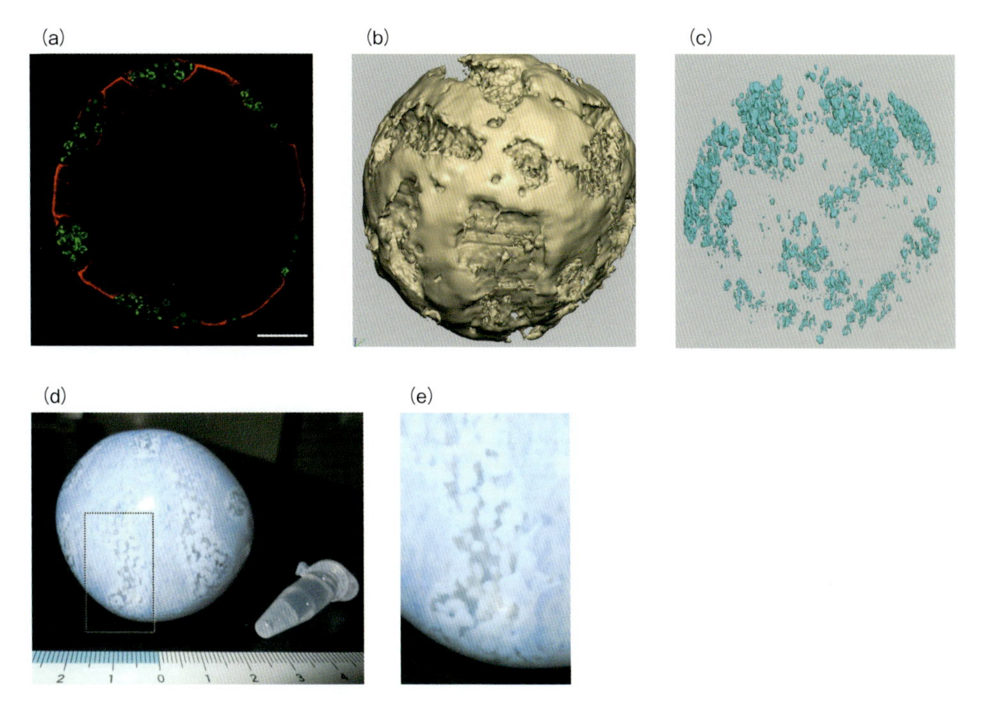

図 6　卵母細胞ステージ 4 のポケット構造 (p.175)

(a) 共焦点顕微鏡の光学断面。テスト細胞（緑）がアクチン染色（赤）で示された卵母細胞表面の細胞膜が落ち込んだ部分に詰まっている様子（ポケット構造）が観察される。(b)，(c) それぞれアクチン染色およびテスト細胞のボリュームレンダリングモデル。(d) 3D プリンタにより成形した 3D モデル。(e)，(d) の点線で囲った部分の拡大。ポケット構造は溝のような構造で，そこにテスト細胞が埋まっている様子がよく分かる。(a) のスケールバー，20 µm。

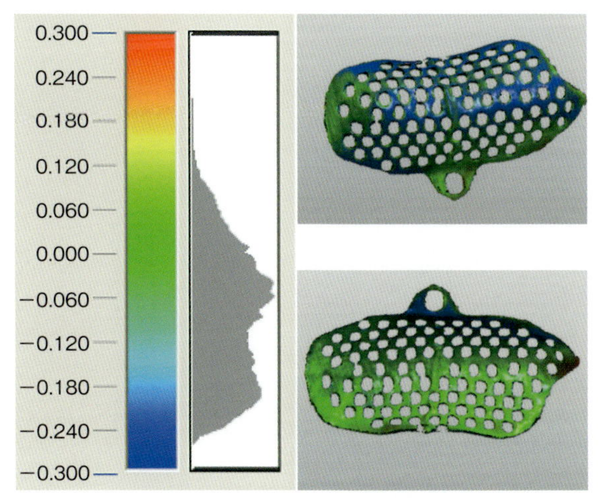

図 4　デザインしたデータと，作成物をスキャンしたデータを重ね合わせての精度の検証 (p.182)

一番大きな誤差でも 300 µm（青のエリア）以下であり自裁の骨造成には十分な精度であった。

監修・執筆者一覧

■**監修者**（敬称略）

桐原　慎也　株式会社シグマクシスデジタルフォースグループ　ディレクター

■**執筆者**（掲載順，敬称略）

小玉　秀男　特許業務法人快友国際特許事務所　弁理士

新野　俊樹　東京大学生産技術研究所　教授

安齋　正博　芝浦工業大学デザイン工学部　教授

笹原　弘之　東京農工大学大学院工学研究院　教授

阿部　壮志　山梨大学大学院総合研究部　助教

大林万利子　スマイルリンク株式会社　代表取締役社長

藤井　茉美　奈良先端科学技術大学院大学物質創成科学研究科　助教

浦岡　行治　奈良先端科学技術大学院大学物質創成科学研究科　教授

千葉　晶彦　東北大学金属材料研究所　教授

田内　英樹　株式会社ホワイトインパクト　代表取締役

前田　健二　ジャパンコンサルティング合同会社　CEO / 代表コンサルタント

林田　大造　JSR株式会社社長室インキュベーション・プロジェクト　3Dプロジェクトリーダー

桐原　慎也　株式会社シグマクシスデジタルフォースグループ　ディレクター

家入　龍太　株式会社イエイリ・ラボ　代表取締役 / 建設ITジャーナリスト

小林　　毅　マテリアライズジャパン株式会社 Software for Additive Manufacturing

村上　　隆　京都美術工芸大学工芸学部　教授

天谷　浩一　株式会社松浦機械製作所　常務取締役

森本　一穂　株式会社OPMラボラトリー　代表取締役

岡根　利光　国立研究開発法人産業技術総合研究所製造技術研究部門デジタル成形プロセス研究グループ　グループ長

栗原　文夫　株式会社ディーメック光成形事業部　統括

中川　敦仁　ライオン株式会社包装・容器技術研究所　副主席研究員

平沢　岳人　千葉大学大学院工学研究科　准教授

志手　一哉　芝浦工業大学工学部　准教授

西方　敬人　甲南大学フロンティアサイエンス学部　教授

柏崎　寿宣　八十島プロシード株式会社製造本部　部長

谷田部　弘　アトラス株式会社　代表取締役社長

小林　正浩　有限会社ロジック・アンド・システムズ　代表取締役

住田　知樹　九州大学大学院歯学研究院 / 九州大学病院顔面口腔外科　講師

國本　桂史　名古屋市立大学大学院芸術工学研究科　教授／名古屋市立大学病院医療デザイン研究センター　センター長
小山　克生　株式会社石澤製作所技術部　部長
高戸　　毅　東京大学医学部附属病院顎口腔外科・歯科矯正歯科　教授
藤原　夕子　東京大学医学部附属病院顎口腔外科・歯科矯正歯科　助教
菅野　勇樹　東京大学医学部附属病院顎口腔外科・歯科矯正歯科　助教
西條　英人　東京大学医学部附属病院顎口腔外科・歯科矯正歯科　講師
鄭　　雄一　東京大学大学院工学系研究科　教授
星　　和人　東京大学医学部附属病院顎口腔外科・歯科矯正歯科　准教授
池尾　直子　神戸大学大学院工学研究科　助教
原口　英剛　三菱重工業株式会社技術統括本部総合研究所製造研究部　主席研究員
堀　　秀輔　国立研究開発法人宇宙航空研究開発機構第一宇宙技術部門 H3 プロジェクトチーム主任開発員
山口　　清　株式会社リコー新規事業開発本部新規事業推進センター AM 事業室
飯塚　厚史　株式会社リコー新規事業開発本部新規事業推進センター AM 事業室
中本　貴之　地方独立行政法人大阪府立産業技術総合研究所加工成形科　主任研究員
木村　貴広　地方独立行政法人大阪府立産業技術総合研究所加工成形科　研究員
木村　勝典　地方独立行政法人鳥取県産業技術センター機械素材研究所計測制御科　科長
阿保友二郎　地方独立行政法人東京都立産業技術研究センター事業化支援本部多摩テクノプラザ電子・機械グループ　グループ長
横山　幸雄　地方独立行政法人東京都立産業技術研究センター開発本部開発第一部機械技術グループ　主任研究員
安達　　充　株式会社コイワイ　技術顧問
小岩井修二　株式会社コイワイ　専務取締役
小岩井豊己　株式会社コイワイ　代表取締役社長
鴫原　明里　経済産業省製造産業局素形材産業室　調査員

目　　次

※本書に記載されている製品名，サービス名等は各社もしくは各団体の登録商標または商標です。なお，本書に記載されている製品名，サービス名等には，必ずしも商標表示（®，TM）を付記していません。

はじめに

3D プリンタの発明経緯と次世代への期待

特許業務法人快友国際特許事務所　小玉　秀男

1. 光造形法の発明経緯

最初に，3D プリンタの契機となった光造形法の発明経緯を振り返ってみる。

1.1 3D プリンタの必要性を認識した機会

筆者は，名古屋市工業研究所に入所した 1977 年に，3DCAD システムの実演展示会に参加する機会を得た。横河ヒューレット・パッカード㈱（当時）が，3DCAD システムをつくり上げて展示していた。極めて初期段階のものであり，まだ 2 次元 CAD さえ珍しい時代であった。オペレータに 1 対 1 で指導してもらうことができ，3 次元形状の設計過程を体験することができた。設計作業を続けると形状が段々に複雑になっていく。すると設計している自分にさえ，設計途中の 3D 形状の把握が困難となることを実感した。システムはブラウン管を備えており，設計途中の 3D 形状の斜視図が表示される。見る角度を変えることもできた。しかしながら，立体感が得やすい斜視図とはいえ，2D 画像であり，3D 形状を 3D で表示するものではない。2D 画像から 3D 形状に変換する作業は人の頭脳による他はないのである。短時間の体験だったが，コンピュータの中では 3D 形状であり，人も 3D 形状を把握したいと思っているのに，人とシステムの間のインタフェースが 2D のブラウン管であることから，不都合な思いをすることを認識した。システムが 2D 画像しか出力しないために，3DCAD で設計した 3D 形状を，顧客や上司等に伝達して把握してもらう際にも問題が生じることを認識した。当時はすでに医用断層写真技術が実用化され，医師は輪切りした断層写真を何枚も見て 3D 形状を把握していた。3D 形状を 3D で表示する手法を開発できれば，多くの人に役立てるであろうことを認識したのである。

1.2 光造形法の源になった技術

3D 形状を 3D で表示する手法を開発したいと思いながらも，どうすれば 3D で表示できるのか，具体策が得られない日々が続いた。そんな期間が 3 年以上続いた 1980 年 2 月に，印刷機械展を見学する機会があった。その展示会に，帝人㈱が開発した感光性樹脂を利用する新聞印刷用の版下作製装置が展示されていた。その装置の構成は**図 1** のものであった。

透明ガラス板の上に枠を置き，枠内に液状の感光性樹脂を貯め，その上に白黒フィルム（新聞に印刷する文字形状の部分が白抜きになっている。図 1 (a) の例ではセンサの部分が白抜きになっている。）を被せ，上下から紫外線を照射する。下からは透明ガラス板越しに露光することから，枠内にある感光性樹脂が下から上に向かって一様に硬化して平板を形成する。上から

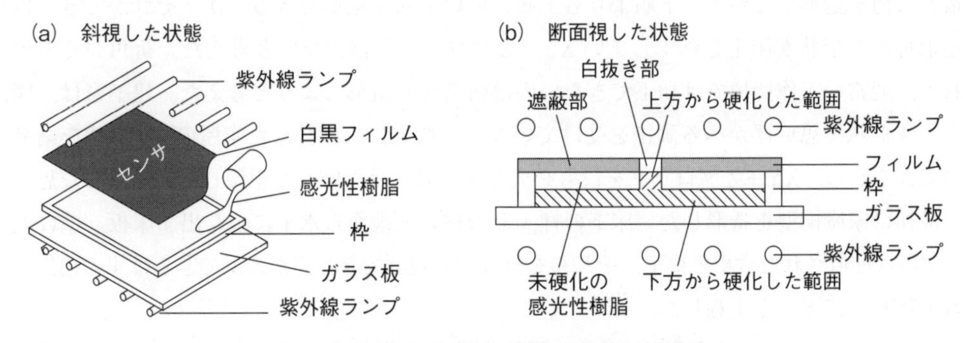

図 1 印刷機械展で見た版下作成装置の構成

は白黒フィルム越しに露光することから，白抜き文字形状の部分でのみ上から下に向かって硬化する。下から上に向かって硬化していく平板と，上から下に向かって硬化していく文字形状が密着するタイミングで露光を止め，枠内のモノをとりだして水洗する。未硬化の感光性樹脂が除去され，文字形状をした凸部群が平板上に固定されている版下が得られる。それを輪転機にセットして新聞紙を印刷するわけである。

1.3　光造形のコンセプトの誕生

それを見た段階では，新聞はそうして印刷するものかという程度のものであり，特段のことはなかった。展示会から職場に戻るバスの中で，さっきの技術はなんだったのかと振り返ってみた。ホトレジストを利用して半導体基板を加工する技術を知っていたので，それと対比した。初めて知ったことは，

⑴　ホトレジストは加工途中で利用するだけであって最終製品には残らないのに対し，版下作成技術では感光性樹脂自体で最終製品を造形する。

⑵　硬化させる厚みが制御可能であり，厚みの途中まで硬化させることができる。

⑶　上層をパターニングすると，下層と上層を位置決めして両者を接着する結果が得られる。

上記を認識したときに，第 1 層の上に第 2 層を描画し，第 2 層の上に第 3 層を描画することを続けていけば，3D 形状を 3D で表示できるはずであることに気付いた。当時に普及していた XY プロッタを立体化して XY＋Z プロッタに発展できることに気付いた。

1.4　光造形法の実証

XY＋Z プロッタに発展できれば実用的であろうと考え，検証したいと考えた。そこでバスを途中下車して展示会場に戻り，感光性樹脂の入手方法を問い合わせた。実演者は非常に親切であり，展示会での実演が終了して感光性樹脂が残っていれば，差し上げようと言っていただいた。実演終了時に残った感光性樹脂を頂戴して名古屋市工業研究所に帰った。早速に実験することにした。**図 2** の実験装置を手づくりした。頂戴してきた感光性樹脂を水槽に入れ，蓋から吊り下げた工作台を液中に置く。蝶ナットを緩めると，工作台とともに造形中の硬化物が液中を降下し，硬化物の表面が未硬化の感光性樹脂で覆われる仕掛けにした。その状態で白黒フィルム越しに水銀灯ランプで液面を照射する装置をつくった。研究所内にあった材料を寄せ集めて実験装置をつくり，勝手に実験を始めたのである。

最初に何を造形するか？　下層よりも上層が広い形状を造形できるのか？それができなければ造形可能な形状が限定されてしまい XY＋Z プロッタと言えないと考えた。折角つくるのであれば，通常の工作機械では加工できない内部構造まで造形しようと考えた。建築家は，図面から立体形状を思い浮かべる訓練を受けていない一般人に，設計した家屋の 3D 形状を納品するのであるから，XY＋Z プロッタを最も必要とするのではないかと想像した。そうした思いから，最初に家屋模型を造形した。床下の柱，その柱の上端から水平に張り出す床板，壁に囲まれた位置に配置された食卓と椅子，それらを外部から視認できる窓が造形できるはずの白黒フィルム（全体で 27 枚）を用意した。

最初は 1 層＝2 mm で造形した。2 mm 硬化させるのに 10 分の露光を要した。10 分露光し，

硬化物を沈め，白黒フィルムを取換える作業を27回繰り返した。27層の露光を終えて，硬化物を引き揚げてみたら，設計通りの家屋模型が液中から浮かび上がってきた。予想以上にうまくいったという意外感を感じたことを思い出す。

1.5　最初の造形物

図3が，その造形物の見本である。造形物は，27本の丸太を積み上げた丸木小屋風であった。1層の厚みが2mm程度に厚いと硬化層の側面が傾斜し，層と層の段差がはっきりと残ってしまう。そのために壁が透明とならず，食卓等の内部構造をはっきりと視認することはできなかった。ただし窓を通して覗き込むと，食卓も完成しており，従来の加工技術では造形できないものを造形できる技術であることを確信した。窓から食卓を撮影しようと試みたがうまく撮影できず，内部構造を示す写真がないのが残念であった。

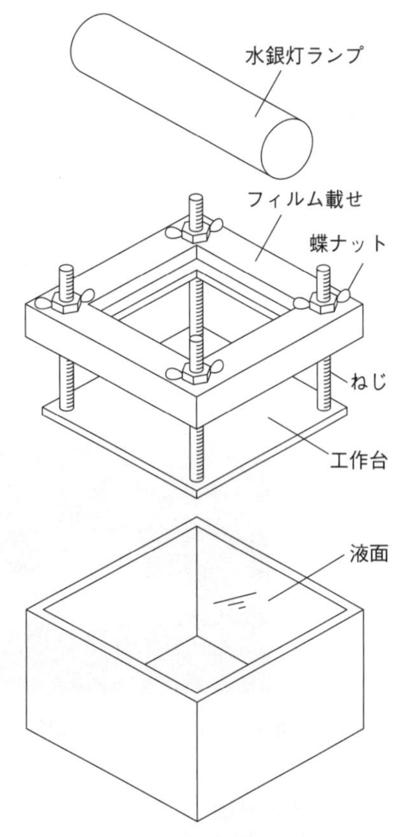

図2　光造形法の実証実験のために制作した実験装置。蓋などを水槽から持ち上げた状態

1.6　洗　浄

造形実験にはさほど苦労せずに成功したが，造形物の洗浄には苦労した。水槽から引き揚げた造形物には未硬化の液がへばり付いていた。壊れやすい造形物に強い力をかけて洗浄することもできず，いつまでも造形物表面が粘ついており，いささか閉口した。洗浄工程がネックとなってXY+Zプロッタを実用化できないのではと心配した。名古屋市工業研究所の化学部の助言を得て，なんとか洗浄可能となった[1]。

1.7　技術の発表

ともかくもXY+Zプロッタが実現可能であることを確認できたので，論文を書き[2]，電子情報学会で発表した[3]。

(a)　造形した家屋見本を斜視した写真

(b)　正面視した写真（開口は窓）

図3　造形見本の写真。左右は同じ見本を異なる角度から撮影

1.8　第 2 実験

XY＋Z プロッタを実現したいという思いで開始した研究である。断面ごとに白黒フィルムを作る必要があれば，XY＋Z プロッタとはいえない。そこで，白黒フィルムを用いる第 1 実験に続け，白黒フィルムを用いない第 2 実験を行った。光ファイバの先端で感光性樹脂の液面上を走査することで露光領域を制御する方式によって 3D 形状を造形できることを確認できた。**図 4** に，得られた造形見本を示す。角砂糖サイズの小さなモノであった。

これによって白黒フィルムをつくる必要がないことを実証でき，XY＋Z プロッタを実現する基礎実験が完了したと考えた。それまでの実験結果をまとめて，英語で発表した[4]。

(a)　斜視した写真

(b)　反対側から斜視した写真

図 4　フィルムレスで造形した見本の写真。左右は同じ見本を異なる角度から撮影

1.9　技術の評価

造形物見本を名古屋市研究所内の関係者に見せて回った。期待に反して評価はさんざんであった。丸木小屋をつくって何を遊んでいるのかという感想が返ってきた。論文発表や学会発表にも反応がなかった。最初に発表してから 1 年半が経過した段階で，3M 社の研究者が同種の論文を書いたことを発見した[5]。連絡をとったところ，3M 社でも技術の有用性が評価されないことを知った。当時の関係者の中に，内部構造まで造形してあったのを見てびっくりしたという感想をもった方がいたことを，随分と後になって知った。後日談であり，発表当時は好意的な反応に接することができなかったのである。

1.10　当時の記録

その後に名古屋市工業研究所を退職して弁理士に転職することにした。退職する際に，研究への未練を断ち切って弁理士業に集中しようと考え，実験装置，造形見本等の一切を廃棄処分して退職した。最初の光造形装置と最初の造形見本は残っていない。造形見本の写真が残っているに過ぎない。

1.11　実用化

その後に 3D Systems 社が実用機を完成し，多くの人の関心を集めた。やっと技術の有用性が認識されるようになった。実用機を完成するのに要した苦労と投資は，並大抵なものでなかったろうと感じたことを覚えている。実用機が完成し，百聞は一見にしかずの段階まで具体化しないと，技術が正当に評価されないことを実感した。

2. 取り組まなかった研究

2.1 取り組まなかった研究の 1

上記した 2 回の実験を終え，それぞれを報告する 2 通の論文を書いた段階で，この研究テーマはそれで一段落したと考え，次の研究テーマに移行することにした。当然のことであるが，XY＋Z プロッタを実用化するためには，造形精度を向上させる改良，造形速度を高速化する改良，3DCAD システムで扱うデータから断面形状に変換するソフトウエアの開発，光ビームによって断面内を塗りつぶすベクトルデータへ変換するソフトウエアの開発などが必要であった。しかしながら，それらは名古屋市工業研究所内における自分の仕事とは考えなかった。実用化に関心を持つ企業の仕事と考えたからである。

2.2 取り組まなかった研究の 2

光造形法の実験中に，XY＋Z プロッタは，「感光性樹脂と光」の組み合わせに限らず，「紛体と接着剤」「金属粉末と焼結用レーザ光」の組み合わせでも実現可能であることに気付いた。これらの組み合わせによっても，〔1.3〕で説明した(1)～(3)の現象を得ることができ，積層造形に利用できることに気付いた。実際に実験することも検討したが，光造形法と原理原則が一緒であり，あえて実験するまでのこともないと判断した。

3. 次世代 3D プリンタへの期待

現状で行っている「断面を積層する」手法は，いかにもプリミティブであって垢抜けない感じが否めない。現状の 3D プリンタは，3D とは言っているものの，実際には 2D プリンタの改造版であって，真の 3D プリンタではないように思われる。3D には 3D の造形方法があるはずだ。また現状の 3D プリンタは，多くの可動部を必要とする。積層するための可動部，処理前の液層または紛体層を形成するための可動部，断面を形成するための可動部などを必要とし，プリミティブな装置構成となっているように思われる。積層造形の原理を卒業し，可動部が劇的に減少した次世代 3D プリンタに遭遇したいと期待している。

文 献

1）小玉秀男：電子情報通信学会ニューズレター，161，14-15 (2015).

2）小玉秀男：電子通信学会論文誌，**J64-C** (4)，237-241 (1981).

3）昭和 56 年度電子通信学会総合全国大会予稿集，5-149 (1981).

4）H. Kodama：*Review of Scientific Instruments*, **52** (11) 1770-1773 (1981).

5）A. J. Herbert：*Journal of Applied Photographic Engineering*, **8** (4) 185-188 (1982).

第 1 編

付加製造技術に関わる定義と各種工法

東京大学　新野　俊樹

1. はじめに

付加製造技術（Additive Manufacturing，以下 AM と呼称）は，かつてラピッドプロトタイピングや積層造形などと呼ばれていた技術で，製造しようとする部品，もしくは部品の機能的な形状の大部分を，3 次元形状の計算機表現，いわゆる 3 次元 CAD データから，材料の付着・付加によってほぼ自動的に製造する技術である。

今日のかたちの AM 装置が最初に商品化されたのは 1988 年のことであり，その後さまざまな方式が考案され，現在では樹脂の他にも金属やセラミックによる造形が可能となっている。本編では，多くの AM 法に共通している共通原理（手続き）を説明した後に，代表的な造形法についていくつかのグループに分けて解説する。

2. AM と共通手続きとしての積層造形法

現在，Additive Manufacturing という語は ASTM 規格において定義されており，それを直訳すると，「材料を付着することによって物体を 3 次元形状の数値表現から作成するプロセス。多くの場合，層の上に層を積むことによって実現され，除去的な製造方法と対照的なものである。（後略）」[1] となっているが，この定義からすると，溶接やめっき，組み立てと区別することが難しい。そこで本編では，さらに範囲を狭めるために，注目されている形状について体積的に多くの部分が付着・付加によって製造されており，かつできるだけ人手による作業を排したもの，という意味を付け足して考えることとする。

ASTM 規格の定義にもあるように現在市販されている AM 装置のほとんどが積層造形（Layer Manufacturing）法という方式を採用している。**図 1** を用いてその概略について説明する。まず計算機内において，3 次元 CAD データから，この形状をあらかじめ定められた軸に直行する多数の面で切断したときに生じる薄片の断面形状が計算される。次に実世界において，各薄片を実際に作成し，それらを積み重ね，さらに接合することで計算機表現された形状を実体化する。手続き後半部分の，薄片を実体化し，重ねて，接合する具体的方法には，切削やレーザ切断，接着や溶接など，様々な従来の加工法が利用されている。すなわち積層造形の実世界で行われている部分は従来の加工法の組み合わせたものであるが，単に組み合わせただけではなく，それら手続きが全て自動化されていることが最大の特徴である。以下では，議論の範囲を積層造形から AM に広げ，具体的な加工法について解説していく。

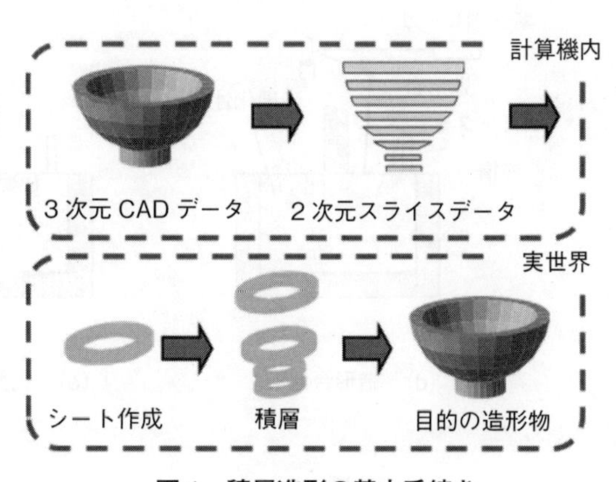

図 1　積層造形の基本手続き

3. 液槽光重合（Vat Photopolymerization）法[2) 3)]

槽に溜められた液状の光硬化性樹脂を，光重合によって選択的に硬化する AM 技術である。以下ではその代表的な造形法である光造形法（Stereolithography）について説明する。光造形は最も早い時期に実用化されたAM加工法であり，特に我が国ではAMの代名詞のように扱われていた時期がある。一般的な光造形装置は，**図 2** の (a) のように材料となる光硬化性の液状樹脂，その樹脂を溜めておく容器，その容器の中で上下に移動して精密に高さを決めることが可能な造形台，液面をならすためのリコーター，液面上を選択的に照射可能なレーザ走査システムから構成されている。

図 2 (b) ～ (f) にその工程を示す。まず，造形台を樹脂液面直下，いわゆる「ひたひた」の状態に配置する。計算機内で算出した最下層の切片の断面形状でレーザを照射することによって，最下層を実体化すると同時に造形台に固定する。次に，計算機内で想定した薄片の厚さの分だけ造形台の位置を下げ，その後リコーターで樹脂液面の表面をなでることによって，既に固化した層の上を未硬化の樹脂で濡らし，切片の厚さに相当する液の層をつくる。続いて下から 2 番目の切片の形にレーザを照射して，切片の形に硬化すると同時に下の層と接着する。以降は，液体樹脂の供給とレーザ照射による選択的固化と下層との接着を繰り返すことにより，3 次元形状を実体化することができる。

光造形法のバリエーションとして，開放された液面ではなく，透明な板で規制された液面に板を介して露光する方法もあり，前者を自由液面法，後者を規制液面法という。また，光源には集光されたレーザの他に，液晶や DMD (Digital Mirror Device) など 2 次元露光素子，また光ファイバアレイを用いたものもある。なお，ASTM の定義によれば Stereolithography は，レーザを光源とするものに限定されており，光造形法という日本語との若干の相違があるが，これまで Stereolithography と光造形法という言葉がほぼ同義として使われていたこと，液槽光重合方式の AM 装置の大部分がレーザを光源としていることから，本編では，レーザを光源とすることを条件とする Stereolithography の同義語として光造形を扱うこととする。

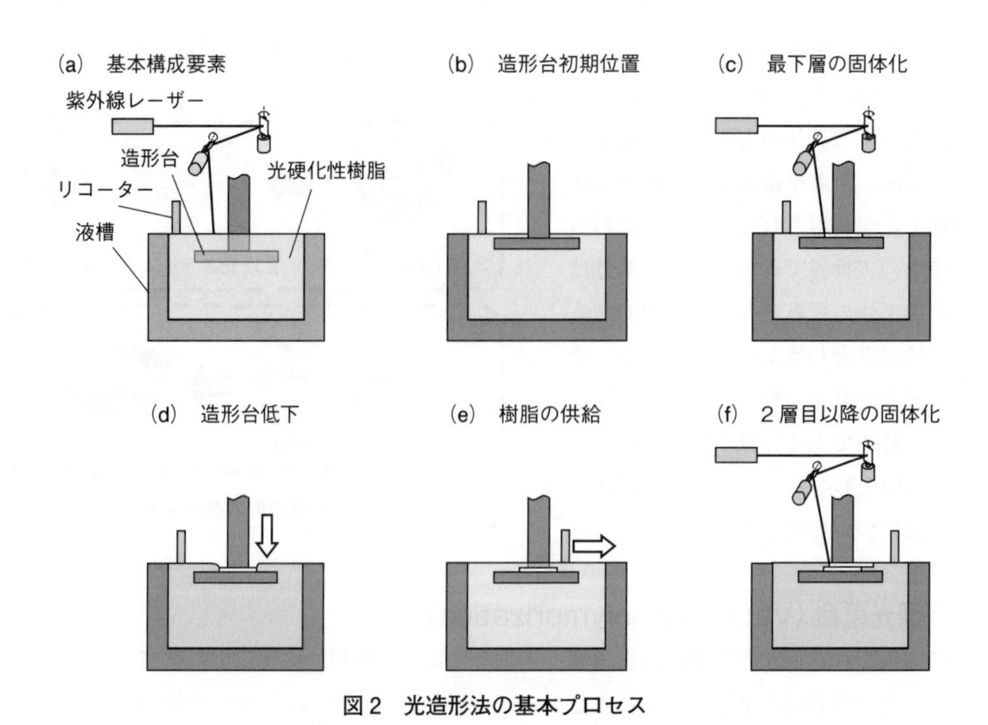

図 2　光造形法の基本プロセス

半導体製造などに用いられるフォトリソグラフィーを AM に利用したものであり，非常に高い分解能が得られるという点，また，透明な部品がつくりやすいという利点がある。一方で，材料が光硬化性の樹脂に限定されてしまうため，耐衝撃性や耐熱性，また寸法や形状の安定性面で他の AM 技術に比べて不利になる点もある。

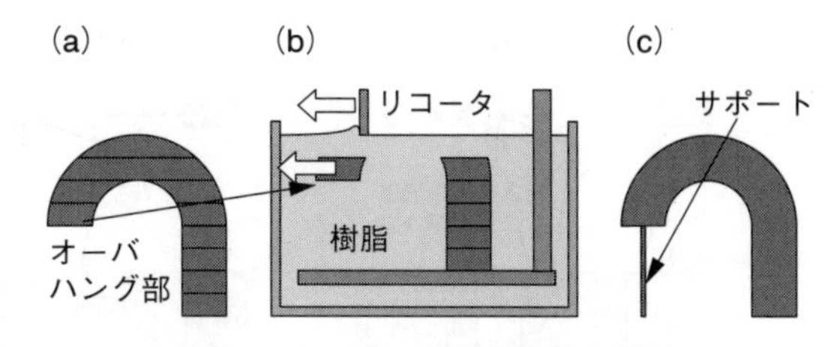

図 3　オーバーハング形状の造形

また**図 3** (a) のようなオーバーハングのある形状を造形しようとすると，オーバーハング部の最下層を硬化させたあと，その部分が流されてしまうことを防ぐために (図 3 (b))，補助的な構造体を造形しオーバーハング部を造形台に固定する (図 3 (c))。このような構造体は一般にサポート構造体と呼ばれ，造形完了後除去される犠牲的構造体である。また，使用する硬化性の樹脂のチクソ性を利用したり，樹脂を冷却して凍結することによってオーバーハング部を固定する方法がとられる場合もある。

4. 粉末床溶融結合法 (Powder Bed Fusion)[4) 5)]

粉末を敷きならしたもののある領域を熱エネルギーによって選択的に溶融結合させる AM 技術である。以下では，粉末床溶融結合法の代表的造形法の一つであるレーザ焼結法 (Laser Sintering，以下 LS 法) について説明する。レーザ焼結法は，**図 4** (a) のように，焼結可能な材料からなる粉末，粉末を溜め造形を行う場所 (造形床 (Part Bed) または粉末床 (Powder Bed))，造形床を上昇下降するピストン，ピストン下降時に造形床に新たな粉末を供給し表面を平坦にする粉末供給機構，造形床表面の一部を選択的に加熱溶融するレーザ走査システムから構成される。図 4 (b) ～ (e) にその工程を示す。

まず，平坦にならされた造形床表面にレーザを照射し，造形床表面付近の粉末を溶融し，再凝固させることによって，造形床表面を選択的に固体化する。次に，計算機内で想定した切片の厚さの分だけピストンを下げると造形床表面も低下するので，低下した分の粉末を供給し，新たな造形床表面を平滑化する。粉末供給機構には様々なものがあるが，図 4 では，供給機構のピストンを上昇後，リコーターローラーで低下した造形床に粉末を供給するものを示した。新たな造形床表面が得られたら，下から 2 番目の切片の形にレーザを照射して，造形床表面を選択的に固形化すると同時に，すでに固体化された下層と溶接する。以降，粉末の供給，レーザ照射による選択的固体化と下層との溶接を繰り返すことにより，3 次元形状を実体化することができる。

粉末床溶融結合法は，造形原理の基礎に熱を加えると溶融・融合し冷却すると再び固体化するという多くの材料が有する性質を利用しているため，適用可能な材料が多い。樹脂ではポリアミドやポリオレフィンなど，金属ではチタン系合金，鉄系合金，ニッケル系合金，コバルトクロム系多元合金，アルミ系合金，セラミックではアルミナが用いられる。これらの材料は，射出成形，鋳造，切削加工などといった従来の成形法，加工法との互換性が高く，粉末床溶融結合には従来製造法との置き換えが容易に想像できるという特徴があり，樹脂製少量生産品の製造例が数多く報告されている。

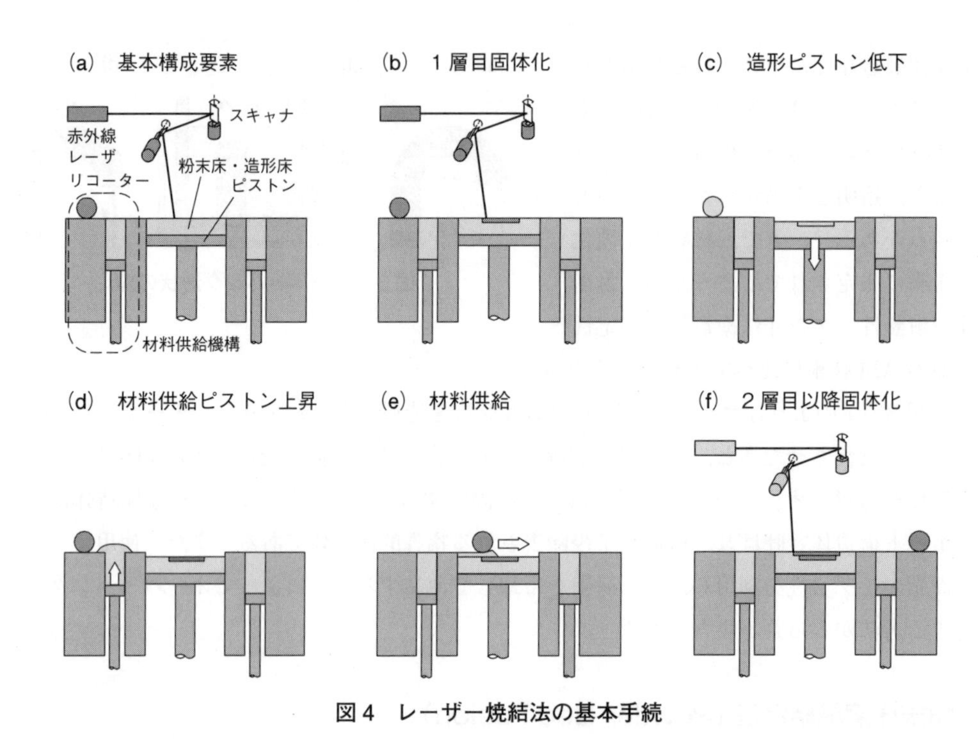

図4　レーザー焼結法の基本手続

加熱源には，レーザ，電子ビーム，ランプ，通常の（2次元の）プリンタなどに用いられているサーマルヘッドなどがある。ランプを用いたものでは選択的に加熱するための機構が必要となり，マスクを用いるものと，粉末床の上に光吸収剤でパターンを描画するものとが提案されている。

一部の粉末床溶融結合法においては，造形中に発生する応力によって造形物が変形することを防ぐために，液槽光重合法と同じように造形物を補助的構造体によって造形台に固定する場合がある。このような構造体は造形終了後に除去される犠牲的構造体であり，サポートもしくはアンカーと呼ばれる。また，金型の造形などにおいては，ベース部分をあらかじめ除去加工などで製作し，その上にアンカーやサポートを介さずに直接金型面を造形する場合もある。

なお，レーザ焼結法には，焼結という言葉が使われているが，粉末を固体化する際には融点以上の加熱が行われており，厳密には焼結ではないので注意が必要である。個々の粒子の一部を溶融し，造形物の充填率が95％程度までにとどまる造形の際に用いられることが多い。現在金属の造形では，粒子を完全に溶融しかつ99％以上の密度が得られており，選択的レーザ溶融（Selective Laser Melting，以下SLM）や電子線溶融（Electron Beam Melting）という言葉が用いられている。

5.　結合剤噴射法（Binder Jetting）[6)7)]

液状の結合剤を粉末床に噴射して選択的に固体化するAM技術である。粉末はインクジェット等によって薬剤を選択的に供給することによって固体化される（**図5**）。固体化の方法には，例えば，石膏を主材料として水を主成分とする結合剤で化学反応を利用して固体化するもの，プラスチックの粉末を溶剤で一度溶解してその後，溶剤を蒸発させることによって固体化させるもの，また主材料には特別な仕掛けがなく接着剤を噴射することで固体化するものなどがある。本造形法の基本特許のタイトルに由来して “three dimensional printing”（以下 3DP）と呼ばれることが多い。

石膏を主材料としたものは，結合剤を着色することでカラーの造形物ができるという特長がある。噴射されたバインダーだけでは充分な強度が得られない場合，後処理として樹脂を含浸する場合がある。造形速度も比較的高速で，レーザを使用していないことから，廉価版の AM 装置群，いわゆる 3 次元プリンタの代表格である。

また，耐火砂を用いたものは，鋳造用の砂型の製造にも利用されている。

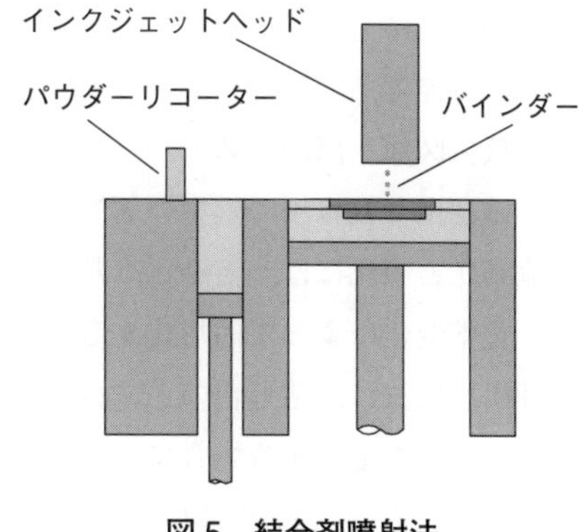

図 5　結合剤噴射法

6. シート積層法 (Sheet Lamination)[8)9)]

これまでに説明した造形法では，液体や粉末というある程度流動性のある材料が用いられていたが，シート積層法ではシート状の素材を用い，計算処理によって得られた断面形状の実体化には，せん断加工やレーザ加工などの除去加工が用いられる（**図 6**）。実体化された切片と切片の接合には接着や溶接が用いられる。本加工法には，紙やプラスチックフィルムの他に，アルミリボンを超音波溶接によって積層する方法（Ulrasonic Consolidation，以下 UC）も提案されている。UC は常温で金属が加工できる数少ない AM 法の一つである。

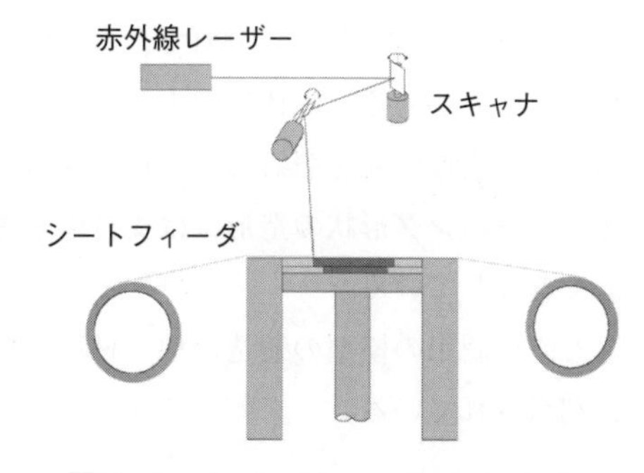

図 6　Laminate Object Manufacturing

7. 材料押出法 (Material Extrusion)[10)11)]

材料押出法は，液状もしくは粘性のある材料をノズルから押し出し，堆積すると同時に固化させる AM 法である（**図 7**）。代表的材料押出法である溶融物堆積法（Fused Deposition Modeling，以下 FDM）は，昇温して粘度の低下した熱可塑性樹脂（主に非晶性樹脂）をノズルから押し出し，吐出後に温度が低下することによって凝固させる方式である。この方式は，射出成形等の既存の加工方法と互換性のある材料が利用できることから，オーダーメード品や少量生産品の製造に利用されている。また，粉末を利用していないことから，置き治具や組立用の

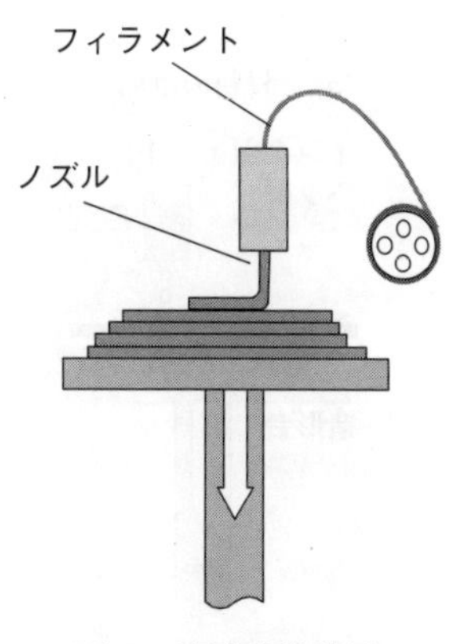

図 7　溶融物堆積法

治具の製造にも利用されている。一方で，レーザ等の高価な部品を必要としないことから価格低減も可能で，３次元プリンタとして廉価版が広く普及しているほか，低価格のキットの販売や，機械図面，部品リスト，ソフトウエアのいわゆるオープンソースの公開も行われており，意匠確認用や教育用の模型の製造にも広く利用されている。

流動化と固化には，溶融と冷却以外にも，液状の原材料を押し出した際に何らかの薬剤を与え，化学変化によって固形化するものなどが一部の用途で提案されている。

押出堆積法は，造形台の上に材料を積み上げることによってデータを実体化するので，オーバーハングを造形する場合には，光造形法と同様に支持構造体を配置しなければならない。支持構造体は造形完了後に取り除くので，破壊しやすいように粗な構造にしたり，また加水分解が容易な別の材料で造形したりといった工夫がされている。

8. 材料噴射法（Material Jetting）[12)]

材料の液滴を噴射し選択的に堆積し固体化する AM 技術である。噴射にはインクジェットが用いられることが多く，噴射できる材料は液体に限定されるので，吐出堆積後は速やかに固体化する必要がある。固体化の方法には冷却によって凝固する方法や，材料に光硬化性の液体を用い，吐出後に光を照射して硬化させる方法が実用化されている（**図 8**）。押出堆積法と同様，オーバーハング形状の造形には支持構造体が必要となる。本方式もまた３次元プリンタとして広く普及している。

意匠確認用の模型の製造の他，材料にワックスを用いたものは精密鋳造用の消失模型の製造に利用されている。

9. 指向性エネルギー堆積法（Directed Energy Deposition）[13)]

材料を供給しつつ，各種ビーム等を集中することにより熱エネルギーの発生位置を制御することによって，材料を選択的に溶融・結合する AM 技術である。エネルギー源にはレーザ，電

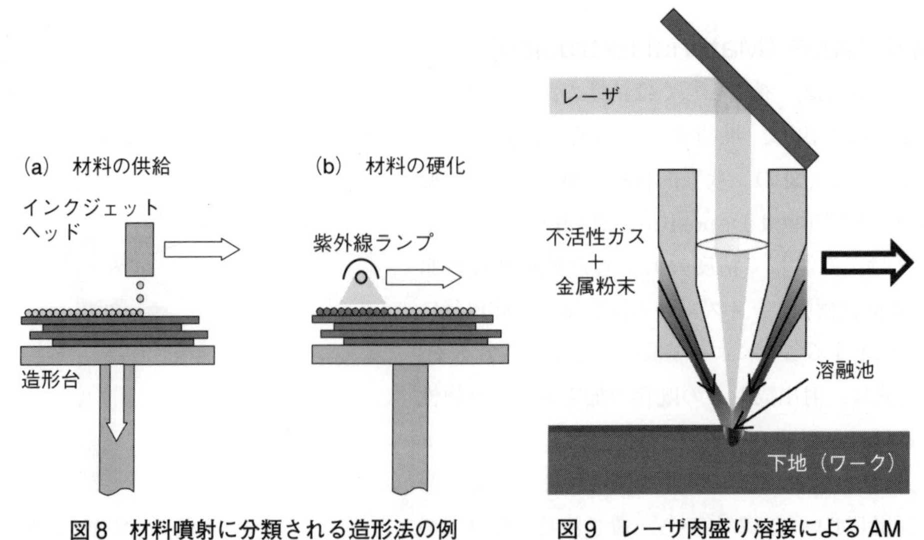

図 8　材料噴射に分類される造形法の例

図 9　レーザ肉盛り溶接による AM

子ビーム，プラズマなどがある。熱源にレーザを利用したものは，レーザ肉盛り溶接を AM に利用したものである。金属の下地にレーザを照射して溶融池をつくり，そこに不活性ガスとともに金属粉を吹き付けることによって金属粉を堆積する（**図 9**）。レーザと不活性ガスのノズルを組み合わせたツールを数値制御して加工する。押し出しやインクジェットによる堆積法と同様，オーバーハング形状をそのままつくることはできない。支持構造体を用いずに，通常の除去加工と同じように多軸数値制御を用いてワークの姿勢を変化させて加工することが提案されている[14]。本加工法では，ワークの姿勢と位置を変えることで，ワークの自由な位置に新たな材料を加えることができることから，AM 造形法の一つであるが，常に積層造形の手続きにしたがっているわけではない。

10. AM 法の大分類

表 1 は上述した加工法につき，性能や用途の概略をまとめたものである。また，**表 2** はこれらの造形手法を 3 次元形状の造形の仕方でさらに三つに区分したものである。

まず，選択的固体化方式は，流動性のある材料を層状にならして供給し，何らかの方法で選択的に固体化することによって，断面形状を実体化すると同時に下層との結合を得る。選択的な材料の供給は行わないので，比較的速度は速く，レーザを用いたものでは微細性も高い。以上のような高品質が得られることからから，安価な AM 装置が普及していなかった頃から企業に採用されることが多く，造形物の機械強度や耐熱性など工業的に有用な特性の成熟の度合いが高い。一方で，流動性のある材料の固体化には，相変化や重合などの現象により造形物に応力の発生をともなうことが多いという問題がある。これに対してシート積層方式は，応力の残

表 1　各種 AM 法の概略

	液槽光重合	粉末床溶融結合	結合剤噴射	シート積層	材料押出	材料噴射	指向性エネルギー堆積
主な材料	光硬化性樹脂	樹脂，金属，セラミック	耐火砂，石膏，樹脂	樹脂，紙，金属	樹脂	光硬化性樹脂，ワックス	金属
主な用途	模型，消失模型	実部品，金型	模型，鋳型	模型	模型，実部品	模型，消失模型	実部品・補修
精度・微細性	◎	○	△	△	○	○	△
速度*	—	◎**	○	—	—	○	—

*　速度は，RP 産業協会が実施した各業者に対するアンケートに基づく
**　プラスチックの造形の場合

表 2　各種 AM 法の大分類

選択的固体化方式	シート積層方式	選択的供給方式
液槽光重合 粉末床溶融結合 結合剤噴射法	シート積層	材料押出 材料噴射体積 指向性エネルギー堆積

留は少ないものの，造形終了後に不用な材料を除去することが困難であり，微細な構造物がつくりにくいという欠点がある。選択的供給方式は，必要とされる場所に必要な材料を付着させて３次元形状を得る完全に付加的な３次元創成方法である。本方式は複合的な材料組成を有する部品も造形できる最も付加製造らしい加工法といえる。これまでに，多くのAM法が考案されてきたが，技術的な面だけ見ても現状において一番優れた加工法は存在せず，仕様に応じた使い分けの必要がある。一方，市場の大きさから見ると，世界的には比較的廉価なFDMや3DP，また各種材料噴射法の装置が多く販売されている。日本国内では，高い微細性と精度が得られる光造形装置が最も多く用いられている。

11. 3Dプリンタという言葉

AM技術への期待の高まりは，いわゆる「3Dプリンタ」という言葉による一つのブームである。AM技術のこれまでの発展の中で「3Dプリンタ」は様々な意味で使われてきた。ここでは，その用法について整理したい。1990年代，数多くのAM装置が上市されたが，光造形やレーザ焼結を始めとする多くのAM装置がラピッドプロトタイピングとして販売されたが，現在の3Dプリンタブームに似たラピッドプロトタイピングブームが存在した。しかしながら，AM装置の価格は１千万円以上であり，購入者は比較的規模の大きい製造業事業者，模型業者，デザイン事務所などに限られていた。2000年を過ぎた頃にブームは去り，多くの装置メーカー，特に国内メーカーが事業から撤退していった。一方，１千万円を切るような，廉価で，オフィス環境で利用できるような装置も上市されるようになり，市場は高性能で高額な装置と，比較的低機能で廉価な装置に２分化された。後者は，簡便で身近な２次元のプリンタのイメージから，3D Printerと呼ばれるようになり，材料押出や材料噴射などの装置設置台数が大幅に増大した。例えば材料押出のひとつであるFDMを採用しているStratasys社はその販売数を2000年から2006年の間に14倍に増やしている。

定義での混乱を避けるために補足すると，“Three Dimensional Printing”は1986年に登録された結合剤噴射方式に関する特許の発明名称であり，この技術を事業化したZ-Corporationをはじめとする事業者は，本方式のことを“3D Printing”と呼んでいた。さらに近年では，3D Printerという言葉が一般化して，AM技術全般を指し示すように使われることがある。また，ASTM規格でも3D Printingは定義されており，そこではインクジェットなど従来の２次元プリンタの技術を拡張したものとされている。このように，3D Printingもしくは3D Printerという言葉は，①結合剤噴射方式，②ローエンドのAM装置，③２次元プリンタの技術を使ったもの，④AM法の平易な呼称，以上の三つの意味合いで使われているので注意が必要である。

文　献

1) ASTM Standard F2792-12a, “Standard Terminology for Additive Manufacturing Technologies” (2012).
2) 小玉秀男：電子通信学会論文誌，4，237，(1981).
3) Hull, W. C.: Apparatus for production of three-dimensional objects by stereolithography, *USPAT* **4575330** (1984).
4) Deckard, R. C.: Method and apparatus for producing parts by selective sintering, *USPAT* **5017753** (1986).

5) Marcus, L. H. Beaman, J. J. Barlow, W. J. and Bourell, L. D.：*Journal of Metals*, **42** (4), 8 (1990)
6) Sachs, M. E. Cima, J. M. and Cornie, J..：*CIRP Annals-Manufacturing Technology* **39** (1), 201 (1990).
7) Sachs, M. E. Haggerty, S. J. Cima, J. M. and Williams, A. P.：*USPAT* **5204055** (1989).
8) Feygin, M. and Hsieh, B：*Proceeding of Solid Freeform Fabrication Symposium*, 123 (1991).
9) Feygin M.：*USPAT* **4752352** (1986).
10) Crump, S.S.：*USPAT* **5121329** (1989).
11) Walters, A.W.：*Proceeding of Solid Freeform Fabrication Symposium*, 301 (1992).
12) Helinski R.：*USPAT* **5136515**, (1989).
13) Griffith, L. M. Schlienger, E. M. Harwell, D. L. Oliver S. M. Baldwin D. M. Ensz, D. M. Essien, M. Brooks, J. Robino, V. C. Smugeresky, E. J. Hofmeister, H. W. Wert and J. M. Nelson V. D.：*Material and Design*, **20** (2-3) 107 (1999).
14) Liou, F. Slattery, K. Kinsella, M. Newkirk J. Chou, HN and Landers, R.：*Proc. Solid Freeform Fabrication Symposium 2000*, 234 (2000).
15) Renault F1 Team and 3D Systems Launch Advanced Digital Manufacturing Centre-ATZ Online, http://www.atzonline.com/index.php;do=show/site=a4e/sid=16077625564c1df7d16dcce962279054/alloc=1/id=4471 (accessed 2012/9/16).
16) Terry Wohlers：Wohlers Report 2005, 157, Wohlers Associate Inc., CO, USA (2005).
17) Hopkinson, N. Hague, R. and Dickens, P.：*Rapid Manufacturing -An Industrial Revolution for the Digital Age-*, 232, John Wiley & Sons, Ltd. (2006).
18) 阿部諭，東喜万，峠山裕彦，不破勲，吉田徳雄：精密工学会誌，**73** (8) 912 (2007).
19) Terry Wohlers：*Wohlers Report 2006*, 180, Wohlers Associate Inc., (2006).
20) 米山猛，香川博之，山出洋司，伊藤豊次，稲城正高，瀧野孔延，楊青：精密工学会誌，**71** (3) 347 (2005).
21) Kellens, K. Yasa, E. Renaldi, Dewulf, W. Kruth J. and Duflou J.：*Proc. Solid Freeform Fabrication Symposium 2011*, 1 (2011).
22) Baumers, M. Tuck, C. Wildman, R. Ashcroft, I. and Hague R：*Proc. Solid Freeform Fabrication Symposium 2011*, 30 (2011).
23) Telenko, C. and Seepersad C. C.：*Proc. Solid Freeform Fabrication Symposium 2011*, 41 (2011).
24) Sun, W. and Lal, P.：*Computer Methods and Programs in Biomedicine*, **67** 85 (2002).
25) Sun, W. Darling, A. Starly, B. and Nam, J.：*Biotechnology and Applied Biochemistry*, **39**, 29 (2004).
26) Mironov, V. Reis, N. and Derby, B.：*Tissue Engineering*, **12** (4), 631 (2006).
27) Kasyanovac, V. Brakkeb, K. Vilbrandte, T. Moreno-Rodrigueza, R. Nagy-Mehesza, A. Viscontia, R. Markwalda, R. Ozolantac, I. Rezended, A. R. Lixandrão Filhod, L.A. Inforçati Netod, P. Pereirad, F.D.A.S. Kemmokud, T. D. J.V.L. da Silvad and Mironova, V.：*Virtual and Physical Prototyping*, **6** (4) 197 (2011).
28) 新野俊樹，成毛宏道，大泉俊輔，酒井康行，黄紅雲：精密工学会誌，**73** (11) 1246 (2007).
29) Kirihara, S. Miyamoto, M. Takenaga, K. Wada, T.W. and Kajiyama, K.：*Solid State Communications*, **121** (8), 435 (2002).
30) Imagawa, S. Edagawa, K. Morita, K. Niino, T. Kagawa, Y. and Notomi, M：*Physical Review. B*, **82**, 115116 (2010).
31) Allen, K. J. McDowell, L.D. Mistree, F. and Seeperad, C.C.：*Journal of Mechanical Design*,**128** (6), 1285 (2006).
32) Domack, S. M. and Baughman,M.J：Rapid Prototyping Journal, **11** (1), 41 (2005).

第 2 編

次世代型 3D プリンタと材料の開発

総論　3Dプリンティング技術の現状と未来展望

芝浦工業大学　安齋　正博

本編では種々の観点から，3Dプリンティング技術の未来展望を中心に述べる[1]。

1. 3Dプリンタを動かすためのシステムと要素技術

3Dプリンタはあくまでも出力機であるから，ものづくりを行う上では単なる道具の一つにすぎない。現在のものづくりはコンピュータを抜きには考えられない。工業製品は一般的には大量生産であり，その際には金型を製作してプレス成形や射出成形などで部品が製作される。設計にはCAD（Computer Aided Design）が使用され，これの良否がCAE（Computer Aided Engineering）によってバーチャルで確認され，良ければCAM（Computer Aided Machining）でカッタパスを自動作成し，実際に数値制御加工して金型部品を製作する。これらの部品を組立・調整した金型を射出成形機にセットして成形加工する工程がプラスチック製品では一般的である。ここでの3Dプリンタの役割は，試作品をCADデータから出力することが主目的であったが，最近では直接製品が製作できるようになってきており，まさにこれが今注目されている。すなわち，CADデータからの3Dプリンティング技術活用による直接製品製造である。

さて，3Dプリンタが活用されるためには種々の要素技術が，ある程度のレベル以上に整っていなければならない。これらの，要素技術の進歩が少なからず，3Dプリンティング技術の将来を左右するであろう。主な要素技術は，コンピュータ，CAD，供試材料（使える材料），造形機械（制御系と駆動系を含めた）などであろうか。この中でも，特に重要なのは材料開発であろう。造形機械はなにを製作するかの目的によって大きく左右されるため，応用分野の開拓は重要であろう。本書でも，材料開発と応用分野に多くの紙面を割いているのはうなずける。

20年前のコンピュータと今のそれでは雲泥の差があり，これは誰でもが納得するだろう。当初のEWS（Engineering Work Station）は1台1千万円以上もした。また，重いデータでは，計算に数日かかるのは普通であった。今，同じ性能のPCは数十万円で買えるだろう。

CADはどうであろうか？CADは明らかに高性能化，低価格化が進んでいる。また，機械系の大学，高専，工業高校などの教育カリキュラムでもCAD/CAMは一般的になっている。さらに，ソフトウエア同士の互換性も有し，STLデータに自動変換する機能も設けており，このデータがほとんどの3Dプリンタを動かすソフトウエアのスタンダードになっている。3Dプリンタの基本は3D-CADによるモデリングであろう。したがって，CADと3Dプリンタは切っても切れない関係にあり，さらに使い勝手が良く，安価なCADの出現が待たれる。最近では，無料で低グレードのCADがネット上でダウンロードできるようになってきている。さらに進歩すれば，スマートフォンなどにCAD機能，データ転送機能が具備されて，このようなITツールからのデジタルダイレクトマシニングが一般的となろう。そのためのソフトウエア開発は重要であり，3Dプリンタの応用分野をさらに広範なものにするかどうかのキーテクノロジーの一つであろう。

材料開発も，キーテクノロジーの一つである。現在使用できる材料は，各手法によって限定されているものの，使用できる材料は大幅に増えている。例えば，3D Systems社では，メタルを含めて100種類以上の材料を供給している。使用可能な材料が増えるということは，それだけ応用範囲が広がるということで，3Dプリンタのユーザーにとっては喜ばしいことである。

2. 3Dプリンタの泣きどころとその問題解決が未来を左右する

ここでは，改めて3Dプリンタの泣き所を確認しておこう。なぜなら，この問題を解決せずに将来を語るのは，それこそ大問題であろう。まず，3Dプリンタは積層造形の一種であるから，層を積み重ねて造形する。したがって，この層の厚み分だけ層間で段差が生じる。特に緩斜面ではこの段差が目立つので何らかの後仕上げ工程が必要になる。また，複雑形状の造形では，サポートという支え棒が必要になり，この除去工程も手作業で行われることが多い。このようにサポート除去・仕上げ工程の対策が必要である。3Dプリンタによる造形物の後加工に関しての提案は後述する。

当然であるがCADデータのモデリングが必要である。3Dプリンタは，CADデータを具現化するだけのツールであるから，これらはセットで考えなければいけない。3Dスキャナを使用するにしても，3D-CADを使用するにしても，デジタルデータが必要であり，前述したように，3Dプリンタとこれらはセットにして考慮すべきである。むしろ，3D-CADデータより，何をつくるのかのアイデアが重要であり，このアイデアの具現化のために3Dプリンタが一番適当であれば必然的に3Dプリンタが使用されるべきである。

特に，製品の試作品が迅速に得られるため，産業界では設計から生産までの様々な用途で使用されるようになってきた。当初は，工業製品とは異なる材質で造形していたために試作品やモデルとしての使用に限定されていたが，この手法での造形品を直接製品として使用する試みが大いに注目されていて，この種の研究や技術開発がこの分野でのトレンド（主に金属材料が対象）になっている。

3. 3Dプリンタの応用がもたらすもの

3Dプリンタをものづくりに活用することによってどのようなメリットがあるのだろうか。第1に，3Dプリンタの導入によってコンセプトモデル，試作品，金型などのツールが短時間に自動的に生産できる。これは，当初から言われてきたことで，この活用事例は自動車メーカーや家電メーカーの試作部門で長年使われてきた実績がある。CADをメインとしたデジタルデータを使用したものづくりにはますます欠かせないツールとなろう。

第2は，上述のものづくり分野以外での活用によって，実際に使用できるものをデジタルデータからダイレクトに生産できることである。複雑形状，多品種・少量生産，タクトタイムの短縮，オーダーメード，テーラーメイドなどがキーワードとなろう。航空宇宙，医療などへの応用が期待できる。

第3には，廉価3Dプリンタを用いた個人ユーザーのものづくりツールであろう。これは，最終製品としてよりもある程度の形ができていれば可とするモデリング，意匠確認などであり，フィギュア，アクセサリーなどはこれに類する。最近の話題は，専らこの分野に集中しており，やがて下火になるのは明らかである。

さて，プラスチック製品の成形で一般的な手法の一つに射出成形がある。3D プリンタによる造形では材料の制約があって実製品と同様の材料を使用するのが困難な場合が多い。最近では 3D プリンタ（レーザ焼結）とミーリング加工の複合加工によって金型を製作する加工法が確立されている。この手法のメリットは，ミーリング加工が苦手とするリブ溝加工が容易なこと，冷却水配管が自由にレイアウトできることであり，これによって成形サイクルタイムの短縮，ソリの低減，歩留まり向上などを実現している。一方，高価，使い勝手，材料の制約などの問題も依然として残存する。いずれにせよ，種々の加工には，得手不得手がある。これらを解決することが，将来のこれらの加工の生存にかかっている。

4. 後処理工程をどうするか？

図 1 に後処理工程の自動化に対する筆者の提案を示す。3D プリンタを用いた造形法にも問題はある。形状精度，表面性状（粗さ），段差除去（平滑化），サポート除去，バリ取りなどは後処理工程の大きな問題であろう。これらを解決する画期的な方法は今のところ存在しない。切

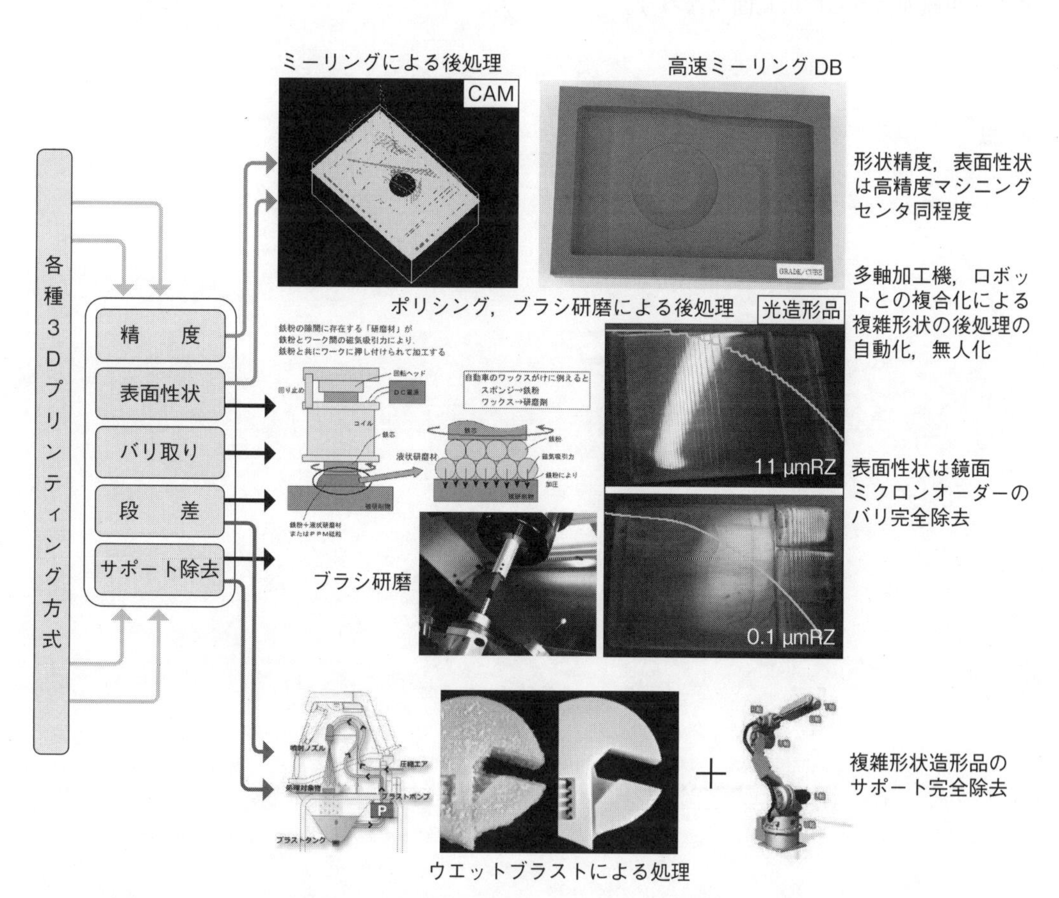

図 1　各種 3D プリンタの問題点と従来法の高度化・複合化による解決法（金属 3D プリンタを除く）

削，研磨，噴射加工などの従来の手法とうまく組み合わせて問題解決するしかないのではないかと考えている。この際重要なことは，最初に存在する 3D-CAD データなどのデジタルデータを共有することである。例えば，3D プリンタでニアネットシェイプして，この際用いた 3D データから切削用の CAM データを作成して，ミーリングで高精度化するなどが容易に考えられる。原点を共有するための工夫や治具の工夫なども必要であることは言うを待たない。3D プリンタによる造形で発生する種々の不具合を解決するための各種後処理工程との最適な組合せをするための棲み分けやデータベースの構築も重要であろう。3D プリンティング技術の浮沈は，この分野の技術開発にかかっているのではないかと筆者は考える。

5. まとめ

ものづくりのための形状加工，成形加工に完璧な手法は存在しない。種々の手法の中から，現状で最適なものを選択して組み合わせてゆくのがものづくり工程である。3D プリンタもその一手法にすぎない。種々の加工法との棲み分けをきちんと考慮し，それぞれの加工法の最適化を図っていかなければならない。その選択過程において 3D プリンタが最適であれば，大いにものづくりの将来に寄与することは間違いないところである。

ものづくり技術の異分野への応用もターゲットに入れ，新たな使い方を考えれば 3D プリンタの適用範囲はさらに広範囲になろう。

文　献

1) 安齋正博：3D プリンティング技術の基礎と応用，プラスチックエージ，1, 68-74 (2015).

第1節　低コストアーク溶接積層方式金属 3D プリンタの開発

東京農工大学 笹原　弘之　　山梨大学 阿部　壮志

1. アーク溶接方式の位置づけ

アディティブ・マニュファクチャリング（AM）の対象が，試作から実製品へと急速に拡大しており，強度部材にも適用できるような金属を用いた AM への期待が高まっている[1]。金属製の部材を AM により製造するプロセスは，大別して二つの手法がある。ひとつは，粉末床溶融結合（Powder Bed Fusion）であり，もうひとつは指向性エネルギー堆積（Directed Energy Deposition）である。

粉末床溶融結合では，レーザや電子ビームを熱源とし，平坦に敷き詰めた金属粉末を一層ずつ溶融・固着しながら積層していくものが主流である。通常，直径 15～45 μm の金属粉末を用い，一層の厚さは 20～150 μm 程度である。ステンレス鋼，工具鋼，コバルトクロム，チタン合金，ニッケル基合金，アルミニウム合金などが使用できる。精細な造形が可能で，造形精度が比較的高い。造形能率は数十 cc/h 程度と高くないが，レーザを複数搭載するなどして高能率化も進められている。欧米の各社が先行しており，GE 社などでも採用が進んでいる。

他方，指向性エネルギー堆積は，肉盛（cladding）プロセスがその原理であり，金属材料をワイヤもしくは粉末として供給し，それをレーザ，電子ビームまたはアーク放電により溶融し，金属のビードとして堆積することにより造形を行う。RPM Innovations 社では，3 kW/4 kW のファイバーレーザを用い，W 1,500×D 1,500×H 2,100 mm の大型造形を可能としている[2]。DMG 森精機㈱やヤマザキマザック㈱からは金属粉末をレーザで溶融・堆積し，続けてエンドミル加工での仕上げが可能な装置が発表されている[3][4]。また，米国 Sciaky 社[5]は，ワイヤ金属を電子ビームを熱源として溶融・積層するシステムを開発しており，W 5.7×D 1.2×H 1.2 m の大型部品の製造も可能である。レーザ溶融が大気中あるいは不活性雰囲気中で行われるのに対し，電子ビーム方式の場合は高真空下で行われるため，雰囲気中の元素を巻き込むことなく造形が可能である。

以上のような構成の AM 装置に対して，ワイヤ素材をアーク放電による溶接技術で溶融・固化・積層する技術の研究も進められている。これは，指向性エネルギー堆積の一つの形態として捉えることができる。このアイデア自体は 1926 年の特許にまで遡ることができる[6]。アーク溶接による手法は，主要な熱源装置がレーザや電子ビームによるよりも単純かつ低廉であることが大きな特徴である。また，エネルギー効率も高い。Rolls-Royce 社では TIG・MIG 溶接を用いた Shaped Metal Deposition（SMD）に関する研究を行っており[7]，航空機産業などで商業的に利用可能な技術とも言われている。MAG 溶接を用いた連続的な溶融金属の積層後，切削加工を施す研究[8]も近年行われている。

表 1 に，粉末床溶融結合と指向性エネルギー堆積による金属造形手法の比較を示す。粉末床

表 1　各種金属造形方式の比較

造形方式	造形速度	造形後の表面粗さ	バルク材への 付加造形
粉末床溶融結合 （レーザ & 粉末）	10～50 cc/h 程度	10～30 μm 程度	△
指向性エネルギ堆積 （レーザ & 粉末）	50～100 cc/h 程度	100～500 μm 程度	○
指向性エネルギ堆積 （アーク溶接 & ワイヤ材）	100～200 cc/h 程度 （500 cc/h は可能）	500 μm 程度	○

溶融結合は精度が高い造形が可能であるが，造形能率が低い。金属粉末とレーザを用いる指向性エネルギー堆積では，造形精度がやや低くなるが造形能率が高い。アーク溶接とワイヤ材を用いる方式においては，さらに能率が高くなるが，表面あらさは 500 μm 程度と大きい。したがって，精度や表面あらさが要求される場合には，後加工として切削や研削加工を行う必要があるが，逆に切削・研削の精度・あらさの製品を高能率に製造できると考えることもできる。バルク材，すなわちブロック材などから切削など別な工程で製作した部材に対して，付加する加工も補修や形状変更などの用途として考えられる。指向性エネルギー堆積ではほとんど制約がないが，粉末床溶融結合の形式では付加部分が最上層となる必要があるため，適用できる形状に制約が生じる。

表に示した以外に，装置コスト，材料コストにも大きな差がある。レーザ，電子ビーム方式では熱源のイニシャルコストが高い。また真空が必要な電子ビーム方式ではチャンバ構造とする必要がある。金属粉末を用いる方式では，金属粉末の開発が重要なキー・テクノロジーであり急速に開発が進められているが，コスト的にはかなり高い。ワイヤ金属を用いる場合，一般の溶接材料として市販されているものが直ちに使用でき，種類も豊富でコストも低い。

金属材料の AM におけるアーク溶接方式の位置づけは上記のようになる。このような背景の下，本節では溶接で用いられるアーク放電により金属を溶融・固化させる技術に着目し，溶融金属を造形物の輪郭に沿って積み重ねていく方式について我々の研究グループの成果を基に概説する。アーク溶接が可能な多種の金属を用いることができるため，高強度な造形物を製作する AM として期待される。ニアネットシェイプに造形した後に，表面の切削加工により所望の寸法精度を得ることができる。特に，難加工材として知られる Ni 基耐熱合金などに対しての適用も可能であるので，切削加工を最小化し材料の歩留まりを高めることも期待できる。以下に，原理と特長，造形物の品質・強度，造形例について述べ，アーク溶接方式による金属積層の有用性を示す。

2. 原理と特長

本手法では，アーク溶接の原理を用いて造形を行う。MAG（Metal Active Gas）溶接の概要を**図 1** に示す。溶接トーチ内を通して溶接ワイヤが供給され，トーチ内のコンタクトチップを介して溶接ワイヤと基板間に溶接電源からの電圧が与えられる。溶接ワイヤは送給装置から連続的に供給され，造形物との間に発生するアーク熱とジュール発熱とによって溶融して溶融金属となる。溶融した金属は，下部の溶融池と呼ばれる液相金属部分に落下し，数秒後に凝固して積層体を形成する。溶接トーチ先端のノズルからはシールドガスが供給され，溶融金属とアーク発生部分を大気から遮蔽し，酸化や窒化を防止する。シールドガスとしては通常，75～80％のアルゴンガスに20～25％の炭酸ガスを混合したガスが用いられる。

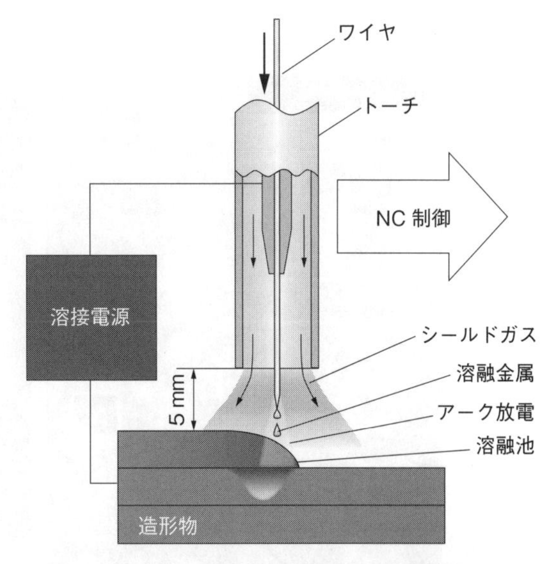

図１　アーク溶接方式による金属積層

図２にアーク発生から溶滴が基板に落下するまでの連続写真を示す[9]。アークの発生により溶接ワイヤ先端が溶融し，球状となった溶滴が基板に向けて飛行し，溶融池に滴下する様子がよくわかる。溶融池の左下側のやや白く見える部分が凝固した固体部分である。この溶滴の落下が繰り返されて金属が積層される。溶融池は，積層造形している部分と滴下するワイヤからの金属の両方が溶融した部分であり，いったんその両者が溶け合った後に凝固することになる。したがって，付加される金属が単に上に乗っているわけではなく，多くの場合，積層間の境界は明瞭ではなく一体化している。

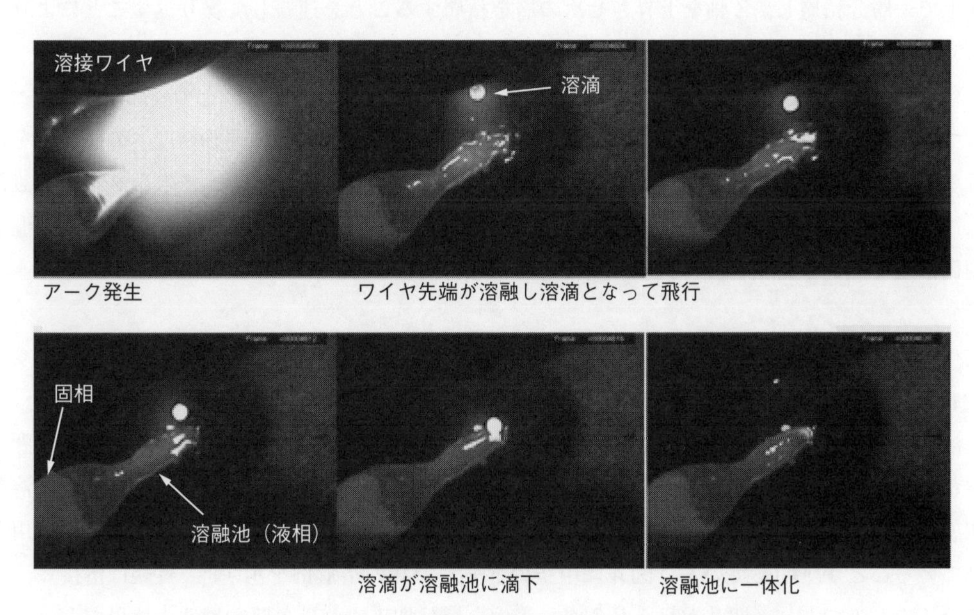

図２　アーク発生から溶滴が溶融池に滴下されるまでの様子

3. 造形装置

試験機として製作した造形装置を**図３**に示す[10]。XYZの直進軸に加えて，造形物を設置するテーブルを傾斜できる旋回軸（B軸）を有する。もちろんZ軸まわりの旋回軸（C軸）を付加し

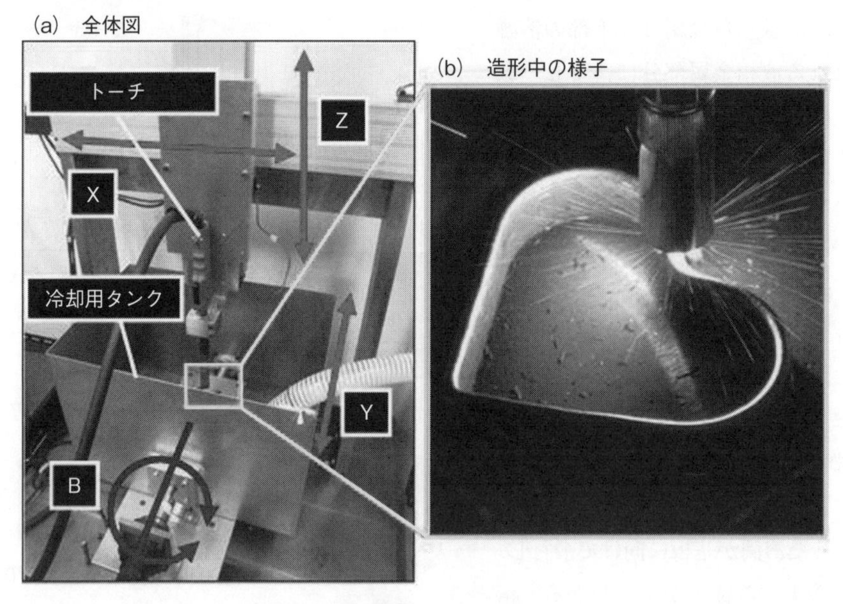

図3　実験装置と造形中の様子

て5軸制御とし，自由度を高めることも可能である。各軸のストロークは，X軸・Y軸160 mm，Z軸220 mmである。Z軸に溶接トーチを取り付け，造形物を積層する基板を固定するためのベースブロックをテーブル上に設置している。アーク放電により溶融させた金属をXY平面上で一層分積層し，Z軸を上昇させ次の層を積層することを連続して繰り返すことにより三次元構造物を造形する。

積層が進むにつれて，アーク放電により発生した熱が造形物に蓄積し，その一部は基板，ベースブロック，テーブルを通して直動転がり案内に伝わる。造形装置の運動精度への悪影響を避けるためと，造形物自体の温度が過度に上昇しないよう，XYテーブル上に水冷タンクを設置し，造形物とベースブロックを冷却できる構造となっている。後述するように，造形物の温度制御は造形品質や金属組織の状態，残留応力状態に影響する。

4.　造形物の強度と品質

4.1　外観品質

溶接部分ではピンホールやブローホール，溶け込み不良などといった溶接欠陥の存在が懸念されることがある。しかしながら実際には，適正な溶接条件を採用することにより健全な溶接状態が実現できる。その信頼性が十分に高いことは，多くの重要機械構造に溶接構造が採用されていることが証明している。**図4**に中空のドーム形状の造形例を示す[11]。外観は溶接ビード部分そのものであり，凹凸が見られるが，表面を機械加工すれば欠陥や層間の境界などは見られず，金属光沢のある造形物が得られる。なお，通常の積層造形ではサポート材がないとオーバーハング形状の造形は難しいが，溶接では立ち壁や天井面を溶接可能であることから想像できるように，ある程度までの傾斜壁に対しても溶滴を滴下し造形することが可能である。

造形物の外観品質は，造形中に温度により変化する。過度に温度上昇すると，溶融金属が固

(a)　積層後

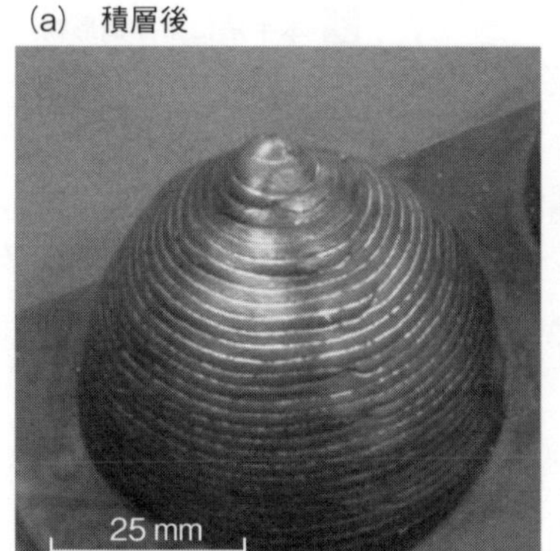

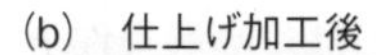

図４　ドーム形状造形結果

化する前に造形点から下部にこぼれ落ちることがある。適度に冷却を行うことにより造形精度と表面凹凸の大きさを向上することができる。造形後の表面仕上げ代としては最低 0.5 mm 程度を設定すればよい。

4.2　強　度

本手法では溶接ワイヤとして市販されている多種の金属が使用可能であり，それらを用いて高強度が要求される機械部品の造形が期待される。そこで，各種溶接金属を積層した造形の引張強度を調べた。溶接金属は SM490（軟鋼），SUS304L（ステンレス鋼），Inconel 600（ニッケル基耐熱合金），NW2200（純ニッケル），純チタン（1 種）に相当するものを使用した。ブロック状に造形後，切削にて試験片を作成した。すべての試験片に溶接欠陥はみられなかった。通常のバルク材の引張試験と同様に，試験片が均一に伸びた後，ある所にひずみが集中してくびれが生じた後に破断に至った。結果を図５に示す[12]。

相当するバルク材の JIS に定められる引張強度も同時に示している。Inconel 600 については Special Metal 社のデータシートから引用した。いずれの金属材料の場合でも，適切な条件下では本手法で造形した場合の引張強度はバルク材の場合と同等かそれを上まわる結果が得られた。バルク材を上まわる強度が得られた理由として，そもそも溶接金属は溶接後に接合対象物よりも高い強度となるように成分調整されていること，また，造形物を水冷しながら積層しているため，溶融状態からの冷却速度が高く，金属結晶粒の微細化が生じているためと考えられる。

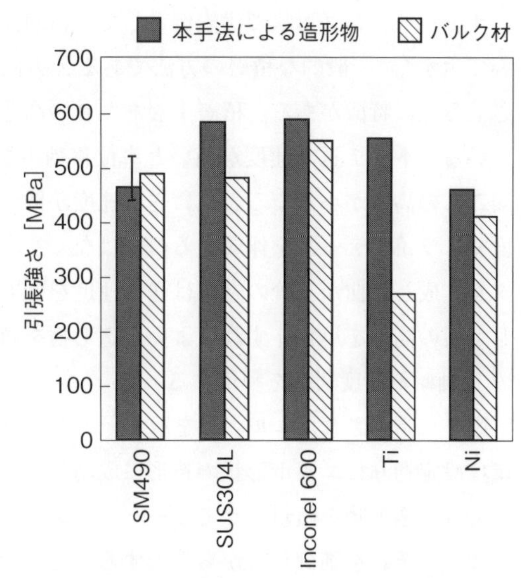

図５　各種金属の引張強度（室温）

Inconel 600相当品に対しては，高温条件下での引張試験も行っている。**図6**に常温，700℃，900℃における引張強度を示す。常温においてだけでなく，700℃，900℃の高温条件下でもバルク材と同等以上の強度を示している。

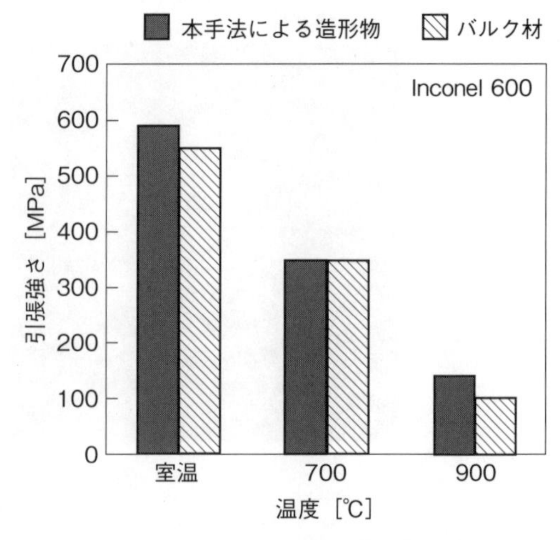

図6　Inconel 600の高温引張強度

5. 残留応力とそれによるひずみ

AMでは，造形点の温度が融点に達し，下方の既に積層した造形物との温度差が生じるため，室温に戻った際に熱応力・熱ひずみとして変形が生じることが度々問題となる。そこで，厚さ5 mmの基板上に立壁状に積層を行い，造形中の高さ方向の造形物の温度分布を測定したところ，水冷の有無で比較すると，水冷した場合の積層点の温度は空冷の場合とほとんど同じであるが，積層物下方へ向かって温度勾配が大きくなる。空冷の場合でも入熱量が小さい方が温度勾配が大きくなる。その結果，空冷で入熱量が大きい場合は温度勾配が小さく，造形物側面の長手方向残留応力の上下方向の変化は小さくなる結果が得られている[13]。ある程度の領域の温度が500℃以上となっており，その状態から比較的均一に冷却が進むため，ひずみ取り焼鈍をしながら積層が進むような状況となっていると推測される。一方，温度勾配が大きい水冷の場合では，最上部で引張を示し，下方では圧縮となる。これは通常の溶接部の残留応力分布と類似している。

6. 造形例

6.1　エルボ管形状の造形

オーバーハング形状の代表例として，積層高さの制御が常に必要なエルボ管形状の造形について示す[14]。一般的な積層の方法であるZ方向に垂直に積層するのではなく，積層方向を変化させる点に特徴がある。積層1層あたりの高さと幅がトーチ送り速度に依存する特性を利用している。トーチ送り速度が高いと単位移動距離あたりの溶融量が少ないため，積層ビードの1層ごとの高さが小となる。逆に送り速度が低いとビードの高さは大となる。したがって，水平面でスライスデータを作成するのではなく，エルボ管の中心軸線に対して垂直にスライスデータを作成し，曲がり管の外側は送り速度を低くして層の高さを大とし，内側は送り速度を高くして層の高さを小さくすればよい。造形物を傾斜させながら造形を行うために，造形テーブルのB軸傾斜角度制御を利用する。

図7に造形されたエルボ管を示す。エルボのカーブ内側から外側にかけて積層高さが変化し，ほぼ設定通りにエルボ形状の造形に成功した。本手法のように指向性エネルギー堆積による手法では，造形物を傾斜させてオーバーハング形状を造形したり，あるいは1層の高さを敢えて可変としそれを制御しながら造形することができる。このようなフレキシビリティを活かした新規性がある造形を実現する技術開発が今後の研究課題となろう。

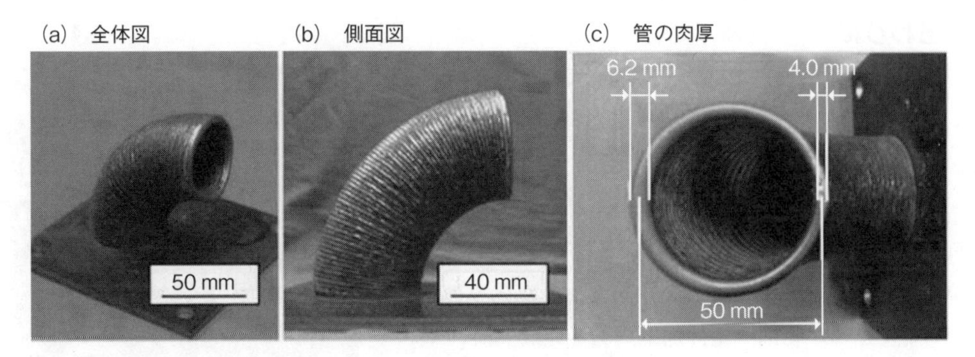

図7　造形したエルボ管

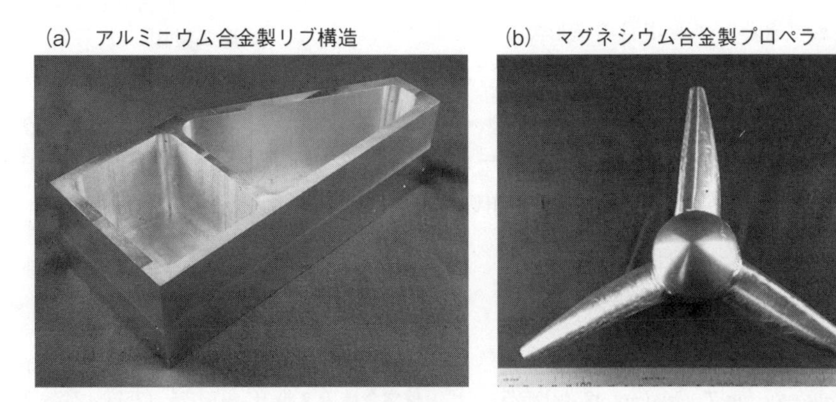

図8　仕上げ加工の例

6.2　アルミニウム合金・マグネシウム合金による造形

アルミニウム合金，マグネシウム合金を用いて造形し，仕上げ加工を行った例を**図8**に示す。特にマグネシウム合金の微細な切りくずや粉末は発火や粉塵爆発の恐れがある。したがって，粉末をレーザで溶融固化することは難しい。しかしながら，ワイヤ材を用いた本手法ではこれが可能である。

6.3　異種金属を用いた造形

図9に示すように，2本のトーチを用いて，外周部は耐食性の高いニッケル基合金を，内部はステンレス鋼を用いた造形を行った[15]。また，内部は格子状に造形を行うことで材料消費量を抑制，造形物重量を低減し，冷却を行うことも可能な構造とすることができる。

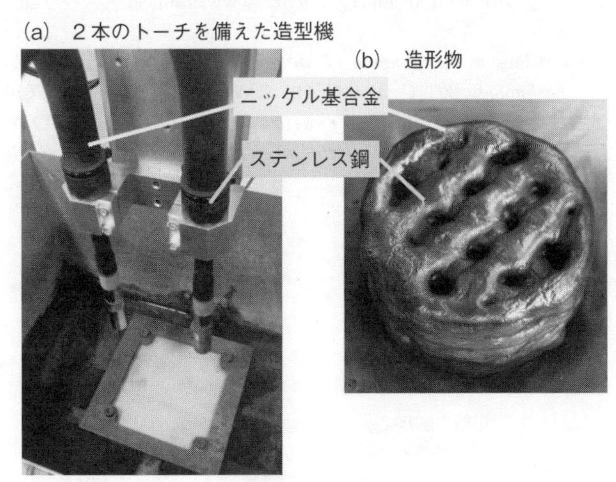

図9　Inconel 600 と SUS304 を使った造形

7. おわりに

図10　アーク溶接方式による造形機（武藤工業㈱）

ワイヤ材料とアーク溶接方式による3Dプリンタについて，位置づけ，強度・品質，造形例について示した。高強度の金属素材の造形が迅速にかつニアネットシェイプに行えることが利点であり，積層方向も鉛直方向に限定されない。入手の容易なワイヤ材と熱効率の高いアーク放電を熱源として用いており高効率の造形が可能である。切削，塑性加工，あるいはAMで製作した部材の上に付加造形することも可能である。また，切削加工などの除去加工のみでは加工不可能な形状も容易に造形できる。エルボ管の造形で示したように，積層厚さを可変とするような造形も可能であり，アーク溶接方式特有のノウハウと造形時のフレキシビリティを活かすことがポイントである。専用の造形用NCデータを自動作成するシステムの開発や，切削仕上げとの複合化などが今後の課題である。なお，**図10**に示す本手法を用いた造形機が上市された[15]。

文　献

1) J.-P. Kruth, M.C. Leu and T. Nakagawa：*CIRP Annals - Manufacturing Technology*, **47**, (2), 525-554 (1998).

2) http://www.rpm-innovations.com/

3) http://www.dmgmori.com/lasertec/lasertec-additivemanufacturing/

4) https://www.mazak.jp/news-events/press-releases/integrex-i-am-20141009/

5) http://www.sciaky.com/

6) P. Cosgrove and S. Williams：High deposition rate high quality metal additive manufacture using wire + arc technology, http://www.cranfield.ac.uk/

7) D. Clark et al.：*Journal of Materials Processing Technology*, **203**, (1-3), 439-448 (2008).

8) Y.-A. Song et al.：*International Journal of Machine Tools and Manufacture*, **45**, (9), 1063-1069 (2005).

8) 笹原弘之，松丸哲史，上岡利人，他2名，日本機械学会誌論文集（C編），**75**,（757）．2435-2439.（2009）.

9) 笹原弘之，田中敬三，上岡利人，型技術，**25**,（8）．28-33（2010）.

10) R. Yoshimaru, H. Sasahara, et al. *Proc. 3rd Int. Conf. of ASPEN*, (2009) #1A1-7 (CD-ROM).

11) 田中敬三，阿部壮志，吉丸玲欧，笹原弘之，日本機械学会誌論文集（C編），**79**,（800）．1168-1178（2013）.

12) T. Abe and H. Sasahara：*Int. J. of Automation Technology*, **6** (5), 611-617 (2012).

13) T. Kamioka, S. Ishikawa and H. Sasahara：*Int. J. of Automation Technology*, **4** (5), 422-431 (2010).

14) T. Abe and H. Sasahara：*Proc. 14th Int. Conf. EUSPEN*, Vol. **1**, 117-120 (2014).

15) https://www.mutoh.co.jp/

第2節　熱溶解積層方式3Dプリンタの開発

スマイルリンク株式会社　大林　万利子

1. 概　要

1.1　製品化の経緯

当社（スマイルリンク㈱）3Dプリンタ‘DS1000’（**図1**）はもう一社と共同でオープンソースを利用して，試作を行いながら4名で開発を行い2013年10月に発表した。

オープンソースに関して，ソフトウエアでは実績があるのは承知していたが，使用したことはなかった。メカ機構を含んだ機械の開発は，経験がなく試行錯誤の試作を繰り返して製品化にこぎつけた。

1.2　3Dプリンタ DS1000の特徴

‘DS1000’はホットエンド（吐出部）をエクストルーダー（材料を送る部分）と分けることで，ホットエンド（吐出部）を軽量化した。またX軸モータとY軸モータが反転して回転するCORE XY方式を採用，高速造形をしてもぶれない造形を可能にしている。これらの原理についてはオープンソースを参考にしておりその恩恵を受けている。

また広い加熱領域を持ったホットエンドを採用することで，ナイロンをはじめ多様なフィラメント（ABS，PLA，ナイロン，PET）を使用できることが特徴である。

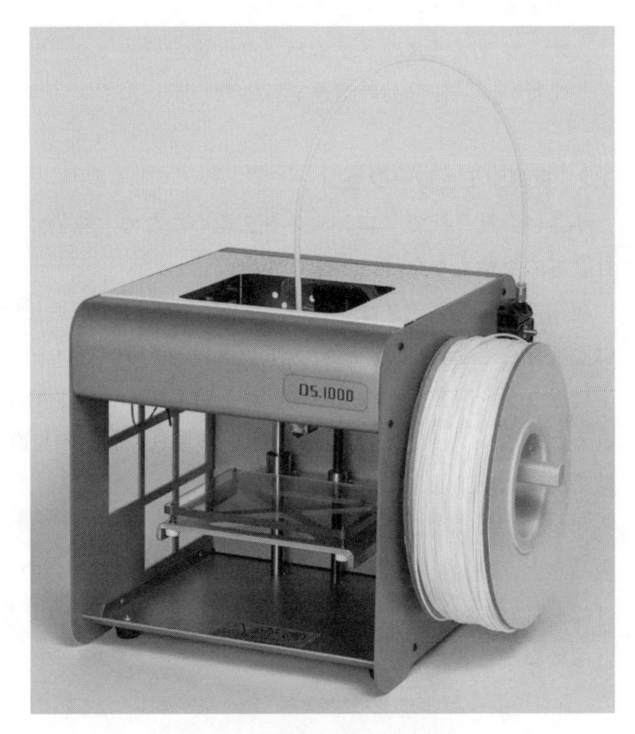

図1　製品化した「DS1000」

2. 開発のきっかけ

当社は静岡県に関連板金工場をもち，板金の仕事の受注窓口，オリジナル商品の企画，開発ならびに販売を行っていた。2013年にスマートフォン/タブレット端末のホルダーに関する特許を取得し，スマートフォンのスタンド等の雑貨を販売開始した。また，オリジナル製品の開発に際し，当時話題となっていたパーソナル3Dプリンタを活用することが必要だと考え，調査検討を行っていた。

拠点が東京都大田区であったことから，板金部品受注を目指して2013年6月大田区加工技術展示商談会にブース出展したところ，3Dプリンタの部品をつくってほしい旨の依頼を受け，3Dプリンタ開発に関わることとなった。

また当時「MAKERS-21世紀の産業革命が始まる」という本が話題になったり，ファブラボ（デジタルからアナログまでの多様な工作機械を備えた，実験的な市民工房のネットワーク）が日本にできて注目をあびるなど，世の中「ものづくり」ブームであった。このような環境の中，個人でものづくりを始めようという人に向けてサポート業務をスタートすることを計画中だったので，当社ともう1社で，3Dプリンタを開発，販売する話がもちあがり検討開始した。

3. プロジェクト開始

試作でなく「製品」を世の中に問うということで，プロジェクトがスタートすることになった。オープンソースにヒントを得て，当社の板金技術での試作とオープンソースベースでの部品調達を行うことが決定され，基本図面は約2週間で作成した。

3.1 基本スペック

・デスクに気軽における小型の3Dプリンタ（300ミリ四方に収まるサイズ）
・筐体は板金で剛性を持たせる（自社関連工場で試作）
・CORE XY方式のベルト駆動
・ホットエンド（吐出部）をエクストルーダー（材料を送る部分）と分ける
・使えるフィラメントを多くする
・オープンソースのドライバソフト選定

等を行い，試作部品の調達を行った。

3.2 採算シミュレーション

小さい会社2社でプロジェクトを進めたため，原価の算出と売上の予測，それにともなう諸経費等の見積もりを行い，採算性を確認した。

現在でもこのデータは残っているが，中小企業が新しい事業もしくは製品開発を行うときにはとても有用な資料であった。筆者は以前大手メーカーで，原価管理の業務経験がある。ロットは違うが，開発費や時間の要素等も含めてシミュレーションを行った。当時は採算が充分取れると見込んでいたが，製品立ち上げの遅れや品質の見直し等に予定より多くの時間がかかり，結果的には予測通りにはいかなかった。

しかしこれはどこの会社でもよくあることである。このような採算シミュレーションを行い，製品立上げの知見を蓄積していくことは，体力のない中小企業において「どこまでコストをかけても良いのか」「気を付けるべきところはどこか」の参考にもなり，今後の製品開発において財産になると考えている。

3.3　試　作

海外からの調達を手配し，国内で製造する部品を製造し仮組みを行なって外観を確認→変更を繰り返した（**図2**）。

図2　試作した筐体

一方で，製品を製造するための製造現場が必要ということになり，当社がある大田区の産業振興協会に相談。工場の建て替えや急に製造が必要になった会社向けに期間限定の「テンポラリー工場」があることがわかり，申請を行い入居させていただいた。

海外調達を含めて手配した部品が順次到着。特に海外製品については，その荷姿が日本のそれとは大きく違ったり，発注した数より少なく到着したり，予想していなかった（考えてみれば当然なのだが）税金が発生したり，思いがけないことがいくつか発生した。筐体を中心に板金制作も行い，試作用部品が揃った。

図3　組み立てた試作機

大手メーカーの製品化手順においては量産試作にあたるのだと思うが，4人で実際に組立を開始した。はんだづけやXYZ軸の組立等，組立そのものに不慣れなメンバーも中にはおり，丸二日夜中までかけて，やっとそれらしいものができてきた（**図3**）。それをベースに部品の改良や設計変更，ソフトの選定等も行った。

3.4　テストマーケティング

できた4台をベースに剛性の確認や部品の変更等を行った。このころには試作がほぼ完成しており，プレスリリース等発表の準備を始めた。2013年10月に大田区の「おおた研究開発フェア」にテストマーケティング的な位置づけで出展。塗装前の試作品を出展したのだが，多くの来場者から好意的な反応をいただけた。また売り出し価格についての目安を立てた（**図4**）。

3.5　ベッドの材質

大体の試作はできたものの，造形物の置き台になるベッドの材質については造形の最初の一層目が思うように安定せず，最終決定が遅れていた。候補としてはアルミニウム，アクリル樹脂，ポリカーボネート等があがり試験を繰り返した。結局アクリル樹脂で行うこととした。

ベッドの材質決定後は，ベッドにどのように溶けたプラスチックを定着させるかが課題となった。検討の結果，他社でも使われていた3M社のブルーテープを採用。ABSを使用する場合にはそれに木工用ボンドを塗って使用するのが一番安定して造形できるとの結論になり，ユーザーにはそれをお願いしている。

熱溶解積層方式3Dプリンタにとって第一層目の定着は，出力するための重要な要素であり現在も改良に向けて検討中である。

図4　おおた研究開発フェアに出展

3.6　フィラメント選定（図5）

発売にともない3Dプリンタの同梱材料であるフィラメントの選定を行った。採用したホットエンド（材料の吐出口）は広い温度領域をもっている。その特徴を生かせばナイロンも造形できることが判明した。ナイロンでの造形実験を行い成功したことで，ナイロンも造形可能フィラメントに加えた。

3Dプリンタでは一般的な材料のABS，PLAの選定も実施した。当時，日本製のフィラメントは当社の知る限り存在せず，海外から購入するしか手段がなかった。安定して造形できるフィラメントを求めて，予想外に多くの時間を費やした。PLAについては一度選定，調達したものが，安定して造形ができないという事案が発生し，繰り返し実験を行ったが最後まで原因がわからなかった。結果として再度調達を実施することになった。

フィラメントの選定については，当時は種類も情報も多いとは言えず，実際のプリンタでの確認が精一杯であった。この反省を踏まえて材料の物性についてトレースできるよう，2014年より，日本製PLA（ユニチカ㈱製テラマック®）フィラメントを採用している。

図5　テラマック®フィラメント

4. 発　表

製品名については，当社ともう 1 社の頭文字をとり，また造形範囲が約 10 センチの立方体であることから‘DS1000’と決定。10 月 17 日にプレスリリースを配布，結果日経産業新聞の 1 面に掲載され，様々な会社から大きな反響をいただいた。

また製品の説明会を 10 月 24 日に当社が入居しているお台場のコワーキングスペース MONO で実施。休日にもかかわらず 40 人以上の方にお越しいただき，結果は多くのメディアで取り上げていただいたことで，問い合わせをたくさん頂いた(図 6)。

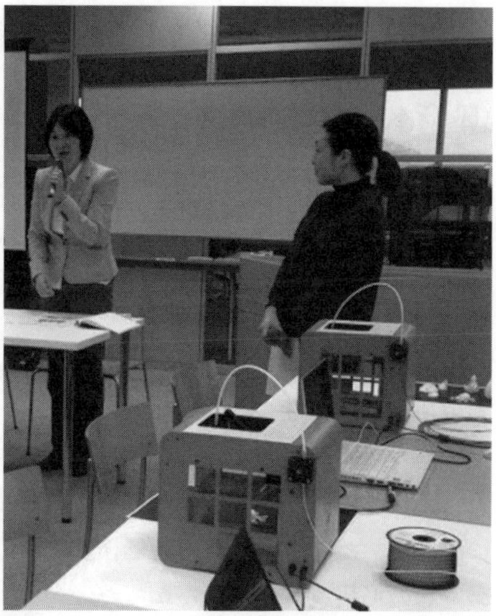

図 6　製品発表会

5. オープンソースの利点と問題点

あくまでも主観であるが，オープンソースは 3D プリンタのドライバソフトの開発では有効であるが，機構開発や造形のメカニズムについては検証がこれからの部分も多く，利用するには工夫が必要である。例えば公開されている基板の回路図では，ノイズ対策が考慮されておらず，製品にするには注意が必要だ。

特に電気部品ついては日本の安全規格は他の国のそれとは違うので，確認が必要である。当社は，過去他の電気製品や産業機械の設計を行った経験に基づきわかる限り適合した設計を行った。

オープンソースの利点は，過程が公開されていることもあり，改良が早く進みドライバやスライサの改良が早いことである。ソフトウエア開発ではたいへん有効であることが理解できた。

ハードウェアもオープンソースに回路図を公開した安価な制御基板が登場したことにより急速に開発環境が変わり 3D プリンタに限らずいろいろな製品が世界中で続々と発表されるようになってきた。今後もこの流れは加速していくと考えており，学生ベンチャーなど経験も資本もないところから続々と既成の概念にとらわれない製品が発表されると考えている。当社も今後その発展に貢献できるよう活動していきたい。

今回 3D プリンタを上市するにあたり，我々はフィラメントが溶けて堆積するメカニズムやその関連技術の知識に乏しく実験/検討に多くの時間を費やした。その反省に基づき現在，東京都立産業技術研究センターや都立高専の先生及び有志の方々と定期的に研究会をもちそのメカニズムについての検証をおこなっている。

6. 同梱品の決定

段ボール箱の選定は，本体はコンパクトであるため宅配便で 100 サイズに収まるような設計にした。包装設計は初めての経験であったので大田区の梱包会社と相談しながら，検討設計を行った。本体に追加のフィラメントを同梱しても，余裕をもって入るように設計を行った。また同梱品として，USB メモリ（ドライバソフト，サンプル 3D データが入っている)，USB ケーブル，電源ケーブル，ブルーテープ（造形物の食いつきをよくする，また剥がしやすくする)，木工ボンド，スクレーパー，ニッパー，等を選定し調達した。計 13 点 (**図 7**) を同梱して荷姿が決定した。

実際の出荷後，エクストルーダーの軸が宅配便輸送中の衝撃をうけて変形する可能性があるとの指摘があり，急遽エクストルーダー保護カバーを 3D プリンタで作成，緩衝材を追加した。

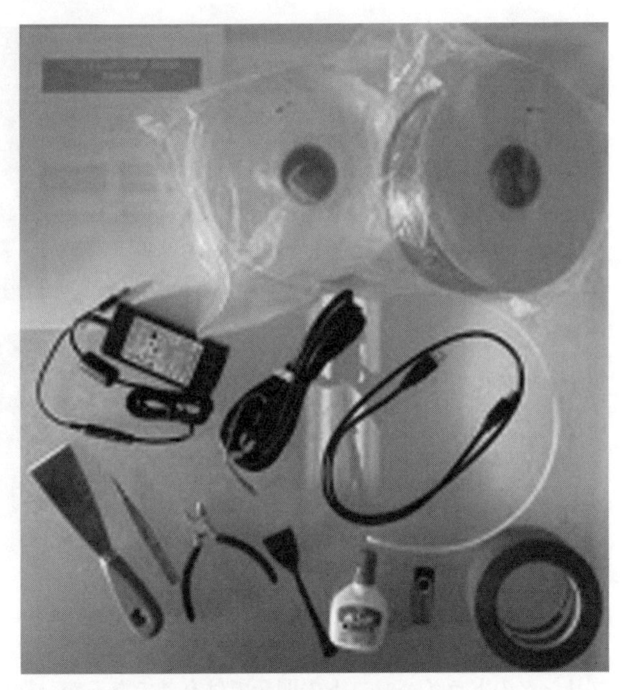

図 7　出荷同梱

7. 出荷前検査

出荷にあたり，出荷前の造形検査のための形状を決めていなかった。最初は 50 ミリ径の円柱を作成できれば OK ということで全品出荷前検査を行っていたが，様々な試行錯誤を経て，現在は正方形に丸が入ったような形にするのが，造形バランスを見る意味でも一番わかりやすいということで，それを採用。出荷前に全数検査を行い出荷している。

8. マニュアル

マニュアル内で最初にお客様に造形していただくように，同梱する USB メモリ内にフィラメントホルダーのデータを同梱した (**図 8**)。最初にこれを造形することで，造形方法の流れを理解して頂くと同時に 3D プリンタの脇にフィラメントをコンパクトに設置することができる。造形時には，造形ソフト上で必要なクリックを忘れがちになるユーザーが多く，マニュアルのわかりやすさが今後の課題であると認識している。

図 8　フィラメントホルダー（本体右側）

9. 改善，注意したポイント

①ベッド高さ調整

当初ベッドの取り付けは六角レンチで行っていたので，高さ調整にも六角レンチが必要であった。日ごろからモノづくりに慣れ親しんでいるユーザーであれば，六角レンチも家にあり，わけなくできることかもしれないが，‘パーソナル’3D プリンタユーザーのなかには，取扱いに慣れていないユーザーも多いであろうということで，取扱いやすい「化粧ビス」に変更を行った（**図9**）。

②フィラメントによる出力条件の調整

素材メーカーや色により出力に最適な温度が微妙に変わるので出力検査を繰り返し適正な温度調節実験を行った。またフィラメントのリトラクト（引込み）条件やモーターの加速度やトルクの数値も出力物の寸法測定や外観の出来具合をみて改善している。

図9　化粧ビス

③耐久性の向上と連続運転試験

出力物が大きいと連続で長時間稼働となる。その結果可動部の擦れからケーブルが傷つく可能性がある。そのため48時間以上の連続運転試験など行い配線方法を改善したり，モーターの発熱状況を確認した。ちなみに当社のプリンタは造形サイズが小さいので最大でも48時間以内に出力が完成する。よってめどとして48時間にした。

10. 対応PCのOS

ドライバソフトはオープンソースのRepetier Hostを採用。それにもとづいて対応PCのOSはWindows7もしくは8ということにしていたが，ユーザーのWindows8が8.1に自動アップグレードしてしまい，動かなくなる事案が発生した。急きょ電話などで対応したが，インストールの方法も変更になりユーザーがインストールする手間が増大したので，マニュアルを変更して対応することにした。当時は当社だけでなく他社でも対応に追われたようで，今後の3Dプリンタの開発においては，同じような問題が再発しないような仕組みをもちたいと考えている。

11. まとめ

3Dプリンタブームが落ち着き，実際に製造に使おうと考えている多くの方が，当社に足を運んでくださるようになった。また3Dプリンタの使用範囲は広がりを見せており，単なる試作から少量部品の製造，また建築，医療など様々な分野に拡大を続けている。

開発に関しては，今回の開発途上で直面した問題を解決すべく，素材メーカーとも連携して研究を行い，より「精度の高い」3Dプリンタの実現に向けて活動を行っている。

当社では自社開発の3Dプリンタだけでなく，自社でテストを行った他社製品も取扱い，ユーザーが同時に様々な機種を試せるような場所を設けている。8月にはファブラボネットワークの一員になり，「おおたfab」という名前で3Dプリンタを中心に会社を市民工房として開放した。これからも製品化等を検討しているお客様のサポートに力を入れていく予定である。

多くの人々が3Dプリンタを活用することで，モノづくりのプロセスを進化させ，思い描いた製品を生み出し，多くの人々に使ってもらえることができる。当社はそんな世界の実現の一端を担えるようさらに研鑽を積んでいきたい。

第1節　3Dプリンタ向け電子部品素材の開発

奈良先端科学技術大学院大学 藤井　茉美　奈良先端科学技術大学院大学 浦岡　行治

1. はじめに

我々が生活する中で情報通信による恩恵がますます増していることは言うまでもない。特に視覚からの情報は人間の認識する情報の8割以上を占めていると言われ，情報伝達においてディスプレイが最も重要な機器であると言える。またこれを構成する発光デバイスやスイッチングデバイスなどの電子素子は人の生活になくてはならない機能を果たしている。これらの電子素子は一般的に2次元構造で設計されるが，3次元化することで単純に設置面積を縮小することができ，微細化，消費電力低減などの実現が期待できる。また，通常，高額な真空装置を用いて成膜・リソグラフィ・エッチングなどのプロセスを数日かけて複数回繰り返し，1層ずつ作製される電子素子であるが，3Dプリンタでつくり分けることができれば一度の印刷で素子を作製できコスト低減も可能である。このような背景において3Dプリンタは電子機器の開発に大きく貢献できる技術であり，ますますの発展が望まれる。

中でも，電子素子の中核を担う材料である半導体材料をプリントで作製するために，そのインク材料の開発は重要な研究課題である。プリント可能な電子部品素材は2次元構造においても研究段階であるが，これまでに，ナノ材料を分散させた半導体インクを用いて電子素子を実現した報告や[1]，有機半導体を用いたプリントプロセスの電子素子の報告がある。[2][3] また，3Dプリンタを用いた単純な積層構造の素子実証も行われている。[4][5] 我々は特に酸化物半導体で，比較的安価で安全なインク材料を実現できるであろうと考えており，透明酸化物半導体（TOS：Transparent Oxide Semiconductor）を用いたプリントプロセスでの薄膜トランジスタ（TFT：Thin Film Transistor）の開発を進めている。

酸化物材料を電子デバイスに応用する研究は非常に古く1960年代から行われてきたが，2004年の透明酸化物半導体を用いたTFTの発表が引き金となり[6]，酸化物半導体TFTの技術開発が急速に発展してきた。一方で，安全かつ環境負荷の少ない社会を実現するためにも，TFT材料やプロセスの改善が望まれる。ディスプレイの高性能化に伴いTFTへの要求事項もより高度に複雑化しているばかりでなく，透明・フレキシブル・ウェアラブルといった新しい付加価値も期待されている。つまり，TFTも高い電気特性と同時に透明でフレキシブル・ウェアラブルといった性能をもち合わせていかなければならない。非晶質の酸化物半導体は，これを実現できると期待されているために広く研究開発が行われている。

TFTの機能は画素の表示・非表示を切り替えるスイッチング動作であり，この性能は半導体薄膜によって大きく左右される。この半導体薄膜に応用されているTOSは，ワイドバンドギャップの金属酸化物であり，透明であるという特徴を有する。さらに，真空プロセスを使用して室温で成膜した In_2O_3-Ga_2O_3-ZnO (IGZO) TFTが良好な電気特性を示し，プロセス低温化への期待が高まっている。特に近年では，IGZO TFT をバックプレーンに用いた大型ディスプレイや小型タブレット端末，電子ペーパーなどの製品に関する発表が多く見られ，産業界でも大きな関心を集めている。このような技術開発の発展により，酸化物半導体の液晶ディスプレイや有機 EL ディスプレイの駆動素子への応用は，実用化の段階まで到達している。しかしこれらは，全てもしくは一部が真空装置を使用するプロセスによって作製されており，装置・製造コストが高いという課題がある。また，次世代ディスプレイとして開発が進むフレキシブルな製品の実現にはプロセスの低温化が必要であり，プリントプロセスによってこれらの解決が可能ではないかと期待している。また，印刷技術は装置のコストだけでなく材料使用効率の観点からも低コスト化が見込め，室温で溶液をコーティングするなど簡便な操作のみで薄膜を形成できることが魅力である。特に今後，低コストで多品種少量生産が可能なプリントプロセスが実現できれば，産業界に大きなインパクトを与えると考える。

現在，印刷技術を用いた酸化物薄膜の堆積方法として，スピンコート法[7a)-7f)]に加えてインクジェットを用いた方法[8a)-8c)]，グラビア印刷法[9)]，直接転写法[10)]，さらにはミスト CVD 法[11)]を用いた報告などがされている。特に T. Shimoda らのグループはすべてのプロセスを印刷技術で作製した TFT について興味深い結果を報告している。また，M. Furuta らのグループは，ミスト CVD 法を用いて a-IGZO TFT を作製しており，非常に高い性能を実証している。ここでは，材料開発の観点から，3D 印刷も可能なプリントプロセス用半導体材料について述べる。

2. スピンコート成膜 InZnO 薄膜の TFT 応用

亜鉛やインジウムを中心とした金属の酸化物は溶液から形成した薄膜でも良好な半導体特性を示し，TFT として十分に動作する。しかしながら，400℃以上の高い温度で熱処理を行わなければ良好な薄膜が形成できず，プリントプロセスへの適用とフレキシブル化のためにはプロセス温度の低温化が大きな課題である。

図１に，IZO（InZnO）薄膜成膜のために混合した MOD 溶液の示唆熱（Heat Flow）・熱重量（Weight Loss）同時測定（TG-DTA）の結果を示す。溶液は，$InO_{1.5}$（SYM-IN02）が 0.2 mol/l，ZnO（SYM-ZN20）が 2 mol/l で混合し，モル比は InO：ZnO＝4：1 である。大きな重量減少を伴う最初の吸熱は 88℃以下の範囲で観察され，これは主に有機溶媒の蒸発によると考えられる。337℃付近の発熱ピークは，多元系酸化物への合金化と解釈されている[12)]。また，348℃以上では重量減少が見られていない。したがって，この MOD 溶液では 348℃以上の熱処理が必要であると

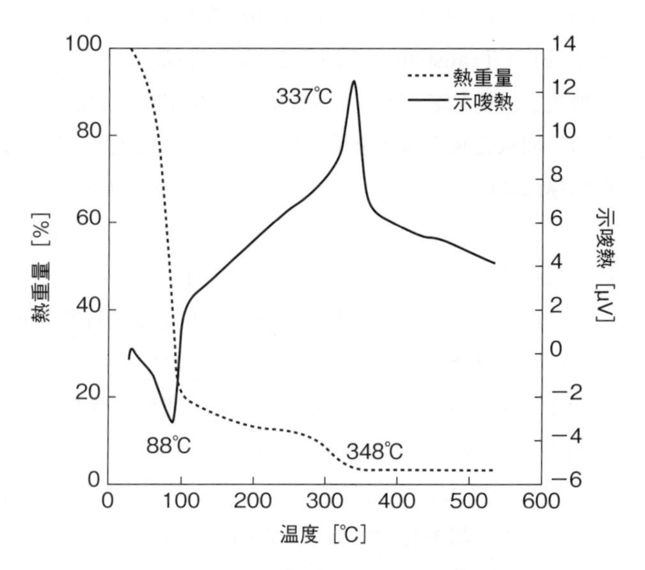

図１　IZO MOD 溶液の TG-DTA 測定結果

判断できる。

スピンコート法を用いてIZO薄膜を成膜し，400℃以上の熱処理を加えて作成したTFTの特性を**図２**に示す。また，図２のTFT特性の性能比較のため，電界効果移動度（μ_{FE}），電流のオン／オフ比（I_{on}/I_{off}），電流の立ち上がりを示すサブスレッショルドスイング（S）を**表１**にまとめた。V_{gs}はTFTのゲート電極に印加する電圧，V_{ds}はドレイン電極に印加する電圧，I_{ds}はドレイン-ソース電極間の電流を示す。TFTのチャネル幅（W）／長さ（L）は500/50 μmである。TFTのスイッチング特性を得るためには600℃という高温での熱処理が必要であり，さらに最も良い特性を示したのは700℃で熱処理を行ったものである。この傾向の原因は，**図３**に示す２次イオン質量分析法（SIMS：Secondary Ion Mass Spectroscopy）の測定結果を用いて説明する。熱処理温度が400℃から700℃までは水素や炭素といった不純物が減少しているが，InやZnの金属に大きな変化は見られない。ここ

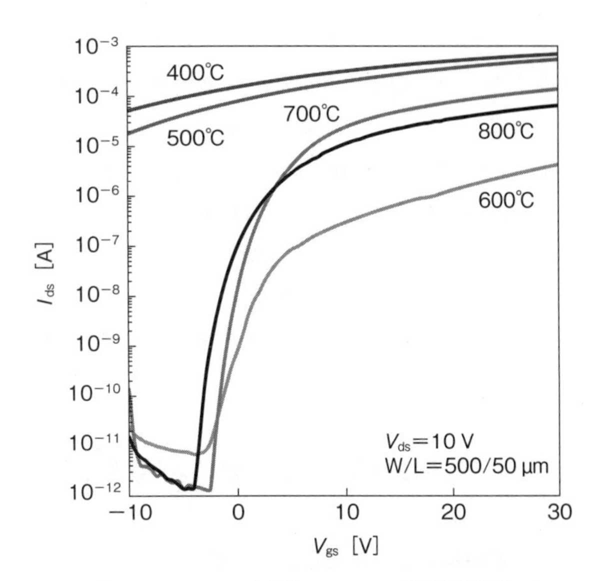

図２　IZO TFT特性のアニール温度依存性

表１　TFT特性温度依存性の性能比較

T (℃)	600	700	800
μ_{FE} (cm^2/V・s)	0.12	2.25	1.03
I_{on}/I_{off}	6.4×10^5	1.4×10^8	4.9×10^7
S (V/dec.)	1.20	0.44	0.45

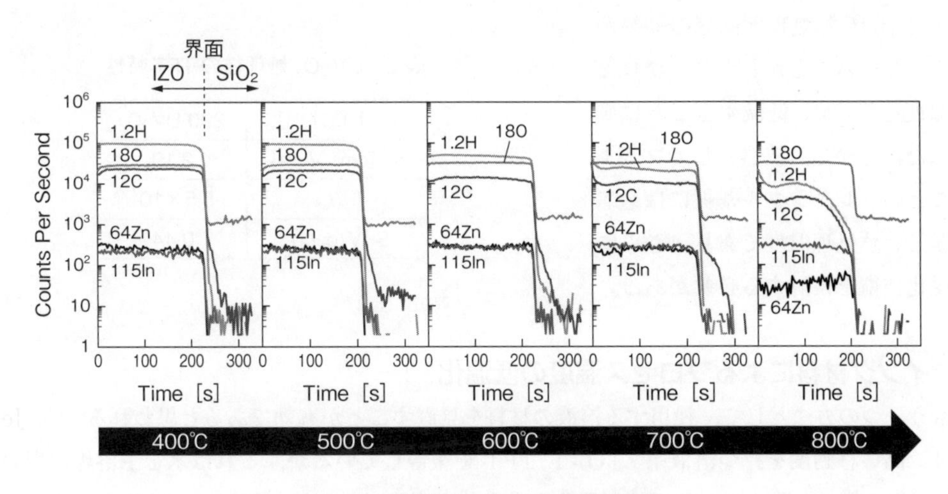

図３　IZO薄膜中の元素分布分析結果

で，不純物はトラップとして働くことが報告されている[13)14)]。水素と炭素量を総合して考える必要があるが，加熱によって不純物を減少させることに成功し，600℃，700℃ではTFT特性を得ることができると考えられる。しかし800℃の熱処理時には金属，特に亜鉛量が減少している。Znに比較してInの組成比が大きくなると電気伝導率が高くなると思われるが[15)]，ここでは移動度の減少などTFT特性の悪化を引き起こしている。この時，薄膜表面の粗さが0.35 nmから0.77 nmへ，2倍程度増加することから，高温時の特性悪化は薄膜の結晶化や表面粗さの増加に起因すると考えられる。このように，MOD溶液を用いて成膜したIZO薄膜では，良好なTFT特性を得るために700℃という高温の熱処理プロセスが必要であり，これを低温化することが課題となる。

3. UV-O_3処理によるプロセス温度の低温化

ここで，高温の熱処理が必要な理由はMOD溶液中の不純物の低減であると考えると，加熱以外で不純物低減手法を検討すれば良いことになる。筆者らは，紫外光照射と同時にオゾン雰囲気で熱処理を行う，UV-O_3処理法によるプロセス温度低温化を試みた。スピンコート法で成膜したIZO薄膜に，290℃でUV-O_3処理を行ったものと，290℃，600℃，700℃で大気雰囲気の熱処理を行ったものを比較する。これらのIZO薄膜を用いて作製したTFTの特性比較が**図4**であり，UV-O_3処理を行ったTFT特性のパラメータが**表2**である。表1と比較すると，290℃のUV-O_3処理を行うことで700℃熱処理と同等の効果が得られていることがわかり，プロセス温度を約400℃低減することに成功した。しかし，依然としてフィルムなどのフレキシブル基板には適応が難しい熱処理温度であり，さらに低温化技術を検討する必要がある。

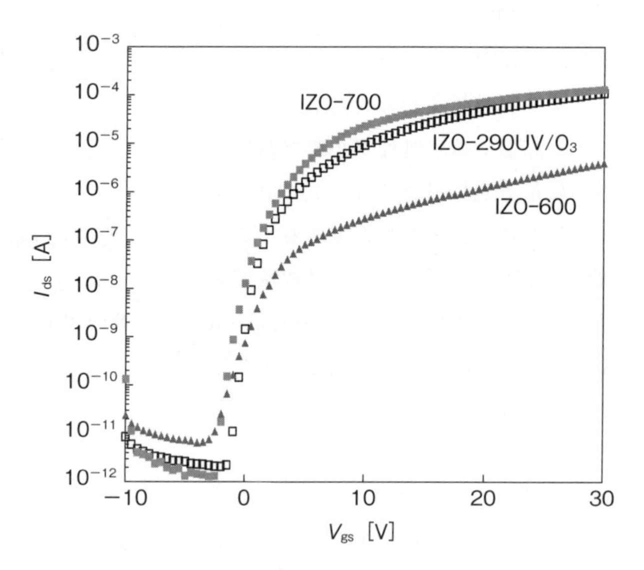

図4　UV-O_3処理によるTFT特性への効果

表2　UV-O_3処理後のTFT特性

T [℃]	290 UV-O_3
μ_{FE} [cm^2/V・s]	2.19
I_{on}/I_{off}	5.5×10^7
S [V/dec.]	0.44

4. インク材料によるプロセス温度の低温化

もう一つの方法として，使用する溶液の材料を見直すことが有効であると思われる[16)17)]。Jeonらは，高い移動度を持つ溶液系ZTO：F TFTを報告しているが，これは水を主溶媒に用いたものである[18)]。有機溶液を使用した酸化物半導体の成膜からさらに低温で不純物を除去するため，水を主溶媒に用いた検討を行った。この溶液のTG-DTA測定結果を**図5**に示す。このときの組成はIn/Zn＝4/1であり，有機溶液と同様である。図5から，水を主溶媒に用いた場合には反応が終了する温度が250℃以下であると判断することができ，有機溶液の337℃と比較して大幅に減少していることがわかる。したがって，IZO薄膜成膜時の熱分解温度を約100℃低減することが可能であり，TFT作製時の熱処理も低温化できると考えられる。

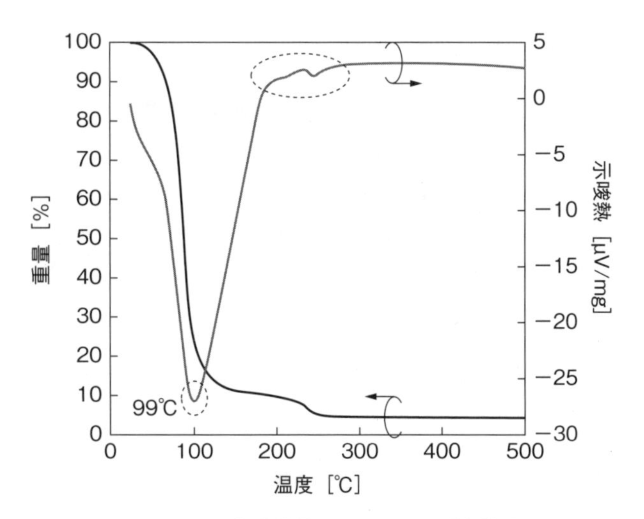

図5　IZO水系溶液のTG-DTA測定結果

水を主溶媒として用いた溶液でIZO薄膜を成膜し，ホットプレートで300℃の熱乾燥を行った後，作製したTFTの特性を**図6**に示す。このとき，ホットプレートの乾燥以外に熱処理は行っていない。図6(a)より，良好なピンチオフ特性と飽和特性が得られていることがわかる[19]。また，図6(b)には伝達特性と移動度を示しており，~10^{-12} (A)の低いオフ電流と19.5 (cm^2/V・s)という高い電界効果移動度が得られた。また，I_{on}/I_{off}＝~10^9程度であり，真空プロセスに匹敵する高い特性を示している。

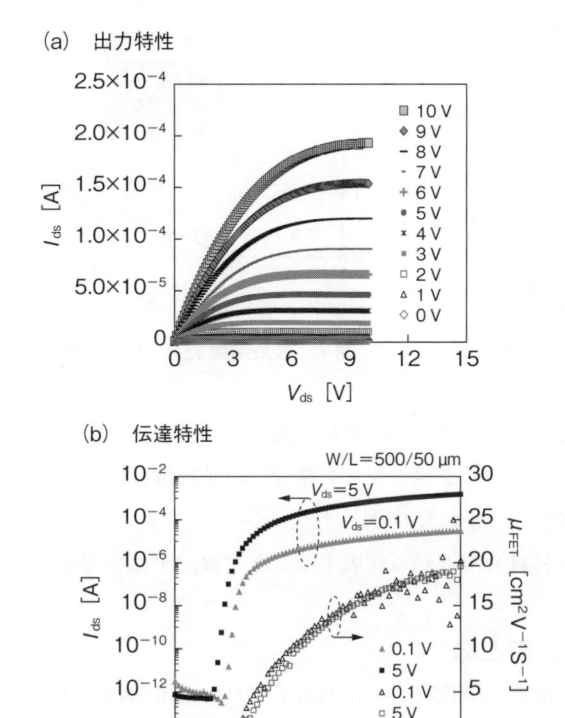

図6　水系溶液を用いたIZO TFT特性

5. 水系溶液で作製したIZO TFTの信頼性

水溶液系で作成したIZO薄膜を用いて，良好なTFT特性を得ることができたものの，課題は残っている。酸化物半導体を用いたTFTに長時間電圧を印加した場合，印加電圧に対して特性が平行にシフトする劣化現象が報告されているが，水系溶液を用いて作製したIZO TFTも同様に劣化現象を示す。TFTのゲート電極に20 Vの電圧を1000秒印加し，その間の特性のシフトを**図7**に示す。ここで，図7(a)はIZO薄膜表面が大気暴露された状態であり，図7(b)はTFT上にAl_2O_3パッシベーション膜を成膜した場合の特性変化を示し

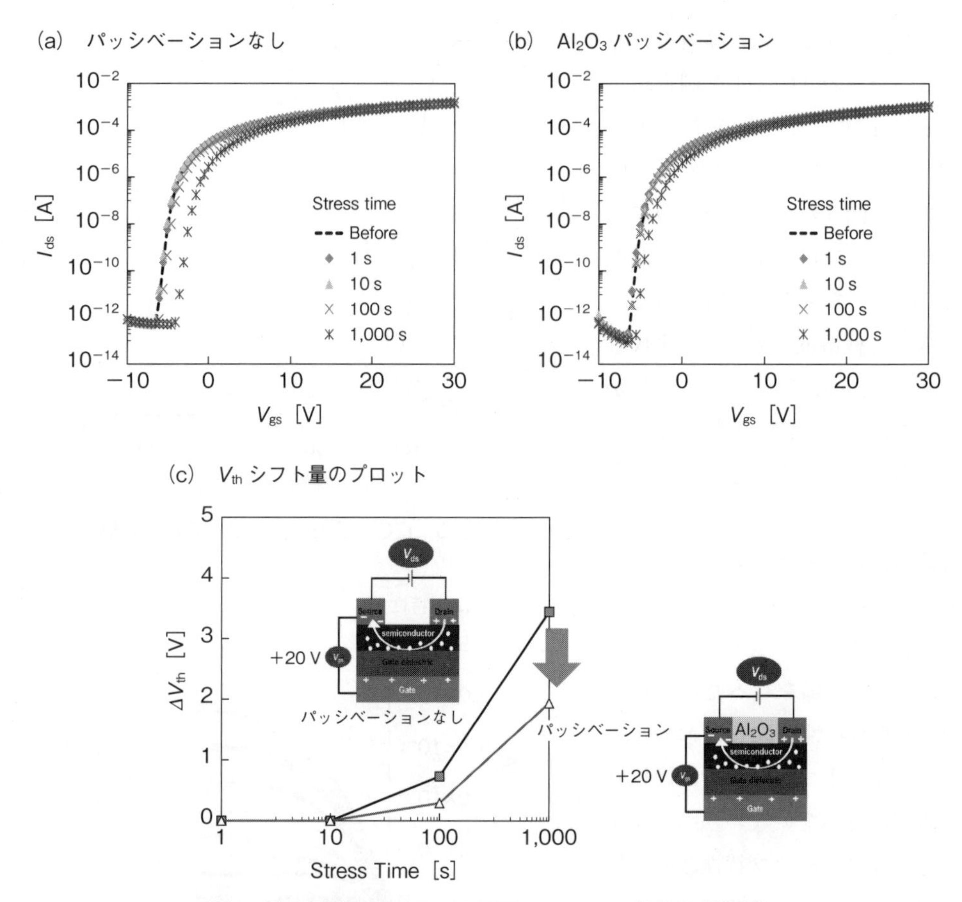

図７　水系溶媒IZO TFTの電圧ストレスに対する信頼性

ている。また，それぞれの閾値電圧シフト（ΔV_{th}）を時間に対してプロットしたものが図7(c)である。パッシベーション膜は，原子層堆積法（ALD）を用いて50 nm堆積した。まだ充分な信頼性ではないものの，パッシベーション膜により改善効果が見られており，今後パッシベーション材料も溶液から作成することを検討する必要がある。

6. まとめ

溶液系酸化物半導体の素子で良好な電気特性が達成されているものの，今後は電気特性の向上と共に，信頼性も大きな課題になってくる。また，半導体薄膜だけでなく，パッシベーション膜やゲート絶縁膜に使用する絶縁性薄膜，電極・配線の金属膜の材料も溶液から作成するプロセスを検討する必要がある。パッシベーションに関しては，シロキサンなど液体材料を活用したパッシベーション膜を検討しており，良好な特性を報告した[19]。さらに液体の配線材料を用いた研究も広く行われており，新しい知見が報告されている[20]。また，信頼性改善に向けた取組みの報告[21]も多く，より高性能で安定な溶液系酸化物半導体の実現が見られるであろう。今後，このような材料開発と3Dプリンタ技術を組み合わせることで，複雑な3D集積回路をプリントで簡便に実現できると期待している。

文　献

1) Jong-Hyun Ahn et al. : *Science*, **314**, 1754 (2006)
2) Kenjiro Fukuda et al. : *Nature Communications*, **5147**, 1 (2014).
3) Tsuyoshi Sekitani et al. : *Nature materials*, **6**, 413 (2007).
4) Manu S. Mannoor et al. : *Nano Lett.*, **13**, 2634 (2013).
5) Yong Lin Kong et al. : *Nano Lett.*, **14**, 7017 (2014).
6) K. Nomura, H. Ohta, A. Takagi, T. Kamiya, M. Hirano, and H. Hosono : *Nature*, **432**, 488 (2004).
7a) Pradipta K. Nayak, M. N. Hedhili, Dongkyu Cha and H. N. Alshareef : *Appl. Phys. Lett.* **100**, 202106 (2012).
7b) K. H. Kim, G. H. Kim, H. S. Shin, B. Du Ahn, S. Kang, and H. J. Kim : *J. Electrochem. Soc.* **155**, H848 (2008).
7c) D. Kim, C. Y. Koo, K. Song, Y. Jeong, and J. Moon : *Appl. Phys. Lett.* **95**, 103501 (2009).
7d) J. H. Lim, J. H. Shim, J. H. Choi, J. Joo, K. Park, H. Jeon, M. R. Moon, D. Jung, H. Kim, and H. J. Lee : *Appl. Phys. Lett.* **95**, 012108 (2009).
7e) S. Jeong, Y. G. Ha, J. Moon, A. Facchetti, and T. J. Marks : *Adv. Mater.* **22**, 1346 (2010).
7f) Yewon Hong, Hwarim Im, Jongjang Park and Yongtaek Hong : *Active-Matrix Flatpanel Displays and Devices (AM-FPD)*, 21st International Workshop, p.117-120 (2014).
8a) Phan Trong Tue, Jinwang Li, Takaaki Miyasako, Satoshi Inoue, and Tatsuya Shimoda : *IEEE Elec. Dev. Lett.*, **34**, 1536 (2013).
8b) Y. Wang, X. W. Sun, G. K. L. Goh, H. V. Demir, and H. Y. Yu : *IEEE Trans. Electron Devices* **58**, 480 (2011).
8c) S. Jeong, J. Y. Lee, S. S. Lee, S. W. Oh, H. H. Lee, Y. H. Seo, B. H. Ryu, and Y. Choi : *J. Mater. Chem.* **21**, 17066 (2011).
9) Y. Choi, G. H. Kim, W. H. Jeong, H. J. Kim, B. D. Chin, and J. W. Yu : *Thin Solid Films* **518**, 6249 (2010).
10) Susumu Adachi and S.Okamura : *Applied Physics Express* 3, 104101 (2010).
11) M. Furuta, T. Kawaharamura, D.Wang, T. Toda, and H. Hirao : *IEEE Electron Device Letters*, **33**, 851 (2012).
12) C. Y. Koo, K. Song, T. Jun, D. Kim, Y. Jeong, S.-H. Kim, J. Ha, and J. Moon : *J. Electron. Soc.* **157**, J111 (2010).
13) K. K. Banger, Y. Yamashita, K. Mori, R. L. Peterson, T. Leedham, J. Rickard, and H. Sirringhaus : *Nat. Mater.* **10**, 45 (2011).
14) Y. S. Rim, W. H. Jeong, D. L. Kim, H. S. Lim, K. M. Kim, and H. J. Kim : *J. Mater. Chem.* **22**, 12491 (2012).
15) K. Nomura, A. Takagi, T. Kamiya, H. Ohta, M. Hirano, and H. Hosono : *Jpn J. Appl. Phys.* **45**, 4303 (2006).
16) L. Lu, Y. Osada, Y. Kawamura, T. Nishida, Y. Ishikawa, and Y. Uraoka : *IDW'12* FLX3-4L (2012).
17) Y. Osada, Y. Ishikawa, L. Lu, and Y. Uraoka, *IDW'13* AMD4-3 (2013).
18) J.-H. Jeon, Y. H. Hwang, J. H. Jin, and B.-S. Bae : *MRS Communicaions* **2**, 17 (2012).
19) J.P. Bermundo, Y. Ishikawa, H. Yamazaki, T. Nonaka, and Y. Uraoka : *ECS J. Solid State Sci. and Technol.*, **3**, Q16 (2014).
20) Y. Ueoka, Y. Ishikawa, J.P. Bermundo, H. Yamazaki, S. Urakawa, Y. Osada, M. Horita, and Y. Uraoka : *Jpn. J. Appl. Phys.*, **53**, O3CC04 (2014).
21) K. Song, C. Y. Koo, T. Jun, D. Lee, Y. Jeong, and J. Moon : *J. Cryst. Growth* **326**, 23 (2011).

第2節　電子ビーム溶融方式3Dプリンタによる金属材料の開発

東北大学　千葉　晶彦

1. はじめに

電子ビーム方式による金属積層造形（AM）技術には，3次元CADデータに基づく電子ビーム走査により，50～100 μm程度の厚さに敷き詰めた金属粉末床（パウダーベッド）を選択的に溶融・凝固させた層を繰り返し積層させて3次元構造体を製作するタイプ（パウダーベッド溶融結合法）[1]と，繰り出した合金ワイヤーを電子ビームにより溶融させ液滴を基板上に堆積（デポジション）させて3次元構造体を製作するタイプ（指向エネルギー堆積法）がある。前者のタイプは高精度な積層造形加工技術として航空機部品や人工関節などの医療用製品の製造技術として広く普及している。本節では，電子ビームパウダーベッド溶融（電子ビーム積層造形：EBM造形）法に焦点を絞り，当該技術によって形成される金属材料の特徴について概説する。実際の応用例として，生体用Co-Cr-Mo合金，航空機用部品として汎用されているTi-6Al-4V合金の造形について採り上げ，EBM造形で得られる特徴的な金属組織とその力学特性について概説する。

2. EBM造形技術と装置概要

電子ビーム積層造形（EBM）装置は，2002年にスウェーデンのArcam社（1997年創設）が製造する装置が現在まで唯一であり，開発の歴史はレーザ積層造形に比較して浅い。ここでは，Arcam社のEBM造形装置A2Xを例にしてEBM造形技術と装置概要について説明する。

2.1 装置構成と造形法

図1に（a）EBM装置外観および（b）造形チャンバー内部の概略図を示す。また，**図2**には，造形スタート時から続く一層分のプロセス（（a）スタートプレート加熱→（b）パウダーベッド形成→（c）パウダーベッド予備加熱→（d）選択的溶融→（e）ステップダウン）を模式的に示す。本装置は，制御塔と造形チャンバーから構成され（図1（a）），次のような手順で造形が進行する。以下に示す括弧内の数値は図1（b）に対応している。

① 加熱されたタングステンフィラメント（1）から放出された電子はアノード（2）を通って加速される。

② 加速された電子はフォーカルコイル（3）により焦点が合わされ，ディフレクションコイル（4）により走査される。

③ 電子がパウダーベッドに照射された時の運動エネルギーが熱に変換され，この熱によって金属粉末が加熱あるいは溶融する。まず，造形開始時に，電子ビーム照射によりスタートプレートのみを600～1,000℃の温度に加熱する（図2（d））。この予備加熱されたスター

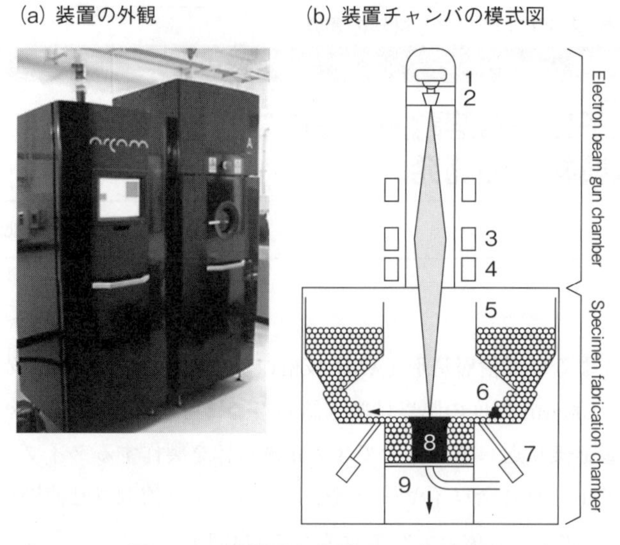

図1　EBM 装置と造形チャンバ内部

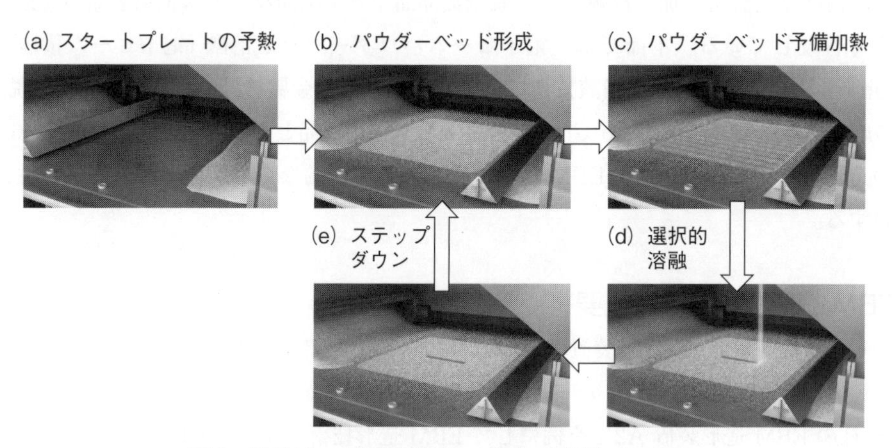

図2　電子ビーム積層造形の1層分の造形プロセス

トプレート上にレーキアームによって厚さ 50～100 μm のパウダーベッドを形成する（図2(b)）と，余熱によってパウダーベッドは加熱され，スタートプレートと同程度にまで昇温させることができる。600～1,000℃の温度に加熱されたパウダーベッドに電子ビームを照射し予め定めていた温度に到達するまで加熱する（図2(c)）。その後に，目的とする造形物の 3DCAD データの 2D スライスデータ領域を選択的に溶融する（図2(d)）。

④　2D スライスデータの選択溶融終了後，ステージ(9)が1層分のみ降下し（図2(e)），パウダーホッパー(5)からレーキアーム(6)を用いて新たにパウダーベッドを形成する。その際に供給される粉末の量は，センサー(7)を用いて一定量になるようにレーキアームの位置を随時調整する。

⑤　前述したようにパウダーベッドは溶融前に電子ビームを照射することにより予備加熱される。このプロセスは，電子ビーム照射によるパウダーベッドが負電荷に帯電（チャージアップ）することを防ぐために行うものであり，EBM 造形の予備処理工程として重要

である。また，これにより，溶融・凝固後に生じる造形物内部の残留応力を消失させる効果が得られ，内部き裂の発生や造形物の形状安定制御が容易に行える。

⑥ 以上の過程を繰り返し行い，2D スライスデータの溶融層を繰り返し積層し，製品（8）形状に成形する。

2.2　EBM 造形法の特徴

2.2.1　熱源および出力

表 1 に，EBM 装置（Arcam 社，A2）と LBM 装置（EOS 社，EOSINT M 280）の仕様をまとめて示している。熱源として，EBM 装置ではタングステンフィラメントを用いており（ただし，最新鋭の EBM 装置（Q20）では LaB_6 を搭載している），LBM（装置）では Yb のファイバーレーザを使用している。EBM 装置では電子ビームの出力として，最大 3.5 kW であり，LBM の最大出力 0.4 kW に比べて大きい。このため，EBM では LBM に比べ高融点合金にも適用可能である。LBM の場合，レーザ出力が大きすぎると金属粉末の表層面でのアブレーション効果により粉末の“突沸”現象が生じてしまい正常な溶融池の形成が困難となるため，レーザ出力を抑制気味に設定している。大出力化による高融点系材料の溶融に対応させるためには粉末のレーザービームによるパウダーベッドのアブレーション対策が必要となる。

2.2.2　スキャン速度

レーザービームのスキャン速度は 7 m/s であるのに対して，電子ビームのスキャン速度は 8,000 m/s と極めて高速である。これは，電子ビームのスキャン方法が電子レンズによる電磁気的なビーム偏向であるのに対し，レーザのそれはガルバノミラーの機械的制御により偏向させることに起因する。ガルバノメーターミラーの自重による慣性力の高精度な制御に限界があり，高速度で偏向させることが難しいためである。

表 1　EBM とレーザ積層造形比較

	電子ビーム積層造形	レーザ積層造形
装置名	Arcam 社：EBM A2	EOS 社：EOSINT M 280
熱源	電子ビーム （W フィラメント）	Yb-fibre レーザ
造形可能サイズ（W×D×H）[mm]	200×200×350	250×250×325
最大出力 [W]	3,500	400
ビーム径 [mm]	0.2-1.0	0.1-0.5
最大スキャン速度 [m/s]	8,000	7
造形速度 [mm^3/s]	15-22	2-8
造形雰囲気	高真空（10^{-5} mbar）後 He ガス導入（10^{-3} mbar）	（Ar or N_2）ガス置換
予備加熱温度	（0.5-0.8）T_m （T_m：融点（K））	~90℃

2.2.3 造形雰囲気

EBMプロセスでは高真空下で溶融造形を行なうため酸化の影響がない。むしろニッケル基超合金やチタン合金などでは，造形物の酸素濃度が使用した粉末の酸素濃度よりも低下する効果が認められており，高純度造形が可能である。実際には造形中にHeガスをわずかに導入するが，これは電子ビーム照射による金属粉末のチャージアップを防ぐためである。LBMではアルゴン等の不活性ガスを充満させて造形を行なうため，EBMにおける真空チャンバーに必要な耐圧設計が不要であり低剛性のチャンバー設計で足りる。しかし，最近，LBMにおいても造形中の酸化を防止するため，真空中での造形技術の研究開発がなされている[2)]。また，LBMの最新機種の中には，いったん真空排気を行なってからアルゴンガスを導入置換して造形する装置が開発されるなど，造形中の酸化防止に配慮した装置開発が今後のトレンドになると予想される。

2.2.4 予備加熱

EBM造形ではパウダーベッドの溶融プロセスの前にパウダーベッドの予備加熱を行なう，ホットプロセス（Hot Process）が基本であることは既に述べた。電子ビームを予備加熱していないパウダーベッドに照射すると粉末が霧状に舞い上がるスモーク現象が起こり，正常な溶融池の形成ができない。このため，EBM造形プロセスでは溶融プロセスの前にパウダーベッドの予備加熱のプロセスが必須である。予備加熱温度は金属粉末により異なるが，おおよそ600～1,100℃の間で加熱温度の設定が行なわれる。予備加熱により，粉末同志の電気的接触が促進されることによる電子ビーム照射によるチャージアップが回避される。これは，金属粉末表面に形成される半導体的性質を有する酸化被膜層の電気抵抗が高温において低下することにより粉末間の接触抵抗が低下するためと考えられる。EBMのホットプロセスの特徴は，造形中の熱応力による残留ひずみや内部き裂の発生がなく，造形物の形状・材質制御がし易く，金属間化合物のような延性に乏しい材料においても内部き裂のない造形が可能となる点である。一方，LBMプロセスでは，予備加熱はせず，室温と同程度の温度のパウダーベッドを溶融するコールドプロセス（Cold Process）の場合が多い。

3. 電子ビームとパウダーベッドとの相互作用

電子ビーム積層造形技術の基本プロセスである電子ビーム-パウダーベッド間の物理・化学現象について理解するため，まず電子ビームと固体（バルク）との相互作用について考える。

電子は負の電荷をもった荷電粒子であり，材料を構成する原子と大きな相互作用をする。**図3**に，バルク材料表面に電子ビームを入射させた際に起こる電子ビームと材料の相作用について模式的に示す。真空中で電圧Eで加速された電子が材料表面から構成原子と相互作用をしな

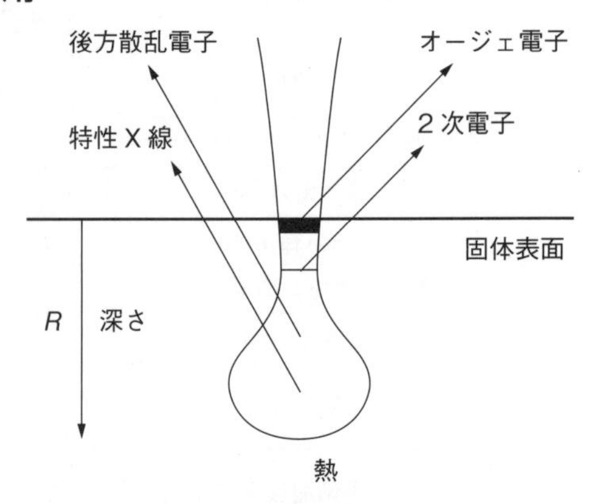

図3　電子ビームと固体中で生じる種々の現象

がらどれ位の深さまで侵入するかについて考える。電子は，材料表面においてオージェ電子，2次電子，特性X線などを散乱し，多くは後方散乱（反射）電子としてエネルギーを失うが，70〜80％の入射電子ビームのエネルギーは深さ R まで侵入する過程で熱エネルギーに変換される。この熱エネルギーにより材料は加熱され溶融にいたる。電子の侵入深さ R，材料密度 ρ，入射電子の初期エネルギー E_0 との間には以下の式が成り立つことが知られている[3]。

$$R \approx 2.1 \times 10^{-12} \times \frac{E_0^2[\mathrm{eV}]}{\rho[\mathrm{g \cdot cm^{-3}}]}[\mathrm{cm}]$$

上式を人工関節などの生体用金属材料として使用されているCo-28Cr-6Mo合金（密度は8.3）に適用すると，加速電圧が60 kVのとき，侵入深さ R の値はおよそ9.1 μmとなる。金属は電気的には良導体であり，電子ビームが照射される際に，アースがとられていれば（負に）帯電することはないため，金属バルクは電子ビーム照射が連続的に可能であり溶融させることができる。しかし，EBM法では，粒径が40〜150 μm程度の大きさに分布するパウダーベッドに電子ビームを照射するため，溶融プロセスは単純ではない。パウダーベッドの電気抵抗値を室温で測定すると 10^7 Ω以上のオーダーに及ぶ[4]。これは，金属粉末表面に酸化被膜が形成されており，室温での粉末同士の接触抵抗は高く，その堆積物であるパウダーベッドの電気抵抗は金属的というよりは，半導体的であることに起因する。このため，電子ビームをパウダーベッドに照射すると，個々の粉末粒子は負に帯電（チャージアップ）し（**図4**（a）），粉末同士はクーロン斥力に起因する力を受け煙状に“飛散”する（図4（b））。正確には照射電子ビームの周囲には照射方向に垂直に磁場が形成されているため，負に帯電した粉末粒子が磁場中でクーロン斥力により運動し始め，ローレンツ力により大規模なパウダーベッドの“飛散現象（スモーク）”が生じるものと考えられる。実際の造形プロセスでは前述したように電子ビーム溶融照射を行う前に600〜700℃以上の温度にパウダーベッドの予熱を行うことでスモークを回避している。これは，金属粉末表面の酸化被膜は温度上昇により電気抵抗が低下するため高温になるほど粉末同士の接触抵抗が低下し，パウダーベッドに金属的な電気伝導が起きるためと考えられる。しかし，スモーク現象を回避するための予備加熱温度が高すぎると，造形中に粉末床の焼結が進行して溶融部分と未溶融部分との分離が困難になり，造形上の障害となる。このため，電子ビーム照射による予熱温度の最適化，すなわち，スモーク現象を回避し，なおかつ粉末焼結を進行させずに造形後に未溶融粉末が簡単に回収できる予備加熱技術の開発がEBM造形技術において極めて重要であると考えられる。電子ビーム照射による「粉末焼結技術」として新たな展開が期待される。

(a)　照射前

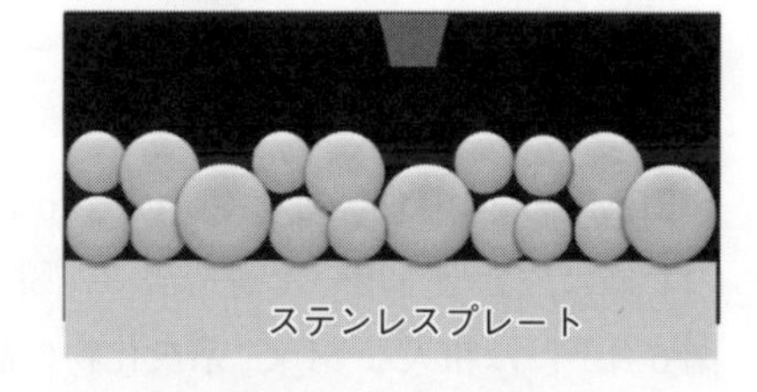

(b)　照射後

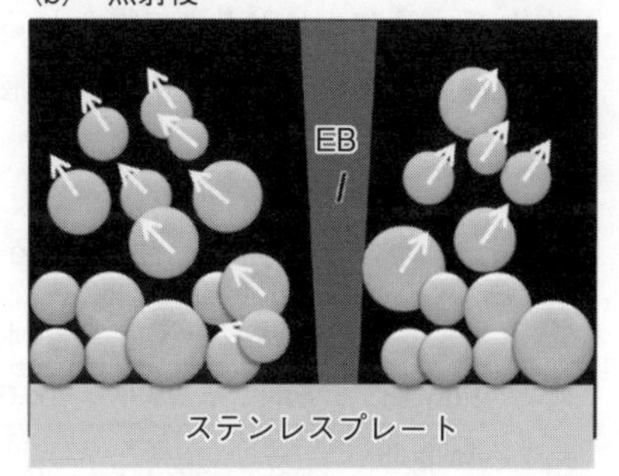

図4　パウダーベットに電子ビーム照射した際に起こるスモーク（金属粉末の飛散）現象

4. EBM造形法による合金の造形

4.1　生体用Co-Cr-Mo合金の造形

造形に用いた生体用Co-Cr-Mo合金粉末は，Arcam ABより購入したものである。**図5**にCo-Cr-Mo合金粉末（未使用）のSEM像を示す。図5(a)および(b)より，粉末外観はいくつかの小さなサテライトを伴ってはいるが比較的真球度が高い粉末である。またX線回折より，構成相はγ-fcc相が主要構成相であり，$M_{23}C_6$炭化物の析出が認められる。粉末粒径の分布は40-125 μmであり，平均粉末粒径は64 μmであった。**表2**に用いた生体用Co-Cr-Mo合金粉末（Powder）の化学組成を示す。0.20 mass%窒素（N）および0.23 mass%炭素（C）が複合添加されているCo-28Cr-6Mo合金であり，ASTM F75に準拠したものである。

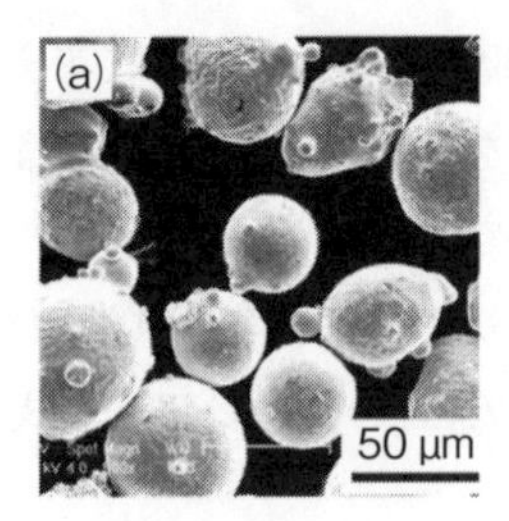

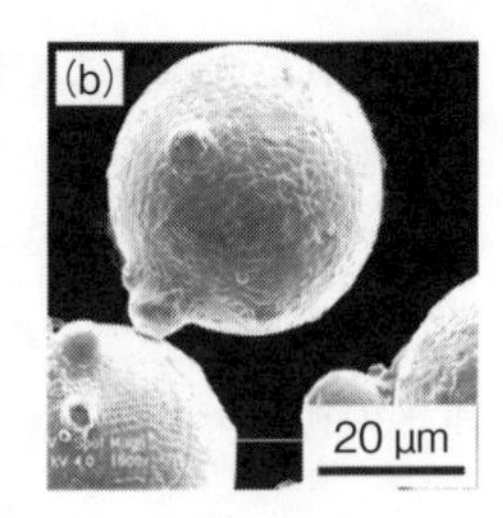

図5　生体用Co-Cr-Mo合金粉末（未使用）のSEM像

4.1.1　造形物の評価

(1) 造形物の組織

EBM法により直径4×高さ100 mmの円柱試験片を電子ビーム照射方向（z軸）に平行に配置させて作製，1層分の層厚を70 μmとした。造形速度はほぼ一定の凡そ5.5 mm/hであった。

表2にEBM法により得られたCo-Cr-Mo合金試験片の化学組成を示す。出発粉末（Powder）とEBM試験片（As-built）の化学組成にはほとんど組成の違いが認められず構成元素の蒸発による化学組成の変化が無視できること示している。一方，ガス成分である窒素，特に酸素の造形後の減少が顕著であることが分かる。これは前述したように，電子ビーム溶融に特有の高純度化現象であり，電子ビーム積層造形では造形中に脱酸効果が期待できることを示している。

EBM法により作製したCo-Cr-Mo合金試験片の横断面のSEM組織を**図6**(a)に示す。比較のために，金型を用いた鋳造法で作製した同配合組成合金のSEM像も併せて示す（図6(b)）。図6(b)には粗大な$M_{23}C_6$系炭化物の晶出物が確認され，典型的な鋳造組織が観察される。晶出物の大きさは数10 μmオーダーであり，不均一に形成している。これに対して，図6(a)に示されるように，EBM法で得られる組織はサブミクロンオーダーの微細炭化物が均一に形成した組織である。これは，EBM造形は急速溶融・急速凝固のプロセスにより造形物が形成さ

表2　生体用Co-Cr-Mo合金粉末の化学組成［mass%］

	Co	Cr	Mo	Ni	Si	Mu	C	N	O
Powder	Bal.	28.4	6.66	0.18	0.45	0.69	0.23	0.20	0.023
As-built (EBM)	Bal.	28.2	6.67	0.18	0.44	0.55	0.23	0.17	0.009
ASTM F75	Bal.	27-30	5-7	0.5 max	1.0 max	1.0 max	0.35 max	0.25 max	—

れることを示唆している。このことは，EBM 造形法は，従来の鋳造技術では実現不可能な，微細な晶出物を均一分散する組織を形成させるプロセスとして活用できることを示しており，インプラント製品応用だけではなく一般工業製品への適用に関しても高いポテンシャルを有しているといえよう。

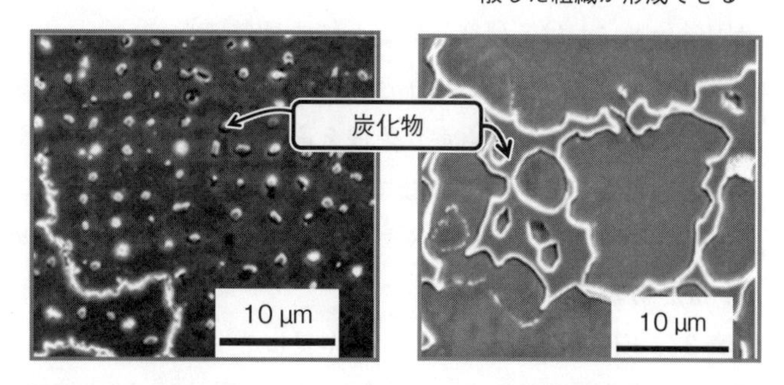

図６　Co-28Cr-6Mo-0.23C-0.20N 合金の微細組織（走査電子顕微鏡像）

図７(a) および (b) は，電子ビーム入射方向に平行に造形した丸棒試料の横断面の電子線後方散乱回折法（EBSD）による IPF マップを示す。電子ビーム入射方向を ND，y 軸は RD として表している。電子ビームの走査方向は，図７(a) では x 軸，y 軸に平行，図７(b) では x 軸と y 軸に対して 45° 傾けた方向である。図７(a) より，ND 断面と RD 断面のいずれもが左下に示す逆極点図の〈100〉方位色である赤色であることから，ND 断面と RD 断面のいずれもが〈100〉方向に配向しており，ほぼ単結晶であることを示している。また，図７(b) では ND 断面は〈001〉方向に配向しているものの，RD 断面は〈001〉から〈001〉軸回りに 45° 回転した〈011〉方向に配向している。これらのことより，EBM プロセスにおける溶融凝固は電子ビーム入射方向と走査方向に〈001〉配向した一方向凝固成長により起こることが示唆される。電子ビーム照射条件を最適化することで，造形物を単結晶成長させることが期待できる。筆者はこれま

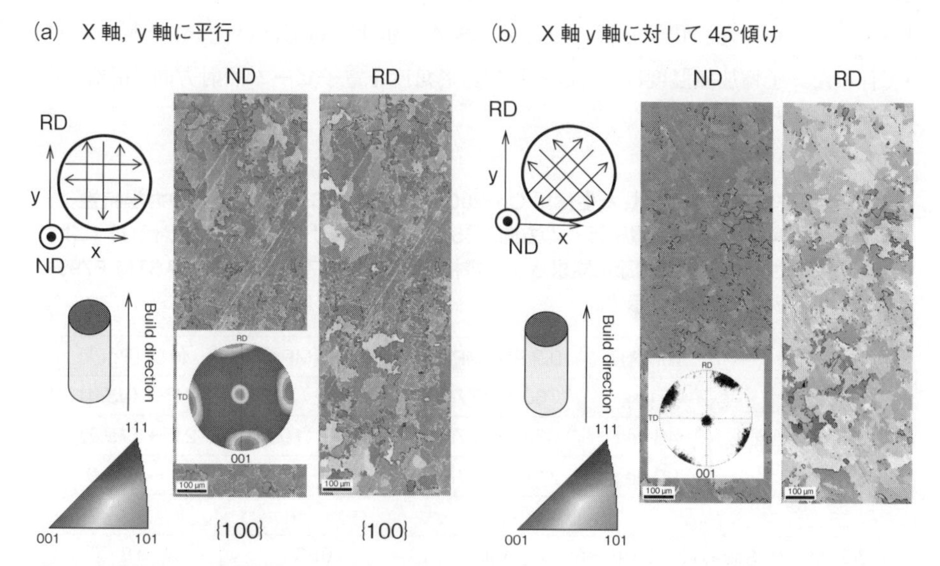

図７　丸棒試料の垂直断面の EBSD による IPF マップ
電子ビーム入射方向を ND，y 軸は RD，x 軸は RD として表している。電子ビームは (a) x 軸，y 軸に平行，(b) x 軸と y 軸に対して 45° 傾けた方向に走査させている。

でFZ法やブリッジマン法などの単結晶成長プロセスで同合金の単結晶作製を試みたが，すべて失敗に終わった。この事実から考えるとEBM法は既存のプロセスでは得難い単結晶が容易かつ高速に得られるプロセスであることを意味しておりEBM法の溶融凝固プロセスは新たな凝固学分野における研究対象としても興味深い。

以上のように，EBM積層造形技術はネットシェイプが可能であるという特徴の他に，微細析出物形成，電子ビーム走査条件を選ぶことで一方向凝固（単結晶成長）などの組織制御技術として応用可能であり，これまでの鋳造法や粉末焼結技術にはない，EBMプロセスに特有な新規な組織制御技術—EBMメタラジーとしての可能性を秘めている[5]。

(2) 造形物の力学特性

表3にEBM積層造形法により作製した生体用Co-28Cr-6Mo-0.23C-0.17N合金の力学特性を示す。表中の「造形角度」は，丸棒試料を電子ビーム照射方向に平行に造形したものを0 deg，電子ビーム方向と45°の角度に造形したものを45 deg，90°の角度に造形したものを90 degと表現している。さらに比較のために人工関節などの生体用合金に要求される規格値（ASTM F75 (Cast)，ASTM F799 (Forged)を下段に示している。表3より，EBM造形まま（As-built）材の力学特性は，造形角度に依存する傾向を有しているが，降伏応力（0.2PS），引張り強さ（UTS），伸びの全てにおいて，人工関節用鋳造合金の規格（ASTM F75）に要求されている値よりも高い。しかし，この造形角度依存性は，逆変態熱処理（結晶粒微細化熱処理）[6]を施すことにより，消失させることが可能である。表中で括弧内に示す斜体数値は，その逆変態熱処理後の数値であり，全体的に高強度・高延性となり，人工関節用鍛造合金のASTM F799規格が要求する最小値をすべての造形角度において満足する値までに改善することがわかる。

4.2　Ti-6Al-4V合金の造形

造形に用いたTi-6Al-4V合金粉末は，粒度分布44-161 μmのアルゴンガスアトマイズ粉末を原料粉末として用いた。化学分析した結果を**表4**に示す。造形はArcam社製のEBM A2Xを用いて行った。予備加熱温度は730℃とし，造形角度を電子ビーム照射方向（積層方向）に対

表3　EBM法により作製した生体用Co-28Cr-6Mo-0.23C-0.17N合金の力学特性。造形角度（0 deg：電子ビーム方向，45 deg：45°傾け，90 deg：90°傾け）による特性変化。人工関節に要求される規格値（ASTM F75（鋳造材），ASTM F799（鍛造品）を下段に示す。

	造形角度	0.2 PS [MPa]	UTS [MPa]	伸び [Pct.]
As-built 逆変態熱処理後 →	0 deg	760 → (*776*)	1172 → (*1439*)	41 → (*45.4*)
	45 deg	533 → (*770*)	813 → (*1094*)	21 → (*19.7*)
	90 deg	717 → (*818*)	962 → *1290*	10 → (*23.9*)

ASTM F75 Standard (Cast)		450	655	>8
ASTM F799 Standard	Annealed	550	750	>16
	Forged	700	1000	>12

表4　Ti-6Al-4V 合金の化学分析値

Al	V	Fe	O	N	C	H	Ti
5.25	4.06	0.144	0.18	0.0079	0.006	0.0007	90.6

して，0°，45°および 90°傾斜させたサンプルを作製した。造形後のサンプルの一部は 920℃×2 h の条件で HIP 処理を行った。組織観察は as-built 材の 0°サンプルを用いて異なる積層高さにおいて SEM，EBSD および TEM により行った。造形角度の異なるサンプルそれぞれについて，室温における引張試験および疲労試験を行った。破断後の引張試験片および疲労試験片の破面観察を SEM を用いて行った。

図8　電子ビーム積層造形技術により造形された Ti-6Al-4V 合金の断面 SEM 組織

4.2.1　造形物の評価

(1) 造形物の組織

図8 に示すのは電子ビーム照射方向に 10 mm 角の角柱状試料を作製し，その横断面の走査電子顕微鏡（SEM）像を示したものである。数 10～100 μm 程度の直径を有する球状の欠陥がところどころに観察される。この球状欠陥は，造形に使用した Ti-6Al-4V 合金粉末中に含有するアルゴンガスの気泡である。製造過程で粉末粒子に取り込まれたものと考えられる。電子ビーム積層造形の粉末溶融過程で形成される溶融池（メルトプール）の表面張力に比べ残留アルゴンガスの気泡の重力（この場合浮力）が小さいため溶融凝固過程においてメルトプールから真空中に気泡が放出されずに造形物中に残留凍結したものと考えられている。そのため，チタン合金の造形品からアルゴンガスの気泡欠陥を除去するには，現状のアルゴンガスアトマイズ粉末を使用することは問題であると言わざるを得ない。残留アルゴンガスを含まないチタン合金粉末のアルゴンガスアトマイズ技術開発か，アルゴンガスを使用しないアトマイズ法などの粉末製造技術開発が求められる。

(a)　トップ

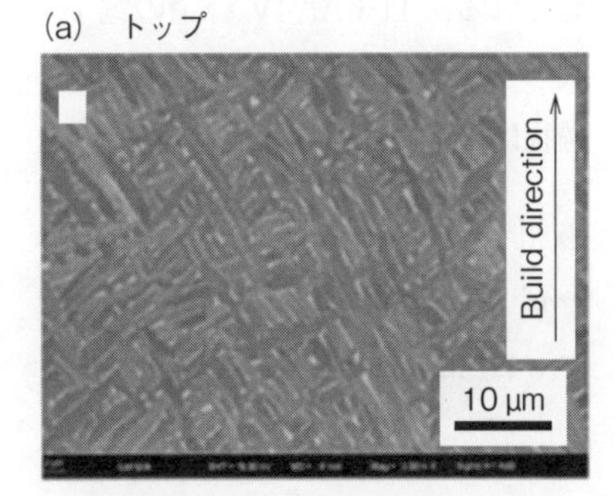

(b)　ボトム

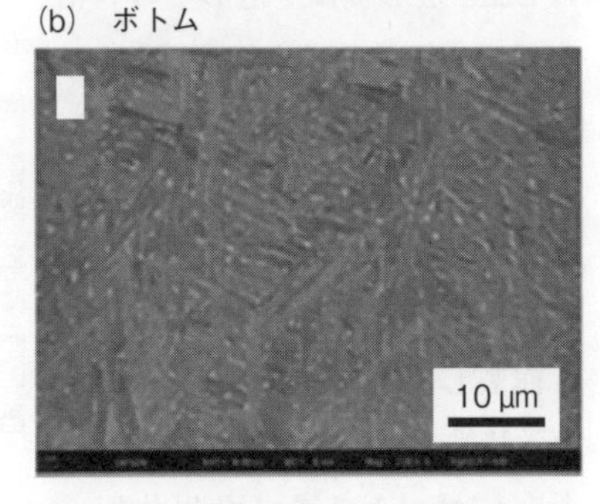

図9　EBM 造形材の組織観察結果（SEM-BSE 像）

図9 に造形後の Ti-6Al-4V 合金の SEM 像を示す。図9 (a) は造形物のトップの像であり，図9 (b) はボトムにおける組織である。EBM は造形中にパウダーベットを予備加熱するため，造形物は予備加熱温度に造形中さらされることになる。そのため，造形高さ方向に対して組織粗大化などの組織変化が起こる場合があるが Ti-6Al-4V 合金の EBM 材の組織はトップとボトムのいずれの積

層高さにおいても針状のα相とその界面に存在するβ相で構成され，積層高さによる構成相の変化や粗大化などの組織形態の大きな違いは認められないことから，この時の予備加熱温度である730℃でのTi-6Al-4V合金の組織変化は金属積層造形に特有の微細な急冷組織が造形中に維持されることがわかる。造形中の予備加熱により造形物の粒成長などの組織変化が起きると強度低下を引き起こす要因となるが，Ti-6Al-4V合金の場合はこのような組織変化が起こらない予備加熱温度での造形が可能であることを示唆している。

図10は，最上層部の凝固部であるトップ表面近傍（～200 μm）のTEM組織を示しており，この領域では.電子線回折図形の解析よりα'マルテンサイトの形成が確認された。また，最上層部の凝固領域厚さは200 μm程度であることが分かる。パウダーベッドの形成厚さは80 μmであることから考えると，造形中の溶融部はパウダーベッド層の他にパウダーベッド下層の既凝固部がパウダーベッドの溶融と同時に再溶融凝固するものと考えられる。すなわち，電子ビーム積層造形の溶融凝固過程は，パウダーベッドと下層既凝固部がエピタキシャルに溶融凝固するプロセスであることを示唆している。

図11はトップ部のTi-6Al-4V合金のSEM像（a）とEBSDの方位マップ（IPFマップ）（b）を示している。図11（a）のSEM像は平坦で組織のコントラストが観察されないが，図11（b）の方位マップでは造形方向に柱状に成長したβ相から構成され，β相内部組織はサブミクロンサイズに形成された針状α相の幾つかのバリアント（マルチバリアント）をもって形成されることがわかる。以上の組織観察の結果予想される，Ti-6Al-4V合金の電子ビーム積層造形における組織形成過程は以下のようにまとめられる。

液相（溶融）→β相（一方向凝固）
→α'マルテンサイト相（急冷凝固）
→α+β相（予備加熱による相分解）

以上のように，Ti-6Al-4V合金のEBM造形では，造形中のβ相がα'マルテンサイトに変態し，予備加熱処理によりα相とβ相に分解すると考えられる。

(2) 造形物の力学特性

表5にEBM積層造形法により作製したTi-6Al-4V合金の力学特性を示す。表中の「造形方向」は，4.1で述べた生体用Co-Cr-Mo合金の場合と同様に

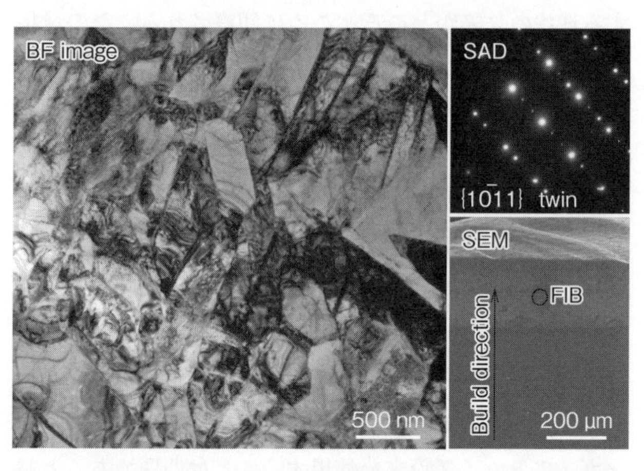

図10　EBM造形材のトップ最表面近傍におけるTEM組織
Top表面近傍ではα'マルテンサイトが形成

(a) SEM像

(b) EBSDのIPF-マップ

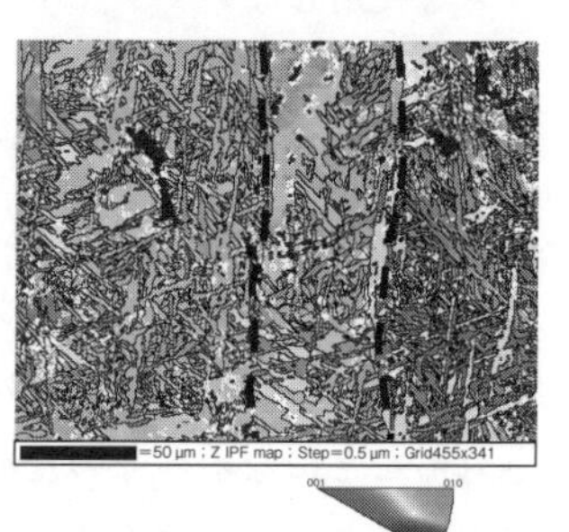

図11　トップ部のSEM像とEBSDのIPF-マップ

表５　Ti-6Al-4V の EBM 材と HIP 処理材および材従来材との引張特性比較

EBM 材				
	造形方向	0.2％耐力 / [MPa]	引張強度 / [MPa]	伸び / [%]
造形まま	0°	933	985	14.4
	45°	979	1028	14.1
	90°	978	1043	15.6
HIP 処理材	0°	908	970	21.4
	45°	933	993	18.7
	90°	926	1002	17.5
従来材	（α＋β）鍛造→再結晶熱処理	711	876	12.4
	（α＋β）鍛造→低温熱処理	904	973	15.5
	β鍛造→ 705℃熱処理	863	932	11.2

定義されてたものである。「造形まま」，造形後に HIP 処理を施した「HIP 処理材」，比較のために，各種の条件で鍛造加工を施した「従来材」の 0.2％耐力，引張強さ，伸びの値をまとめて示している。EBM 材の造形まま材の力学特性は，強度，伸びともに造形方向によらずほぼ同程度の大きさを示し，等方的である。これは，4.1.1 の項目の生体用 Co-Cr-Mo 合金に認められた造形方向に向かって成長する柱状晶組織の影響が少ないためである。前述したように Ti-6Al-4V 合金の組織は造形方向に柱状に成長したβ相から構成されているが，β相内部組織はサブミクロンサイズに形成された微細な針状のα相が多方向（最大 12 の異なった方位）に形成されているためと考えられる。さらに，造形まま材と様々な鍛造加工によって得られた従来材の力学特性を比較すると，造形まま材の力学特性が優位であることが分かる。一方，造形後に HIP 処理を施すことにより，強度は低下するが，伸びの値は上昇し延性が改善することがわかる。これは，HIP 処理により造形まま材に存在するポアなどのプロセス欠陥が除去されるためと考えられる。ここでは示していないが，造形まま材の弾性率は造形角度にほとんど依存せず，さらに HIP 処理を施すことにより，疲労強度も各種鍛造加工によって作製されたものと同程度の疲労強度を示す。

以上，EBM を用いて作製した Ti-6Al-4V 合金の力学特性は，弾性率，引張特性，疲労特性ともに鍛造材と同等であり，造形角度に対する異方性が小さい造形が可能であることがわかる。

5. おわりに

電子ビーム方式を中心として金属積層造形技術の特長と技術的課題について概説し，生体用 Co-Cr-Mo 合金，一般汎用 Ti-6Al-4V 合金を例として形成される金属組織学的な特徴，力学特性について述べた。重要な点を以下にまとめて示す。

1. 真空中での電子ビーム溶解のため活性な合金でも酸化しない。造形条件が最適化されることにより，相対密度がほぼ100％の造形が可能である。精密鋳造品よりも高強度・高延性である。
2. 予備加熱する（Hot Process）ため，造形後の残留応力がほとんど発生せず，内部応力によるき裂発生も抑制される。
3. 粉末粒径に依存するが，数100 μmの厚さの粉末層の局所領域を急速溶融・急速凝固させるため，造形物全体に微細な析出物の微細分散が可能であり，また一方向凝固組織が得られる。造形条件（電子ビームスキャン法，粉末粒径，予備加熱など）の最適化により単結晶が得られる。溶融凝固過程で，固相変態が起こる（Ti-6Al-4V合金の場合は，$\beta \rightarrow \alpha$変態）合金の場合はマルチバリアント形成によって造形角度に依存しない等方的な力学特性が得られる。

このようなEBM積層造形法の特徴は，本法がモールドレスの金属部品加工技術としての実用可能性の他に，新規な金属系構造部材の開発および単結晶作成などの組織制御可能な金属加工プロセス技術としての高い可能性を示唆するものであり，EBM技術は，金属造形におけるデジタルマニュファクチャリング時代を牽引するメインツールとして威力を発揮するものと期待できる。

謝　辞

電子ビーム積層造形技術について共同研究で取り組んでいる，小泉雄一郎，山中謙太，佐々木信之の各氏に謝意を表する。

文　献

1）L. E. Murr, S. M, Ramirez, D. A. Martinez, E. Herandez, J. Amato, K. N. Shindo, P. W. Medina, F. R. Wicker and R. B. Gytan,：Metal Fabrication by Additive Manufacturing Using Laser and Electron Beam Melting Technologies, *J. Mater Sci Techol.*, **28**, 1-14 (2012).
2）中野弾，清水透，佐藤直子：レーザー積層法を用いた金属部品の積層技術，型技術，**29**, 28-31 (2014).
3）石川順三「荷電粒子ビーム工学」コロナ社
4）黒田英司，奈良崎宏，永石俊幸：火工品原料用粉体の電気抵抗，火薬学会誌，**62**, 48-55 (2001).
5）Shi-Hai Sun, Yuichiro Koizumi, Shingo Kurosu, Yun-Ping Li, Hiroaki Matsumoto and Akihiko Chiba：Build-direction dependence of microstructure and high-temperature tensile property of Co-Cr-Mo alloy fabricated by electron-beam melting (EBM), *Acta Materialia*, **64**, 154-168 (2014).
6）S. Kurosu, H. Matsumoto and A. Chiba：Grain refinement of biomedical Co-27Cr-5Mo-0.16N alloy by reverse transformation, *Material Letters*, **64**, 49-52 (2010).

第３節　3D プリンタ適用アルミ材料の特徴と造形のメリット

株式会社ホワイトインパクト　田内　英樹

1. アルミ 3D 造形を始めるにあたって

アルミニウム合金材料の 3D 造形は，他の金属粉末原料と同様に一層ずつレーザ照射により溶融・積層しながら三次元の構造体を造形する金属粉末レーザ積層造形法（SLM）であり，Additive Manufacturing（付加製造）の一種である。この中でも SLM 法は複雑な形状を比較的短時間で造形できるため，各種機械部品や金型等の試作，また最近では多品種少量の生産分野でも注目されている[1][2]。

中でもアルミニウムを用いた造形は，その低比重・高熱伝導性を活かし，航空・宇宙や自動車分野等において，熱交換器のような熱制御部品や高速で摺動する部品の能力を 10 倍から 100 倍のレベルで高効率化が期待されている[3][4]。一方で，アルミニウムは熱伝導率が高く，レーザを吸収しにくい特性があるため[5]，炭酸ガス（CO_2）レーザを搭載した従来の積層造形装置では，高密度体を得ることが困難であった[6][7]。これは，炭酸ガスレーザの場合，その波長は 10.6 μm と長波長であり，特にアルミニウムに対するレーザの反射率が高くなることで[5]，アルミニウム粉末の溶解に必要な入熱量が不足したためと考えられる。

そのような状況の下，近年ファイバーレーザを搭載した積層造形装置が開発された。ファイバーレーザの場合，その波長は約 1.07 μm と炭酸ガスレーザに比べて短く，レーザの反射率が低減するため[5]，アルミニウム粉末の直接溶融による造形体の高密度化が可能になってきた[6-15]。K. Kempen ら[9][10]は，最大出力 200 W のファイバーレーザを搭載した積層造形装置により，Al-10% Si-0.4% Mg 合金粉末を用いて，レーザ照射条件を最適化することで相対密度 98～99 %前後の造形体を作製し，その機械的性質が鋳造材と同等程度（引張強さ約 390 MPa，破断伸び 3～5%）であると報告している。しかしながら，それらの造形体にはまだ 1～2%程度の空隙が含まれていることから，造形体をさらに高密度化することにより機械的性質の向上が期待できる。積層造形体の密度は，レーザ照射により投入されるエネルギー密度を用いて整理できることが知られている[16-19]が，出力 200 W のファイバーレーザでは，粉末層全体を充分に溶解するためのエネルギー密度が不足している可能性がある。このことから，造形体のさらなる高密度化のためには，高出力レーザを用いて照射条件を最適化することが有効であると推察される。

装置はアルミニウムの造形で広く使用されている EOS 社の M280 を使用し，材料はダイカスト用合金として広く使用されている Al-10% Si-0.4% Mg 合金を使用する。造形物としては高密度化を目的に，最大出力 400 W のファイバーレーザを用いた。これら装置と材料によってアルミニウム材料の特徴と現時点のアルミ造形のメリットを紹介する。

2. 3D造形で使用するアルミ材料の特徴

Al-10% Si-0.4% Mgは良好な鋳造特性をもつ一般的な鋳造合金であり，薄壁で複雑な形状の鋳造部品に広く使用されているアルミニウム材料である。強度，硬さ，力学的特性が良好なことから，高負荷を受ける部品にも使用されている。造形後の製品は必要に応じて，機械加工，放電加工，溶接，マイクロシヨットピーニング，研磨，コーティングを施すことができる。

従来，この種のアルミニウム合金を使用した鋳造部品は，機械特性を改善するため，T6サイクルの溶体化焼きなまし，焼き入れ，時効硬化などの熱処理が施されることが多かった。3D造形では非常に急速な溶融と再固化を特徴とするが，これによってT6熱処理が施された鋳造部品と同様の冶金特性とそれに付随する機械特性が造形時の状態で得られる。したがって，3D造形部品にはこのような硬化熱処理は適しておらず，一定条件下での応力除去サイクルが必要となる。3D造形に起因して部品が有する一定の異方性は，相応の熱処理によってほとんど軽減・除去することができる。

3. 造形条件

以下事例で紹介している造形において，レーザ条件は，出力350 W，ビームスポット径約0.1 mmのYbファイバーレーザ（波長約1.07 μm）である。供試粉末は，Al-10% Si-0.4% Mg（重量%）合金の球状粉で，平均粒径は約25 μmである。レーザ照射条件は，積層厚さを30 μm（一定）とし，アルゴン雰囲気（残留酸素濃度約0.1%）中にて造形した。造形の基板となるベースプレート（A5083材）は，造形プラットホームに内蔵されたヒータを用いて，造形開始前に35℃に予熱した。レーザの走査方向は1層ごとに約67°ずつ回転させることで確実に高密度な造形が可能となるようにしている。

4. 金属3Dプリント技術におけるアルミとその他の金属の違い

4.1 粉塵爆発の発生のリスク

アルミニウムとマグネシウムは粉塵爆発が発生しやすい（**図1**）。

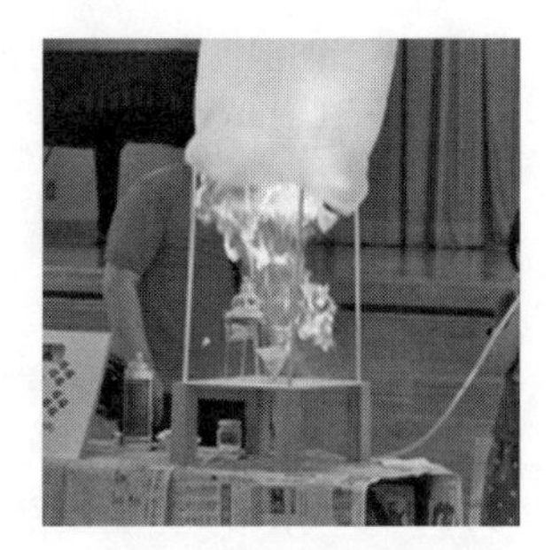

（提供：鳥栖市企画政策部）

図1　粉塵爆発の実験

マグネシウムは現在市販されている3Dプリンタ装置では造形できないし粉末材料も存在していない。粉塵爆発の対応には，発生原因の理論的基礎知識，発生する可能性が高い作業内容の把握，作業服，作業靴の帯電防止仕様品の着用，爆発時の鎮火対策，消防法で規制される材料量と届け出，装置設置可能な場所など多くの準備が必要である。2014年に国内で3D造形装置の二重，三重の操作ミスにより実際の爆発が発生したため大手メーカーではすべてアルミの3D造形は外注している。

よってアルミ3Dプリンタによる造形は依頼先が限られまた造形リスクも高い。

4.2 アルミ特有の装置制御技術

アルミ造形で使用する材料はAlSi10 mgというアルミニウム90%，シリコン10%，マグネ

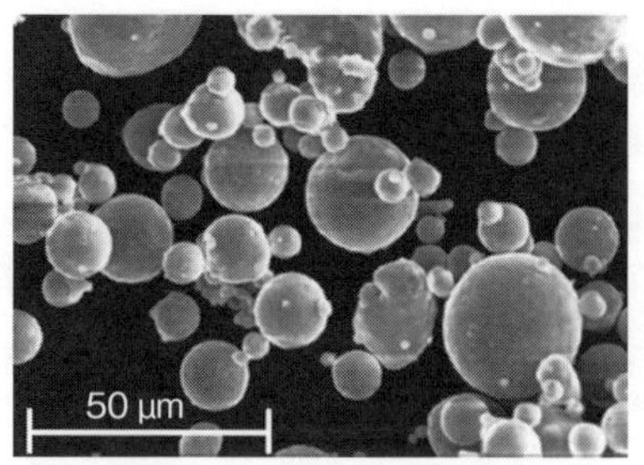

SEM image of Al-10%Si-0.4%Mg alloy powder.

（提供：㈶大阪府立産業技術総合研究所）

図２　アルミニウム材料粉末の SEM 画像

図３　アルミニウム材料粉末は浮遊しやすい

シウム 0.4%で構成される鋳造用途の材料である[22]。

アルミニウムは比重が軽いので造形室内の環境を常に整えないと装置内で粉末が浮遊し（**図2，図3**）レーザ照射時にバックリフレクションという反射現象を起こしレーザ装置を破損させてしまう可能性が高い。また破損させなくても必要なレーザ出力を造形物に与えないために目に見えない部分で造形不良を起こして造形密度の低下を起こす。

これを解決させるための主な手段として，粉末敷設時の材料回収方法やレーザ照射する瞬間に発生するスパッタと粉末材料の浮遊を抑制するアルゴンガスの流量や位置を適切に調整する技術が必要になる。また造形室内だけでなく粉末敷設装置（リコータ）に付着する異物除去などの定期的なメンテナンスによって造形環境を常に最適に保つことが重要である。

4.3　造形物を支えるためのサポート形状

他の金属材料では通常 40℃のプレートの上に造形するがアルミニウムの場合は通常，造形表面粗度をよりきれいに保つため 200℃で造形する。

一方で 200℃環境下ではより熱歪みが大きくなるため T5 や T6 といった歪み取りのための熱処理（焼鈍）を行っても 100 mm サイズで 0.5 mm 湾曲して反ってしまう（**図4**）。

またサポート形状も通常のサポートよりも緻密にするが側面形状は歪み低減のため抜き穴を多く開ける必要がある（**図5**）。

図４　反ってしまったサンプル

4.4　アルミ 3D 造形物の機械加工時の問題点

サポート除去や造形物裏面の高精度化のために造形後に機械加工が必要なことがあるが，アルミニウム材料においてサポート形状を工具で切削すると刃先にサポート形状が食い込んでしまい造形物自体を破損させ，造形物にカッターマーク（**図6**）が残る。また切り粉が刃物を巻き込

図5　抜き穴のサポートのサンプル

んでしまい刃先が欠けてすぐに新品に交換しなければならないなど切削条件を最適化させることに苦労している。

図6　カッターマーク

5. 造形事例とメリット

5.1　バルブキャップ

従来樹脂性のキャップ（**図7**）であったものをアルミ製に変えてさらに薄肉化させることで強度はそのままに省スペース化を達成した。またアルミのブロック材からマシニングセンターで削り出しするには薄肉過ぎるために切削時に変形してしまうため 3D プリンタで造形するメリットがある。さらに製品のサイズと数量によって同時造形（**図8**）が可能となり不活性ガスとして使用するアルゴン量を減らすことが可能となるためコストメリットも大きい。

5.2　部品軽量化

自動車部品や産業機械や金型で高速に動く部品にとって軽量化のメリットは装置の正確性の向上や生産効率に大きく影響する。軽量化レベルも 10％程度でなく，50％レベルの軽量化では従来のブロック材からの削り出しでは限界があった。

そこで内部をメッシュ構造にして強度を確保しつつ外観は薄皮1枚で覆うことで部品の取付等を従来通りに行うことが可能となる上に熱歪みに対しても四隅が覆われていることで抑制させることが可能となる（**図9**）。一方，メッシュ構造には造形時の粉末敷設時に粉末敷設装置と造形物との摩擦係数が高く敷設装置が引っ掛かってしまい造形自体がストップして造形できなくなる。この点をレーザや粉末敷設の各種条件を最適化させることで平面 200 mm，高さ 150 mm

図7　バルブキャップ（樹脂製従来品）

図８　バルブキャップの同時造形の様子

図９　軽量化のための内部メッシュ構造（中間データ）

図 10　内部メッシュ構造の造形断面

サイズにおいても平面で 0.3 mm，高さでは 0.1 mm の精度に収めることが可能となった（**図 10**）。

このときの軽量化の達成率は 65％であり装置の高精度化に大きく貢献した。またメッシュデータの作成においても，メッシュ１本１本を CAD で作成するのは莫大な時間が必要となるが専用ソフトを使用することで効率的にデータ作成が可能となる。

文　献

1) W. M. Steen and J. Mazumder : Laser Material Processing 4th Edition, *Springer*, 349-369 (2010).
2) H. Sakai : *Sokeizai*, **54**. 47-53 (2013).
3) W. Matthew, S. Tsopanos, S. Chris, and J. O. Leuan : *Rapid Prototyping Journal*, **13**. 291-297 (2007).
4) T. Vilaro, S. Abed and W. Knapp : Proc. of 12th European Forum on Rapid Prototyping, Paris, AFPR (2008).
5) W. M. Steen and J. Mazumder : Laser Material Processing 4th Edition, *Springer*, 89-93 (2010).
6) E. O. Olakanmi, R. F. Cochrane and K. W. Dalgarno : "Densification Mechanism and Microstructual Evolution in Selective Laser Sintering of Al-12Si Powders", *J. Mater. Proc. Tech.*, **211**. 113-212 (2011).
7) E. Girardin, C. Renghini, J. Dyson, V. Calbucci and F. Moroncini : "Characterization of Porosity in a Laser Sintered MMCp Using X-ray Synchrotron Phase Contrast Microtomography", *Mater. Sci. Appl.*, **2**. 1322-1330 (2011).
8) T. B. Sercombe and G. B. Schaffer : "Rapid Manufacturing of Aluminium Components", *Science*, **301**. 1225-1227 (2003).
9) K. Kempen, L. Thijs, J. Van Humbeeck and J. P. Kruth : "Mechanical Properties of AlSi10Mg Produced by Selective Laser Melting", *Physics Procedia*, **39**. 439-446 (2012).
10) K. Kempen, L. Thijs, E. Yasa, M. Badrossamay, W. Verheecke and J. P. Kruth : "Process Optimization and Microstructual Analysis for Selective Laser Melting of AlSi10Mg", Solid Freeform Fabrication Symposium Proceedings, Austin Texas, The University of Texas, 484-495 (2011).
11) D. Manfredi, F. Calignano, M. Krishnan, R. Canali, E. P. Ambrosio and E. Atzeni : "From Powders to Dense Metal Parts : Characterization of a Commercial AlSi10Mg Alloy Processed through Direct Metal Laser Sintering", *Materials*, **6** 856-869 (2013).
12) D. Marfredi, F. Calignano, M. Krishnan, R. Canali, S. Biamino, M. Pavese, E. Atzeni, L. Luliano, P. Fino and C. Badini : "Direct Metal Laser Sintering : an Additive Manufacturing Technology Ready to Produce Lightweight Structural Parts for Robotic Applications", *La Metallurgia Italiana*, **10**. 15-24 (2013).
13) D. Buchbinder, W. Meiners, K. Wissenbach, K. Muller-Lohmeier and E. Brandl : "Rapid Manufacturing von Aluminium-bauteilen fur die Serienproduktion durch Selective Laser Melting (SLM)", Euro-uRapid, Frankfurt, Fraunhofer Alliantz (2007).
14) E. Brandl, U. Heckenberger, V. Holzinger and D. Buchbinder : "Additive Manufactured AlSi10Mg Samples Using Selective Laser Melting (SLM) : Microstructure, High Cycle Fatigue, and Fracture Behavior", *Materials and Design*, **34**. 159-169 (2012).
15) E. Louvis, P. Fox and C. J. Sutcliffe : "Selective Laser Melting of Aluminium Components", *J. Mater. Proc. Tech.*, **211**. 275-284 (2011).
16) T. Nakamoto, N. Shirakawa, Y. Miyata, T. Sone and H. Inui : "Selective Laser Sintering and Subsequent Gas Nitrocarburizing of Low Carbon Steel Powder", *Int. J. of Automation Technology*, **2**. 275-228 (2008).
17) H. Gu, H. Gong, D. Pal, K. Rafi, T. Starr and B. Stucker : "Influences of Energy Density on Porosity and Microstructure of Selective Laser Melted 17-4PH stainless Steel", Solid Freeform Fabrication Symposium Proceedings, Austin Texas, The University of Texas, 474-489 (2013).
18) B. Vandenbroucke and J. P. Kruth : "Selective Laser Melting of Biocompatible Metals for Rapid Manufacturing of Medical Parts", Solid Freeform Fabrication Symposium Proceedings, Austin Texas, The University of Texas, 148-159 (2006).
19) A. Shimchi : "Direct Laser Sintering of Metal Powders Mechanism, Kinetics and Microstructural Features", *Mater. Sci. Eng. A*, **428**. 148-158 (2006).
22) 研究論文 金属粉末レーザ積層造形法により作製したAl-10% Si-0. 4% Mg10% 合金の組織と機械的性質　531-537 (2014).

第4節　3D プリンタ素材開発における海外動向

ジャパンコンサルティング合同会社　前田　健二

1. はじめに

本節では，3D プリンタで使われる素材の開発についての海外動向を記すが，その対象を価格1万ドル（約 123 万円）以下の 3D プリンタで使われる素材に限定する。現在 3D プリンタが世界的に普及しつつあるが，過去のコンピュータ市場黎明期においてコンピュータ市場が PC 市場と法人用汎用コンピュータ市場とに二分されたのと同様，3D プリンタ市場も主に個人で使われるデスクトップ 3D プリンタ市場と，工場や研究室等の製造現場で使われるハイエンドタイプの 3D プリンタ市場とに大きく二分されている。それゆえ，後者を含めてしまうと，その対象が非常に広くなりトピックも多岐に渡ってしまう。よって，本節では対象を前者に限定し，その範疇において現在世界的に勃興している素材開発のムーブメントを詳述することにする。一方で，後者についても相応に調査し，現状等を把握することはそれなりに価値があるとも思われるため，いずれ機会を見て挑戦してみたいと思う。

また，本節では主に FDM（Fused Deposition Modeling，熱溶解積層）方式の 3D プリンタと，SLA（Stereolithography，光造形）方式の 3D プリンタ用素材に限定して論じる。3D プリンタの方式，種類としては他にもインクジェット方式や SLS 方式等があるが，価格 1 万ドル以下の 3D プリンタはほぼすべて FDM 方式の 3D プリンタまたは SLA 方式の 3D プリンタであるからである。インクジェット方式や SLS 方式の 3D プリンタも今後価格が低下するものと予想されるが，現時点では価格 1 万ドル以下のものはない。

2. 3D プリンタ普及の現状

アメリカの調査会社ガートナー社は，2014 年の全世界の 3D プリンタ出荷台数は 108,151 台で，今年 2015 年には 217,350 台に増加すると予想している。また，2015 年から 2018 年までの年間成長率は 200% を維持し，2018 年には 230 万台に到達するとしている※。上述したように，現在の 3D プリンタ市場は主に個人で使われるデスクトップ 3D プリンタ市場と，工場等で使われるハイエンドタイプの 3D プリンタ市場とに大きく二分されるが，特に主に企業や個人が使うデスクトップ 3D プリンタの普及が進んでいると思われる。それを裏付けるように，デスクトップ 3D プリンタ用素材の開発が世界中で始まっている。

3. FDM3D プリンタ用素材

FDM 方式の 3D プリンタ（以下，FDM3D プリンタと称する）は伝統的に，素材として ABS

※ http://www.gartner.com/newsroom/id/2887417

(アクリロニトリル (Acrylonitrile)，ブタジエン (Butadiene)，スチレン (Styrene) 共重合合成樹脂) や PLA (ポリ乳酸 (Poly-Lactic Acid)) といったプラスチック系樹脂を長らく使用してきた。それらのプラスチック系樹脂は 1.75 mm 径または 3.00 mm 径の紐状で，スプールと呼ばれるリール状の芯に巻かれて供給される。これをフィラメント (Filament) と呼ぶが，FDM3D プリンタの普及や市場成長の程度がある程度固定化した今日，新たな素材のフィラメントや，従来にない機能をもつフィラメントを開発する機運が世界的に高まってきている。新たな素材のフィラメントとしては，ナイロン，カーボンファイバー配合素材，エンジニアリング・プラスチック，ゴムライク素材，ウッドライク素材，金属配合素材等でつくられたフィラメントが例として挙げられる。一方，新たな機能をもつフィラメントとしては，電導性フィラメント，水溶性フィラメント，形状記憶フィラメント，食品安全性基準適合フィラメント，サポート用フィラメント等が例として挙げられる。

なお，FDM3D プリンタ用素材開発を行う企業が多く誕生している国としては，アメリカ，オランダ，ドイツ，スペイン，中国が挙げられる。特にアメリカとオランダは突出している。ところで，オランダは FDM3D プリンタ用素材開発以外にも，3D プリンティングサービス・マーケットプレース大手のシェイプウェイズ社や，世界中の 3D プリンタをネットワークしているベンチャー企業，3D ハブズ社を誕生させた 3D プリンティング大国でもある。いずれにせよ，以下に様々な新たな FDM3D プリンタ用フィラメントを開発しているベンチャー企業をいくつか紹介する。

3.1　ポリメーカー社[1)]

ポリメーカー社は米シラキュース大学大学院研究生シャオファン・ルオ氏を中心とする三人の中国人留学生が立ち上げた高機能フィラメント製造ベンチャー企業である。通常の PLA フィラメントの 9 倍の強度を持つ高強度フィラメント「ポリマックス PLA」(**図 1**)，フレキシブルなフィラメント「ポリフレックス」，サポートフィラメント「ポリサポート」等を製造している。同社は製品設計をアメリカで行い，製造を上海近郊で行っている。ポリメーカー社はルオ氏らが立ち上げた，クラウドファンディングサイト大手のキックスターターのプロジェクトに端を発する。自らも 3D プリンタユーザーであったルオ氏は，自分が満足できる 3D プリンタ用フィラメントが存在しないことから高品質・高機能フィラメントの開発を思いつき，キックスターターでバッカー (出資者) を募るプロジェクトを開始した。同プロジェクトにはただちに大勢のバッカーが出資し，1,005 人のバッカーから 10 万ドル (約 1,230 万円) を集める結果

Photo credit Polymaker, LLC

図 1　ポリメーカー社のフィラメント「ポリマックス PLA」

となった。ルオ氏らはその後フィラメントの製造を本格的に始め，今年5月にはパソコン製造大手レノボの持ち株会社等から300万ドル（約3億7千万円）の資金を調達，事業規模を拡大している。

ポリメーカー社のフィラメントの特徴を一言で言うと，高機能・高品質PLAフィラメントになろう。同社は製造工程に高度なプロセスエンジニアリングを導入し，高品質を確保している。また，ポリメーカー社はプラスチック素材工学の研究者であるルオ氏が率いる事もあり，製造する製品はPLA系のものでほとんどを占める。同社共同創業者のハン氏によると，同社はあくまでも天然由来素材のPLAにこだわっており，今後もPLA系フィラメントを中心に開発を行って行く予定という。同社のフィラメントは欧米を中心とする世界中の3Dプリンタユーザーから高い評価を得ており，今後も同社は事業を拡大させてゆくと予想される。

3.2　カラーファブ社[2)]

カラーファブ社はオランダ人プラスチック工学エンジニアのルード・ルーロウ氏が2013年に設立した高機能フィラメント製造ベンチャー企業である。オランダのフェンローを拠点にFDM3Dプリンタ用の金属配合フィラメント「ブラスフィル」「コッパーフィル」「ブロンズフィル」（**図2**），ウッドファイバー配合フィラメント「ウッドフィル」「バンブーフィル」，蛍光フィラメント「グローフィル」等を製造している。また，3Dプリンタ用ペレットも製造している。カラーファブのフィラメントの特徴を一言で言えば，プラスチックらしくないフィラメントになろう。金属配合フィラメント「ブラスフィル」「コッパーフィル」「ブロンズフィル」は，いずれも仕上がりが文字通り真鍮，銅，ブロンズに近く，研磨することでさらにそれぞれの金属に近い見た目になる。また，ウッドチップ配合フィラメント「ウッドフィル」「バンブーフィル」も，いずれも仕上がりが木や竹のようであり，プラスチックには見えない。

カラーファブ社のフィラメントは一般的なABSやPLAのフィラメントに飽きてきていた世界中の3Dプリンタユーザーにただちに受け入れられ，支持を集めた。カラーファブ社は今後も「プラスチックらしくない」フィラメントの開発を続け，市場を拡大させてゆくものと見られる。またカラーファブ社のフィラメントは一般的なフィラメントの2～5倍程度の高値で販売されており，今後もそのトレンドが維持されると見込まれる。高機能なフィラメントが相応のプレミアム価格を確保できていると見られることから，高機能フィラメントの開発を目指す機運が高まり，それとフィードバックして市場が拡大する善循環が発生することが期待される。

なお，プラスチックらしくないフィラメントの開発はカラーファブ社以外にもドイツ人発明家カイ・パーシー氏も行っている。パーシー氏は3Dプリンタコミュニティの古参メンバーで，2012年という比較的早い段階で木彫フィラメント

図2　カラーファブ社のブロンズフィルでプリントした造型サンプル

「レイウッド D3」をリリースしている。同氏はその後，レンガ風フィラメント「レイブリック」もリリースしている。

3.3　タウルマン 3D 社[3)]

タウルマン 3D 社は，米セントルイスに拠点を置く，電子工学エンジニアのトーマス・マーツォル氏が設立した 3D プリンタ用フィラメント製造ベンチャー企業である。「タウルマン 618」「タウルマン 645」「タウルマン T グラス」等のナイロンを素材とした高品質・高機能 FDM3D プリンタ用フィラメントを製造している。マーツォル氏は，FDM3D プリンタで使われる ABS や PLA 等のプラスチック系素材では強度が弱く，完成品として使えるパーツの製造は不可能であると考えていた。以前の経験からナイロンの強度を認識していた同氏は，ナイロンを 3D プリンタ用素材にすることを発案し，ナイロンメーカーに開発の協業を呼びかけた。ナイロンメーカーとナイロンの配合等の試行錯誤を繰り返し，苦労の末ナイロン製 3D プリンタ用フィラメント「タウルマン 618」を完成させた。「タウルマン 618」は市場にリリースされると欧米を中心に世界中の 3D プリンタユーザーに受け入れられ，大きな支持を集めた。マーツォル氏によると，同社のフィラメントのユーザーは「産業ユーザー」と「ホビイスト」に二分され，特に同氏が「ジャスト・イン・タイム・マニュファクチャリング」と呼んでいる製造現場や，研究開発の現場で同社のフィラメントが多く使われているという。

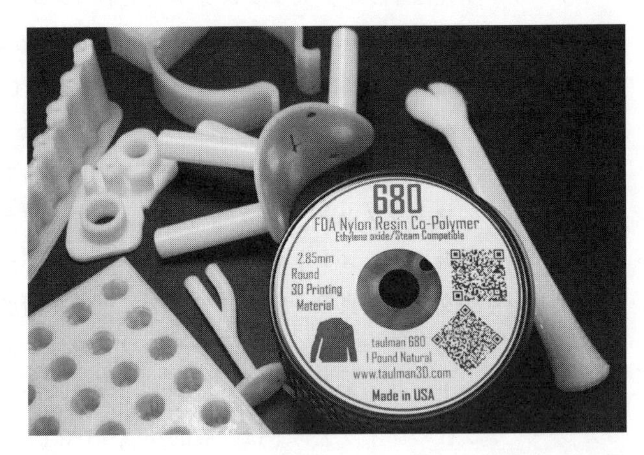

Photo credit Taulman3D

図３　タウルマン 3D 社が開発した FDA 安全性基準適合フィラメント

タウルマン 3D 社はあくまでもナイロンを素材にした 3D プリンタ用フィラメントの開発にこだわっており，現在もその路線に沿って開発を続けている。同社はまた，主に医療の現場で使われることを想定した，アメリカ食品医薬品局（FDA）の安全性基準を満たすナイロンフィラメント（**図３**）の開発も行っている。

以上，中国，オランダ，アメリカの FDM3D プリンタ用フィラメント開発ベンチャー企業三社を紹介した。いずれも高機能，高品質を追及する高付加価値戦略を採用し，ユニークで固有の製品を開発している。また，ポリメーカー社は PLA，カラーファブ社は非プラスチック系素材，タウルマン 3D 社はナイロンと，それぞれ特定の素材に特化する傾向が既に現れている。以上の素材以外にも，カーボンファイバー，グラフェン，PET 等を素材にした FDM3D プリンタ用フィラメントの開発が他企業により進められており，FDM3D プリンタ用フィラメントの素材のバラエティは今後さらに大きく拡大すると予想される。

また現在，FDM3D プリンタメーカーは，メーカーが純正フィラメントを供給し，純正フィラメントでユーザーを囲い込むクローズド戦略と，フィラメントを特定せず，ユーザーに様々なタイプのフィラメントを使わせるオープン戦略のどちらかを採っているが，それぞれメリットとデメリットがある。クローズド戦略を採った場合，メーカーはユーザーを長期に渡って囲い込め，長期的な収益の獲得が期待できる。しかし，ユーザーはメーカーの純正フィラメントしか使用できず，サードパーティーが開発した新フィラメントが使えない。一方，オープン戦略を採った場合，ユーザーを長期に渡って囲い込むことが困難になるが，ユーザーは日々誕生する新しいフィラメントを自由に使用できる。現時点においても，メーカーの戦略における二分化は進んでおり，筆者が見たところ，フィラメントについてはオープンな戦略を採用するメーカーの方に分があるように見える。なぜならば，特定のフィラメントがすぐに陳腐化してしまうほど，新たなフィラメントが次々に生まれて来ているからである。FDM3D プリンタ用フィラメントの開発は，今後さらに盛んになって行くことは間違いないであろう。

4. SLA3D プリンタ用素材

SLA3D プリンタは長らく光造形機として世界中のモノづくり現場で試作品製造等に使われてきた。日本のモノづくりの現場でも SLA3D プリンタというよりも光造形機といった方が話が通じやすいであろう。ところで，2011 年 11 月にマサチューセッツ工科大学メディアラボの研究員だったマキシム・ロボブスキー，ナタン・リンダー，デビッド・クレーナーが世界初のデスクトップ SLA3D プリンタ開発を目的にフォームラブズ社を設立，デスクトップ SLA3D プリンタの歴史の幕を開けた。以後，デスクトップ SLA3D プリンタ開発を行うベンチャー企業が世界中で続出，現在もそのトレンドが続いている。また，それに呼応するようにデスクトップ SLA3D プリンタ用樹脂の開発が世界規模で始まっている。以下にそうした SLA3D プリンタ用樹脂を開発しているベンチャー企業をいくつか紹介する。

4.1 メーカージュース・ラブズ社[4)]

メーカージュース・ラブズ社は米カンザス州に拠点を置くデスクトップ SLA3D プリンタ用樹脂開発ベンチャー企業である。2013 年に素材エンジニアのジョッシュ・エリスが設立した同社は，すべてのデスクトップ SLA3D プリンタに「安価で高品質な樹脂を提供」することを事業目的にしている。高い強度と硬度を持つ G プラス，硬度が低く後処理がしやすい SF (**図 4**) 等の高機能樹脂を開発し，今日までに 8 千本以上を 4 千人のユーザーに販売したとしている。いずれの製品も黒，赤，青，緑，白，黄色等のカラーから選択できる。同社の製品は G プラスが 500 ミリリットル入りボトルが 33 ドル，1 リットル入りボトルが 55 ドルと比較的安価で，フォームラブズ社の純正樹脂よりも大幅に安く価格が設定されている。なお，フォームラブズ社の純正樹脂は 1 リットル入りボトルが 179 ドルで販売されている。同社は，フォームラブズ社等の SLA3D プリンタメーカーが供給している純正樹脂と同等の製品をより安く

Photo credit Makerjuice Labs, LLC

図 4 メーカージュース・ラブズ社の樹脂「SF for Form 1」の造型例

提供するプライスバスター戦略を採用している。ヘビーユーザーを中心に樹脂を安く求めたい層は確実に存在するため，同社の製品は SLA3D プリンタコミュニティから一定の支持を集めるものと思われる。

4.2　スポット A マテリアルズ社[5)]

スポット A マテリアルズ社はスペインのバルセロナに拠点を置く SLA3D プリンタ用樹脂開発企業である。一般用途向け樹脂「スポット GP」，高い強度をもつ「スポット HT」，ゴムライク樹脂「スポット E」（**図 5**）等の高付加価値樹脂を開発している。スポット A マテリアルズ社もメーカージュース・ラブズ社と同様，フォームラブズ等 3D プリンタメーカーの純正製品よりも価格を安く設定している。同社は積極的に各 3D プリンタメーカーの純正品のリプレースメントを促す戦略を採用していると見られ，同社のウェブサイトでは主要な SLA3D プリンタメーカーと製品名が掲載され，それぞれに最適化された樹脂製品が購入できるようになっている。

Photo credit Spot-A Materials

図 5　スポット A マテリアルズ社樹脂「スポット E」

また，同社は現在インベストメント鋳造用樹脂「スポット IC」を開発中で，主にジュエリーデザイナーへ向けてリリースする予定である。ジュエリー業界はデスクトップ SLA3D プリンタが急速に普及しつつある領域で，スポット IC のリリースによりデスクトップ SLA3D プリンタの普及に拍車がかかることが期待される。なお，インベストメント鋳造用樹脂はフォームラブズ社や，後述のメイド・ソリッド社も開発，リリースしている。

4.3　メイド・ソリッド社[6)]

メイド・ソリッド社は 2013 年設立の米カリフォルニア州に拠点を置く 3D プリンタ用素材開発ベンチャー企業である。同社は高い品質を誇る SLA3D プリンタ用樹脂「V2MS」（**図 6**）を同社の既存製品を利用する世界中のユーザーから得られたフィードバックをもとに開発した。V2MS は同社の既存製品よりも高品質の仕上がり，より鮮明な色合い，そしてより優れたプリント環境を提供できるとしている。V2MS は黒色から開発がスタートし，現在までに赤，青，白の三色の開発が完了している。また，現在までにフォームラブズ社のフォームワン，フォームワン・プラス，オートデスク・スパーク・エンバー等の SLA3D プリンタでの動作が確認されている。同社はまた，高い硬度を持つ「ヴォレックス・レジン」，インベストメント鋳造

Photo credit MadeSolid

図 6　メイド・ソリッド社の樹脂「V2MS」

用樹脂「キャストソリッド」もリリースしている。なお，メイド・ソリッド社はデスクトップSLA3Dプリンタ用樹脂の他，FDM3Dプリンタ用の高機能フィラメントの開発も行っている。なお，メイド・ソリッド社はシリコンバレーのベンチャー企業育成団体Yコンビネーターの支援先でもある。

以上，デスクトップSLA3Dプリンタ用樹脂開発ベンチャー企業三社を紹介した。いずれの会社も現時点での事業規模は大きくないが，デスクトップSLA3Dプリンタ市場の拡大とともに今後成長してゆく可能性が高い。FDM3Dプリンタ用フィラメントの市場は現在順調に拡大しているが，デスクトップSLA3Dプリンタ用樹脂市場も，それを後追いする形で相当拡大することは間違いないと思われる。

ところで，デスクトップSLA3Dプリンタ用樹脂開発企業の少なくない数がインベストメント鋳造用樹脂をリリースしている点は注目に値する。デスクトップSLA3DプリンタはFDM3Dプリンタよりもプリント品質が高く，ジュエリー業界では既にSLA3Dプリンタをモノづくりに活かし始めている。同様の動きは微細なデザインと高品質の仕上がりが求められる精密部品製造や歯科の領域でも始められており，今後大いに注目すべきである。いずれにせよ，デスクトップSLA3Dプリンタ用樹脂は，各業界のユーザーの，実際的で具体的なニーズに呼応しながら進化し，それぞれの市場を拡げて行くことになるだろう。

5. おわりに

以上，主に価格１万ドル以下の3Dプリンタで使われる素材開発の海外動向を，FDM3DプリンタとSLA3Dプリンタにつき，それぞれの素材開発ベンチャー企業を紹介することで詳述した。米調査会社ガートナー社は，全世界の3Dプリンタ年間出荷台数が2018年に230万台に到達すると予想しているが，仮にその通りになった場合，3Dプリンタで使われる素材の市場も相当に拡大する。また，3Dプリンタ市場は，それぞれの業界やマーケットセグメントにおいて，3Dプリンタメーカー，3Dプリンタユーザー，3Dプリンタ用素材メーカーの三者が協働して市場を拡げてゆくことになると予想する。上述したジュエリー業界が例として挙げられるが，三者がコラボレートしながら相互にフィードバックし，マスとして市場全体が拡大してゆくのである。

FDM3Dプリンタ用素材は，一般的なABS，PLA系フィラメントがコモディティ化して価格が相当に低下している一方，高品質，高機能なフィラメントは相応のプレミアム価格で販売されるようになっている。FDM3Dプリンタ用素材の今後の開発トレンドは，高強度，高硬度，耐熱性，耐衝撃性等のキーワードが象徴する「リジッド」な領域，柔軟性，伸縮性，軽さ等のキーワードが象徴する「ソフト」な領域，安全性，安定性，生分解性等のキーワードが象徴する「安全」の領域，チョコレート，パスタ，ピザ等のキーワードが象徴する「食」の領域において一層花開くと予想する。実際に，それらの領域で素材開発を目指すベンチャー企業が世界中で続々と誕生している。

SLA3Dプリンタ用素材も，同様に一般的な樹脂がコモディティ化し，プライスバスターが価格を低下させている一方，高品質，高機能な樹脂はそれなりの高価格で販売されている。SLA3Dプリンタ用樹脂の今後の開発トレンドは，FDM3Dプリンタ用素材と同様，「リジッド」

な領域,「ソフト」な領域,「安全」の領域において一層花開くと思われるが，それらに加えて「医療」の領域も大きく花開く可能性が高い。医療特に歯科医療の領域はSLA3Dプリンタとの親和性が良く，実際に市場拡大のポジティブフィードバックが始まっている。

FDM3Dプリンタ，SLA3Dプリンタに加え，インクジェット方式の3Dプリンタ，SLS方式の3Dプリンタも相応に市場を拡げているものと見られる。特にインクジェット方式の3Dプリンタについては，Hewlett-Packard社が市場参入を表明しており，市場拡大の起爆剤になると期待されている。また，SLS方式の3Dプリンタについても，安価なデスクトップ型の開発プロジェクトがアメリカで進められている。3Dプリンタ市場全体において多様性の花が咲き，市場規模が拡大する中，各種の3Dプリンタ用素材開発のムーブメントがさらに加速するであろう。3Dプリンタ市場と3Dプリンタ素材市場は，産業のライフサイクルにおいて成長ステージに突入したのである。

文　献

1）ポリメーカー社ホームページ http://www.polymaker.com/
2）カラーファブ社ホームページ http://colorfabb.com/
3）タウルマン3D社ホームページ http://www.taulman3d.com/
4）メーカージュース・ラブズ社ホームページ http://www.makerjuice.com/
5）スポットAマテリアルズ社ホームページ http://spotamaterials.com/
6）メイド・ソリッド社ホームページ http://shop.madesolid.com/

第5節　柔らかい材料の3Dプリンティングの実例とその可能性

JSR株式会社　林田　大造

1. はじめに

●3Dプリンティングにおける柔らかい材料の必要性

1980年代の終わりごろ，デジタルデータをベースとした3Dプリンティングシステムとして，光造形技術が初めて商用利用されるようになった。その後，熱溶融積層式，粉末積層式の3Dプリンティングシステムが1990年代に，マテリアルジェット式のシステムが2000年代前半に入って登場し，いまだ3Dプリンティングの技術は広がり続けている。

このような3Dプリンティングの歴史の中で，そこで用いられてきた材料に目を向けると，光造形は，光硬化性のアクリル系材料やエポキシ系材料，熱溶融積層ではABSやPLA，粉末積層では，石膏，金属，ポリアミド，インクジェットではアクリル系と，総じて造形されたものは“硬い”性質をもっている。

これは，3Dプリンティングの各方式において，用いる材料を積層していくための化学反応や物理反応を考慮したときに，その造形精度や安定性を向上させるためには，そのような硬質の材料が技術的にやりやすいといった背景があったことが推定される。さらには，当時3Dプリンティングが「ラピッドプロトタイピング」と呼ばれていたように，企業の製品開発における，製品デザインの形状確認（意匠確認）を迅速に行うのに用いられ，専ら，その形状の寸法精度といったデータ再現の正確性や，ある一定以上の造形物の構造強度が求められていたことも，その背景としてあろう。

一方，一般的な工業製品をつくるための石油化学材料の目に向けると，大きくプラスチック（例えば，ポリエチレン，ポリプロピレン，ポリ塩化ビニルなど）といった硬質材料と，ゴム・エラストマー（例えば，スチレン系ゴムなど）そしてウレタンといった軟質材料の二つに分類される。例えば，経済産業省の2013年の化学工業統計によれば，2013年のポリエチレンの国内総生産量は260万トン，ポリプロピレンは225万トンであり，合成ゴムの生産量は164万トンとなっている[1]。すなわち，市場ニーズに合わせた多様な機能をもつ，付加価値の高い製品を生み出すには（もちろん，石化系材料だけではなく，金属，セラミックといった多様な材料が利用されているのだが），その構造材料として硬質材料と軟質材料のそれぞれの特性を生かした製品設計が重要であり，製品に必要な機能に応じて，材料特性を考慮しながら使用する材料は選択される。

そのような材料特性と製品機能の関連性を踏まえると，昨今の3Dプリンティング市場の広がり，とりわけ低価格3Dプリンタの登場による個人レベルへの3Dプリンティングの浸透により，3Dプリンティングを製品企画のための意匠確認ツールだけではなく，3Dプリンティングでつくられたものを，そのまま実用として使うという動きが出てきている中で，そこに3Dプリンティングで主流となっている硬質材料だけではなく，“柔らかい”軟質材料も求められてくるのは，必然的な流れであろう。

2. 3D プリンティングにおける柔らかい材料の開発

2.1 光造形式 3D プリンティングの柔らかい材料

光硬化性樹脂を紫外線レーザの走査によって硬化して形成された硬化層を一層ずつ積層することにより 3 次元造形物を作製する光造形技術では，通常，エポキシ系材料やアクリル系材料が用いられる。例えば，**表 1** に，JSR ㈱（以下当社）が㈱ディーメックを通して提供している光造形材料 SCR® シリーズの一般的な造形物の物性を示す[2]。造形物の靱性の高い材料や，高透明性のものもラインナップされている。

さらに当社は，エラストマーライクの光造形材料 SCR®330 を開発している[3]。それ以前にも，弾性率の低い柔らかい造形物が造形できる光造形材料はあったが，造形物が外力によって変形するともとに戻らず，ユーザーのニーズを満たすことができなかった。一方，SCR®330 は，柔らかいだけではなく，外力によって変形しても元の形状に戻るエラストマーの性質を有する。

表 2 に，SCR®330 の造形物の特徴を示す。その弾性率は 0.7 MPa と，表 1 に示した一般的な光造形材料の造形物の 1/1,000 であり，非常に低い弾性率を有した造形物を作製することができる。造形物の引張り弾性率も 2 MPa と非常に低く，また，破断伸びが約 80%と大きな変形にも十分耐えることができる。**図 1** は SCR®330 での造形物の実例であるが，その用途として，例えばホース，ウェザーストリップ，シール材等の自動車部品，家電製品に用いられるゴム，エラストマー製品等の形状確認，組み立て確認として検討されている。

表 1　光造形材料 SCR® シリーズの造形物物性

	グレード 特徴	SCR®712X 高靭性・耐衝撃性	SCR®737 靭性・耐熱性		SCR®780 高透明性	
造形物物性	単位	熱処理なし	熱処理無し	80℃×2 h 熱処理後	熱処理無し	120℃×2 h 熱処理後
引張り弾性率	[MPa]	1,800	1,700	1,700	2,000	2,500
引張り伸び	[%]	18	18	20	2	2
曲げ弾性率	[MPa]	2,140	2,030	2,090	1,900	2,600
HDT（低荷重）	[℃]	55	63	76	51	100
Izod 衝撃値	[J/m]	61	51	51	-	-
光透過率	[%]	-	-	-	92	93

2.2 マテリアルジェット式 3D プリンティングの柔らかい材料

インクジェットノズルから，アクリル系材料を造形したい面上に噴射し，紫外光にて光硬化させることで造形していくマテリアルジェット式の 3D プリンティングは，3D Systems 社，Stratasys 社が多様なラインナップを揃

表 2　SCR®330 の造形物物性

引張り弾性率	2 MPa
引張り強度	0.7 MPa
引張り伸び	74〜88%
Shore A 硬度	50
弾性変形の仕事率	88%

え，全世界においてユーザーに提供している。さらに，この方式で使える材料も，ABSやPPに似た性質をもつ材料から，透明な材料と多様であり，近年では様々に着色された材料を同時に造形できるマルチカラータイプのシステムも提供されている。

(a)　配管部品モデルの造形例　(b)　造形品を押し曲げた様子

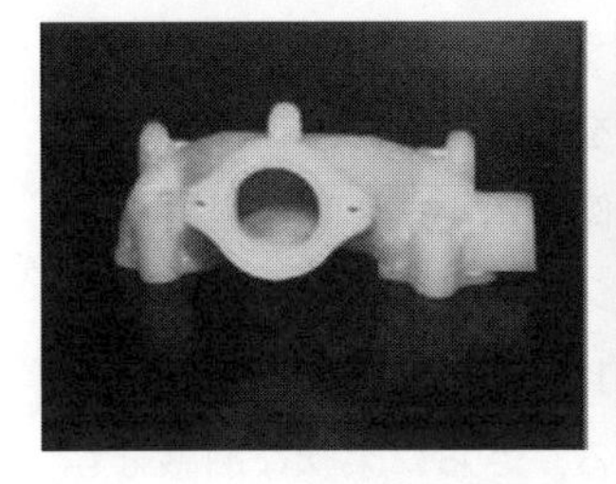

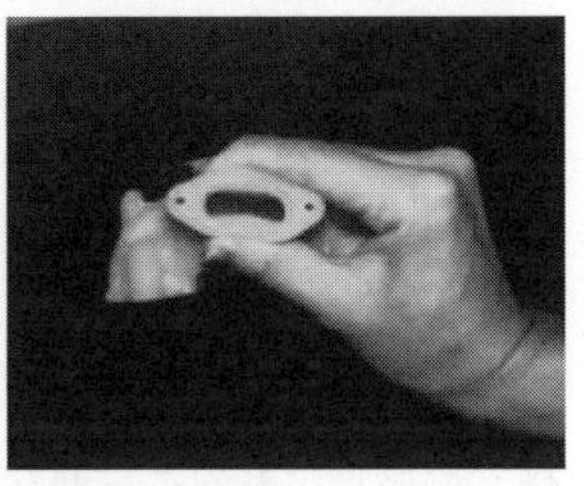

図1　SCR®330の造形物の事例

その中で，エラストマー弾性をもつ材料もラインナップされている。例えば，3D Systems社からは，Visijet™ラバーライクと呼ばれる材料が提供されており，造形物はエラストマーのような弾性特性を示す。Visijet™ラバーライクの造形物特性を**表3**に，その造形事例を**図2**に示す[4]。また，硬質の材料と混ぜ合わせながら造形することで，造形物の弾性を，部分的に任意にコントロールすることも可能である。

表3　Visijet™ラバーライクの造形物物性

引張り弾性率	0.7 MPa
引張り強度	2 MPa
引張り伸び	293%

(a)　ホース部品モデルの造形例　(b)　造形品を押し曲げた様子

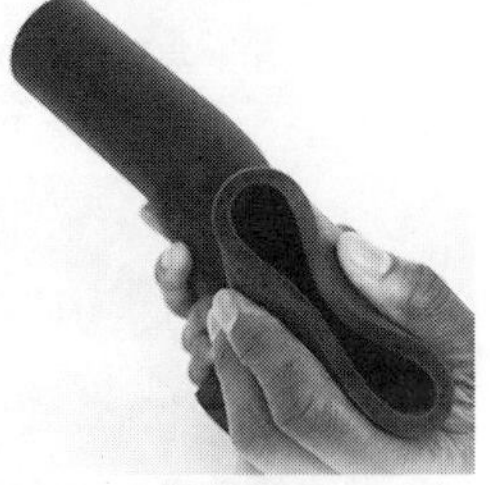

図2　Visijet™ラバーライクの造形物の事例

2.3　熱溶融積層式3Dプリンティングの柔らかい材料

フィラメント形状の樹脂を熱で溶融してノズルから吐出させ，造形したい面上に溶融された樹脂を積層して造形していく熱溶融積層式の3Dプリンティングは，2006年の基本特許の失効を機として，オープンソースによって3Dプリンティングの普及を目指すRepRapプロジェクトの登場もあり，これまで3Dプリンティングの主なユーザーであった企業の製品開発組織の意匠確認ツールというよりも，デザイナーのアイデアの具現化ツールや，プライベートな個人の趣味としてのものづくりツールとして，個人レベルに普及している3Dプリンティング技術である。

そこで用いられるフィラメントの材料は，ABSやPLAといった硬質材料が一般的に主流であるが，PolyMaker社のPolyFlex™，Fenner Drives社のNinjaFlex™，RECREUS社のFILAFLEX™，三菱化学メディア㈱のプリマロイ™など柔らかい材料からなるフィラメントもユーザーに提供されはじめている。**表4**は，現状の柔らかいフィラメント材料の硬度物性を示しており，Shore D硬度で30～50の範囲のものが提供されている。

当社は，慶應義塾大学の田中浩也准教授との共同開発の成果として，主にヘルスケア関連を中心とした用途への利用を想定し，医療機器での採用実績のある熱可塑性エラストマーをベースしたFABRI AL™R シリーズを提供している。**図3**にFABRIAL™R の造形品の例を示す。さらに発展した例として，FABRIAL™R シリーズで造形した造形品の内部空間に液体やゲルを封入し，単純に柔らかい材料で造形したものとは異なる，さらに柔軟な触感をもつ3D造形物も実現している。

表4　柔らかいフィラメント材料の硬度物性

フィラメント材	Shore D 硬度
PolyFlex™	49
NinjaFlex™	43
FABRIAL™R シリーズ	40
FILAFLEX™	38
プリマロイ™	31

今のところ，これらの柔らかい材料のフィラメントは，市販されている熱溶融積層式3Dプリンタ，もしくはRepRapオープンソースの技術で作成された熱溶融積層式3Dプリンタにて利用できるようになっている。しかしながら，その造形安定性はまだ充分ではない。硬質な熱可塑性プラスチックと軟質な熱可塑性エラストマーは，その熱溶融挙動が異なり，一般的な金型を用いる成形方法においても各特性に合わせたプロセスが用いられているように，柔らかい材料の熱溶融積層式3Dプリンティングにおいても，材料の開発だけでなく，材料の溶融挙動に適した熱溶融積層機構が同時に開発されていくと考えられる。

(a)　実際の手のスキャンデータから造形した柔軟な手のモデル

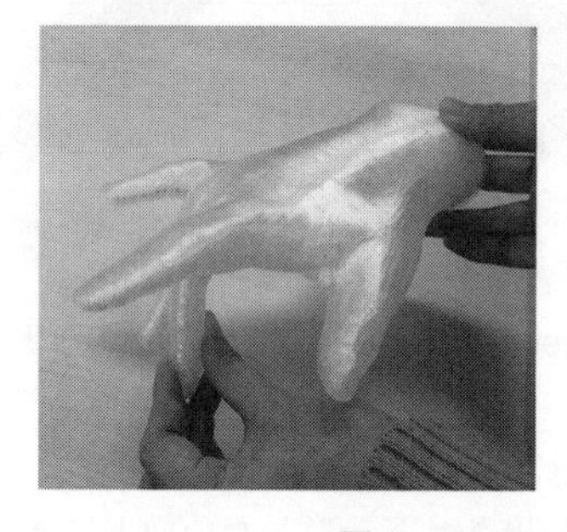

(b)　柔らかく，液体封入も可能な造形品

図3　FABRIAL™R シリーズの造形物の事例

2.4　ハイドロゲルの3Dプリンティング

研究段階ではあるが，エラストマーよりもさらに柔らかい特性をもつハイドロゲル材料を3Dプリンティングしようという試みもある。山形大学の古川英光教授は，柔らかさと機械的強度を併せもつ，高強度ゲルの3Dプリンティング技術の研究開発を進めている[5]。

用いる高機能ゲルは，北海道大学のグン教授らが開発したダブルネットワークゲル[6]や，古川教授らが開発した相互架橋網目ゲル[7]と呼ばれるもので，**表5**に示すように，これまでにない高い強度をもつハイドロゲルである。しかし，これらの高強度ゲルはその特異的な特性の一方，従来の成形方法では任意形状への加工が難しく，実用化には至っていない。そこで，古川教授らは，これらの高強度ゲルを光硬化型に調整し，**図4**に示すようなレーザ光源を備えたバスタブ式の3Dプリンタを用いることによって，世界で初めて高強度ゲルの3Dプリンティングに成功し，任意形状の高強度ゲルを得る手法を見いだしている。

表５　高強度ゲルの特徴と物性

	ダブルネットワークゲル（DN ゲル）	相互架橋網目ゲル（ICN ゲル）
特徴	高強度 摩擦係数 0.01 以下 大変形で塑形により軟化	高延性 高含水率 繰り返し変形可能
含水率	＞90［%］	＞96
弾性率	＞0.5［MPa］	0.002〜0.01
引張り強度	＞1［MPa］	0.01〜0.1
引張り伸び	＞600［%］	＞600

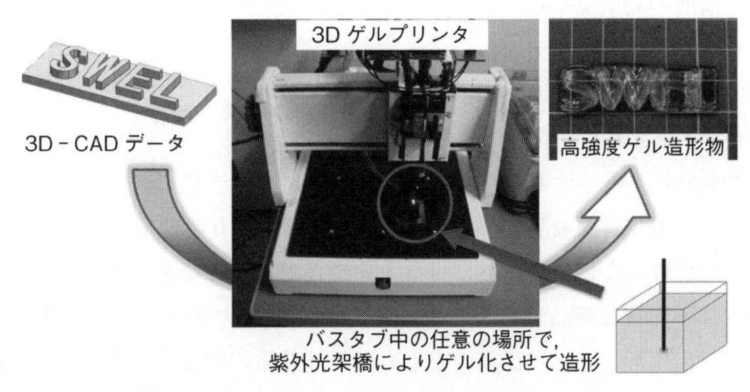

図４　3D ゲルプリンタによる高強度ゲルの造形

高強度ゲルは，生体の軟質素材に似たミクロ構造をもっていることから，生体材料に近い動的力学挙動を示し，その 3D プリンティングによる造形物は，医療用途のみならず，ソフトロボティクスや，メカトロニクス系への応用も期待される。

3.　柔らかい材料の 3D プリンティングによる製品デザインの新たな可能性

柔らかい材料で 3D プリンティングを行う場合，単純に柔らかい造形品が得られるだけではなく，その造形物が外からの力によって変形しても元の形状に戻る，エラストマー性の機械的特性を有することも，製品の形状・構造デザインのツールとして 3D プリンティングを利用することや，さらには 3D プリンティングの造形物を実用品として利用する観点から非常に重要である。

もちろん，その造形品のエラストマー性といった機械的特性は，材料硬度や弾性率といった材料本来の機械的物性に起因するものであるが，造形物の外殻構造の厚みや造形物内部の充填度や充填パターンを自由に設計できる 3D プリンティングにおいては，その構造設計要素も造形物の機械的性質に大きく影響する。

例えば，熱可塑性エラストマー材料である FABRIAL^{TM}R シリーズを用いて直方体形状の造形物を作成した場合，材料は同一，そして構造デザイン要素の内，直方体の寸法と内部充填パターンも同一として，その内部の充填密度だけを変えると，**図５**のように，100％充填度の造形物に Z 軸方向から圧縮方向の力を印加した場合の応力（圧縮応力）を 100 とすると，50％充填度の同一直方体の圧縮応力はその70％に減少する。言い換えれば，同じ材料を使っていても，造形物の内部の充填度を任意に設定することで，弾性が高い造形物から低い弾性をもつ造形物をデザインすることが可能であることを示唆している。

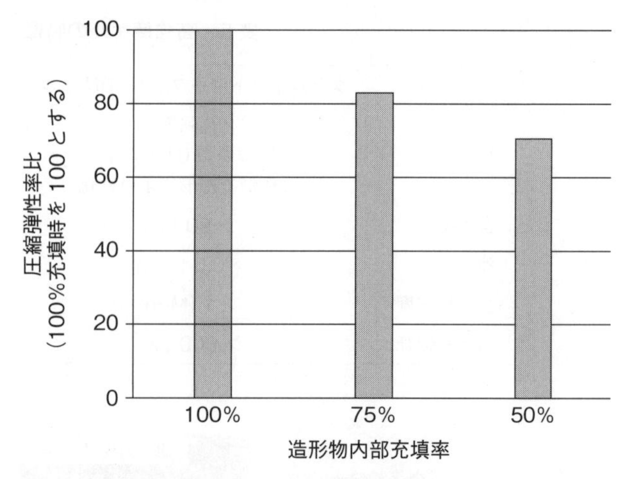

図5　FABRIAL™R シリーズの直方体造形物における内部充填率と圧縮弾性率の関係

さらに3D-CADと連動して，製品内部の特定箇所の充填度やパターンがそれぞれ異なる製品をデザインし，柔らかい材料でその3Dプリンティングをすれば，内部の不均質な機械特性が寄与する新たな機能をもつ製品を，デザインし実体化することも可能となる。このような不均質な製品デザインは，とりわけ，触り心地や，握りやすさといった人の触感に直結した感性的な価値を製品に付与することが可能となると考えられる。この3Dデジタル上での内部不均質な製品デザインと，柔らかい3Dプリンティングが連動する新たな製品デザインは，射出成形といった従来の成形方法では非常に困難で，また硬質材料の3Dプリンティングでもその展開は限定的である。この人工的に不均質な製品デザイン手法はこれまでにないものであり，3Dプリンティングの新たな可能性を広げるものと期待される。

4. おわりに

本節では，柔らかい材料の3Dプリンティングの必然性を背景として，各種方式の3Dプリンティングにおいて，大学での研究例も含め，柔らかい材料の適用事例を紹介した。さらに，柔らかい材料の3Dプリンティングにおける，内部構造設計の造形物の機械特性への効果と，それを活用した新たな製品デザイン手法の可能性にも言及した。

一般的な工業材料において，エラストマー，ゴムやウレタンといった柔らかい軟質材料の種類は，自動車，電気，医療・ヘルスケアとその用途に合わせて多岐にわたる。また高強度ハイドロゲルといった，3Dプリンティングがその任意形状の成形を可能にしたことによって，実用化の道が見えた新たな高機能材料の事例もある。今後，3Dプリンティングが可能とする新たな製品デザイン手法と連動して，広く3Dプリンティングが利用されていくと同時に，より具体的な用途への展開を目指した柔らかい材料の開発やその実用検討も加速していくと考える。

文　献

1）経済産業省「平成 25 年　経済産業省生産動態統計年報　化学工業統計編」.
2）㈱ディーメック　ホームページより抜粋（https://www.d-mec.co.jp/）.
3）JSR corporation, *JSR TECHNICAL REVIEW*, 108 (2001).
4）㈱ 3D システムズジャパン　ホームページより転載（http://www.3dsystems.co.jp/）.
5）日出間るり，杉田恵一，古川英光：日本機械学会論文集 A 編，77，778 (2011).
6）Gong, J. P. Katsuyama, Y. Kurokawa and T. Osada：*Y. Adv. Mater.*, 15, 1155 (2003).
7）特開 2012-214727「高分子ゲル及びその製造方法」.

第３編

分野別活用事例と活用促進の取組み

総論　3D プリンタ・積層造形技術の進化と産業へのインパクト

株式会社シグマクシス　桐原　慎也

1. メイカーズ・ムーブメントと 3D プリンタブームの到来

2012 年末頃から「メイカーズ」,「3D プリンタ」のキーワードを新聞，雑誌で見かけることが多くなった。背景には，溶解積層法 (FDM) やレーザ焼結法 (SLS) といった積層造形技術に係る主要特許の失効に伴う参入障壁の低下，2012 年 7 月に発表されたアメリカの米国製造業再生計画における積層造形技術へのフォーカス (全米積層造形イノベーション機構 (NAMII) 設立等) があるが，一般消費者への認知を飛躍的に高めたトリガーは，Chris Anderson 氏が出版した "Makers"，50 万円を切る廉価版 3D プリンタの登場及び量販店での販売ではないだろうか。

日本においても，経済産業省が 2013〜2014 年に主催した「新ものづくり研究会」，及びその後に立ち上がった国家プロジェクト「TRAFAM」(Technology Research Association for Future Additive Manufacturing，技術研究組合次世代 3D 積層造形技術総合開発機構) により，「国際競争力のある国産品」をキーワードに装置開発が進んでいる。

2. 材料の広がり

一口に 3D プリンタといっても，対象となる材料は幅広く，用途も多様である。プラスチック等の樹脂を材料とした 3D プリンタが最も普及しているが，本分野でもまだまだ技術革新は続いている。例えば，今年の 3 月に TED で発表された，Carbon3D 社の "CLIP" (Continuous liquid Interface Production) テクノロジが注目されている。既存の光造形技術のように 3D モデル断面を層毎に硬化させる造形手法とは異なる，連続液界面製造と呼ばれる新しい技術により，現存する光造形 3D プリンタの 25〜100 倍の高速化と高精度化を実現できると言われている。また，3D プリンタブームの当初は樹脂を材料とした 3D プリンタに注目が集まることが多かったが，現在は様々な金属材料を活用した技術開発も脚光を浴びつつある。材料としては Ti 系合金，マルエージング鋼，SUS，Ni・Co 超合金が材料の大部分を占め，医療，航空宇宙を中心の用途に活用されている。今後，材料・装置開発により，生産スピード，品質，コスト競争力が高まれば，用途展開先も急拡大するであろう。

樹脂，金属材料の他に，ユニークな素材を活用した 3D プリンタも存在する。例えば，アイルランドの Mcor Technologies 社は，市販のコピー用紙を材料として紙を積層造形するプリンタを開発している。また，チョコレート，砂糖菓子，ピザといった食品を立体造形する "フードプリンタ" も存在しており，将来的には栄養成分にも配慮した宇宙食の "現地生産" への活用が期待されている。バイオサイエンスの分野では，例えば佐賀大学の中山功一教授が技術開発し，㈱サイフューズが装置開発した細胞凝集塊から，デザイン通りに立体的な細胞構造体を造形する "バイオ 3D プリンタ" が出現しており，将来的に再生医療への活用が期待されている。

材料の広がりからは，少しはずれるが，MIT は“4D プリンタ”の研究を進めている。四つめの次元とは「時間」であり，4D プリンタとは，時間経過に伴う形の変化までをプリンティングする装置とのことで，例えば，ロケットに格納されているアンテナが複雑な機構をもたずとも，自律的に展開するような用途を想定しているようである。

以下の章では，市場の大部分を占める，樹脂・金属材料を中心に，3D プリンタ・3D 積層造形技術の活用による提供価値のパターン（**図 1**），適用事例，産業へのインパクトについて考察する。

3. 本質的変化と価値提供パターン，産業へのインパクト

3D プリンタは製造装置であり，その技術は「“Additive Manufacturing”（注：付加製造技術。材料を付着することによって物体を３次元形状の数値表現から作成するプロセス。多くの場合，層の上に層を積むことによって実現され，除去的な製造方法と対照的なもの）と呼ばれる工法で，以前から製造業の試作工程などで活用されていた。その本質は，「3D デジタルデータから直接造形物をつくり出せる」ことに尽きるが，その特性を活用した提供価値には，複数のパターンがあり，異なった形で今後の製造業やサービス業の競争環境にインパクトを及ぼす可能性が高い。

3.1 高速試作（ラピッドプロトタイピング）

従来から 3D 積層造形技術は，自動車等の製造業の試作工程において発達を続けてきた。3D-CAD で設計したモデルデータを，3D プリンタを用いて出力し，迅速に試作品を製作することにより，デザインレビューやテスト期間の短縮，試作にかかる材料コストを最小化すると

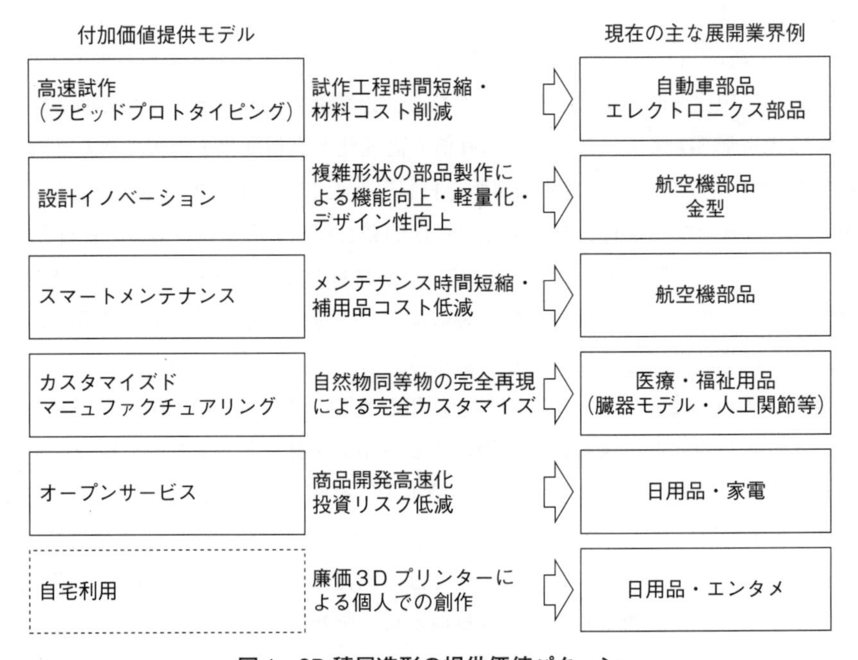

図１　3D 積層造形の提供価値パターン

いった価値を提供してきたのだ。近年は材料の進化により，形状だけでなく，強度や耐熱性も実製品に近いものを製作し，実機に近いテストができる試作品の製作も可能となりつつあり，今後もCAEによる解析技術と共に設計・試作工程の効率化に大いに活用されるであろうが，産業構造全体に与えるインパクトは限定的であろう。

3.2　設計イノベーション

試作工程ではなく，金型や実製品の製造工程において付加製造を活用する事例が増えている。3D 積層造形により，従来の工法では困難であった部品の一体成形を実現し強度を高めたり，薄肉化により軽量化を実現したり，斬新なデザインを実現したりといった価値創出である。産業分野としては，航空・宇宙分野での活用事例が多い。2013 年にはロケットエンジン用のインジェクター（水素燃料と液体酸素を燃焼室に噴出する部品）を 3D プリンタにより製造したという記事が掲載された。記事によると，NASA が設計し，Directed Manufacturing 社が高出力レーザを使って金属の粉末を溶かしながら部品を整形，SLM (Selective Laser Melting) 技術を用いて，ニッケル・クロム合金で積層造形している。他にもチタンや，コバルト・クロム，インコネルを活用した様々な部品（人工衛星のブラケット，航空機の低圧タービンブレード等）の積層造形による研究実績，製造実績が報告されている。他にも，自動車や産業プラントでの活用事例はあるが，限定的である。今後，材料，装置の技術進化に伴い，活用範囲の拡大が見込まれるが，本領域は，特に経験値の蓄積が鍵を握るため，ノウハウ蓄積効率を高めるための異業種間連携が加速する可能性が高い。

3.3　スマートメンテナンス

航空機，自動車，建機，産業機械といった機械製品事業においては，アフターサービスは大きなプロフィットプールであるが，補修における 3D 積層造形技術活用の研究も進んでいる。例えば，ドイツのフラウンホーファー研究所では，タービンブレード補修の研究事例が報告されている。今後，指向性エネルギー堆積 (Laser Metal Deposition; LMD) をはじめとした積層造形の技術進化と，IoT 分野における技術進化が融合することにより，高度な予防保守のプロセスを確立し，収益力を大幅に向上させるプレイヤーが出現する可能性がある。

3.4　カスタマイズドマニュファクチュアリング

3D スキャナと 3D プリンタの発達により，自然物の形状を 3D データとして取り込み，出力することが可能となった。このモデルは，特に医療の世界で先行活用されている。例えば，補聴器は長時間，耳に取り付けて活用するものであるために，耳にフィットしてしないと痛みを伴ってしまうが，耳の形状は各人によって異なっている。3D スキャナによって，耳の内部形状を完全にデータ化し，完全にフィットする補聴器を製造する企業もすでに出てきており，頭骸骨・歯のインプラント，歯科矯正，人工関節，義手義足等にも技術活用は広がっている。また，臓器を形状だけでなく，触感まで含めて再現した臓器モデルを医者に提供する事業者も登場し，経験の浅い医師の医療技術の向上に役立てられている。これらの技術活用は，人々の QOL を飛躍的に高める可能性が高いが，新たな高付加価値な医療サービスとして成功するためには，個体データの獲得，蓄積，活用（造形データへの変換）スキームを確立できるかが勝負となるであろう。

3.5　オープンものづくりプラットフォーム

ここまでの価値提供パターンは企業（主にメーカー）のモノづくりを革新するものであったが，3D プリンタ技術と，ネットワークの融合によって，消費者が商品開発に参加するタイプのサービスが萌芽しつつある。オープンな“プロシューマ”コミュニティを形成し，そこからヒット商品を生み出す“コミュニティ型製品開発プラットフォーム型”のプレイヤーとしては，アメリカの Quirky 社が上げられる。商品化して欲しいアイデアをもつ潜在顧客や，クリエイターをコミュニティ化し，その中でオープンに商品企画を募集・磨き上げを行う。具体化された商品企画は，Quirky 側で審査し，有望なものは採用し，設計，試作・テストマーケティング，量産設計・試作，量産，販売までを一気通貫で行い，短期間の内に Quirky 社が上市するモデル（**図 2**）である。本モデルにおいては，製品企画から，設計，試作，マーケティングに至る“スピード感”が極めて重要であり，3D プリンタが有効に機能する。Quirky 社は 2015 年 9 月に chapter11（米国連邦破産法第 11 章）に基づき，破産申請されたが，本モデルは先進的であり，今後も類似モデルが形を変えて出現する可能性がある。サービスモデルは異なるが，成長著しいクラウドファンディングサービスにおいても，3D プリンタは類似の役割を果たし得る。ものづくりにおけるクラウドファンディング活用の課題は，出資を決める段階で，本当にどこまで製品設計ができているのかを，出資者が見極め難い点にある。今後，3D モノづくりの進展により，試作品のネット上での公開がスピードアップするであろうし，場合によっては試作品の 3D データを，資金提供を検討する人々に公開し，資金提供者は 3D プリンタで“印刷した”試作品を直に手に取って確認して出資を決定するといった手段も考えられる。

上記の他に，デザイナーや一般消費者自身が，ネット上に 3D データをアップし，ネットユーザーが欲しいものを購入する「マーケットプレイス型」のサービスも萌芽しつつあり，アメリカ

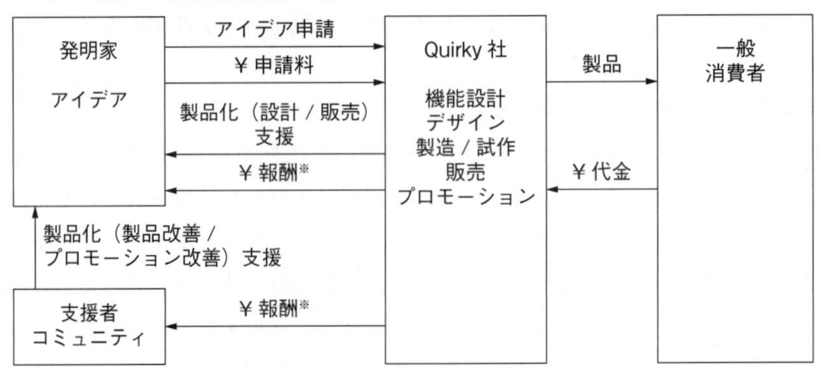

（出典：Quirky.com および http://techonomy.com/ より SX 作成）

図 2　Quirky 社のビジネスモデル

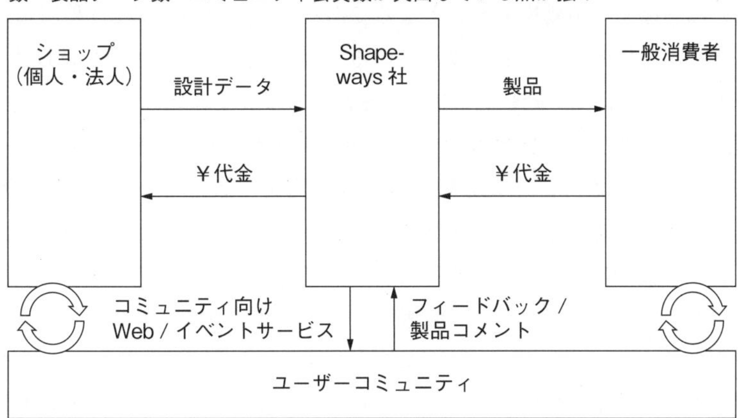

（出典：主にShapeways.com上の情報よりSX作成）

図3　Shapeways社のビジネスモデル

のShapeways社が草分け的存在である。世界最大級の3Dプリンティングマーケットプレイスshapeways.com上では，設立以来，250万点のデータを出力し，現在も毎月15万点の新たな3Dモデルがアップロードされているという（**図3**）。

3.6　大企業によるオープンものづくりプラットフォームの活用

オープンものづくりプラットフォーム型のサービスを二つ紹介したが，いずれもベンチャーによる新規事業開発の域を出ていない。しかし，コンシューマ向けの製品メーカーが，こうしたサービスを活用する（もしくは自力で立上げる）可能性は否定できない。上述したQuirky社は，2013年4月にGE社との提携を発表し，GE社は数千の特許や新技術をQuirky社コミュニティに開放した。コミュニティ参加者はGoogle Patent（Google社）を介して自由に特許を閲覧し，製品開発のアイデアとして活用することができる。本モデルは，大手製造業であるGE社が，モノづくりとネットとの融合というバリューチェーンの変化を先取りした取組みとして注目に値する。大手製造業は，多くの知財をもつが，自社内だけでは効果的に商品に繋げられていないケースが多い。このようなケースを打開するために，Quirky社のようなオープンコミュニティ型のプレイヤーに知財を開示し商品開発するアプローチが，オープンイノベーション活性化の手段として増える可能性がある。

4.　製造業革新競争と日本の産業競争力強化に向けて

物理世界のデータが次々とデジタル化され，ネットワークで繋がる“IoE世界”を見据えた取組みが多くの産業で加速しつつある。製造業においては，ドイツのIndustry 4.0，アメリカのIndustrial Internetに代表される製造業の革新競争が熾烈を極めており，両国共に3Dプリンタ，3D積層造形技術開発が取組みに含まれている。こうした競争環境下で，日本が産業競争力を確保するために何が鍵となるのであろうか。

3D積層造形技術は一つの革新的な工法であり，とかく製造装置開発が注目されがちであるが，提供価値の考察で述べたように，キーとなるデータの獲得，蓄積，活用スキームが重要であり，最終的には経験値蓄積効率の戦いとなるであろう。（アメリカの3D積層造形技術開発の取組みには，データ整備のテーマも含まれている。）したがって，競争力を確保するためには，個々の要素技術開発に加えて，経験値蓄積効率を高めるようなエコシステム（生態系）の形成が鍵となる。例えば，先述の医療分野であれば，医療現場とサービス企業との連携による個人データと設計データの蓄積であり，産業分野では，材料開発・部品設計・製造・解析といったバリューチェーン全体の連携，オープンモノづくりプラットフォームでは，商品企画者，デザイナーと潜在ユーザー間の協業促進が重要となってくるのではないだろうか。GE社等は，金属積層造形分野において，材料メーカー，装置メーカーと密に連携しエコシステムを確立している。幸い，日本には，バリューチェーンの大部分をカバーするプレイヤーが揃っている。（本書で執筆されている方々を拝見してもそのように感じている。）日本のプレイヤーも競争力を高めるためには，既存業態を超えた積極的なエコシステムの形成が必要なのではないだろうか。

第1節　建設業界における IT と 3D プリンタ

株式会社イエイリ・ラボ　家入　龍太

1. 概　要

建設業界ではオフィスビルや住宅などの建築分野，道路や橋などの土木分野でも従来の図面を使った設計から，3D モデルを使って設計する手法が最近使われている。建築分野では「BIM（ビルディング・インフォメーション・モデリング）」と呼ばれ 2009 年ごろから，土木分野では「CIM（コンストラクション・インフォメーション・モデリング）」と呼ばれ 2012 年ごろから普及している。

これらの動きと歩調を合わすように，建築・土木の両分野では，3D プリンタによる模型や実物大モックアップの製作が行われるようになった。その用途はデザインの検討や設計コンペなどでの作品制作，工事現場における施工法や構造の検討など，多岐にわたっている。

最近はさらに，コンクリートを材料として実際の建物を建設する巨大 3D プリンタも開発が進み，実用化レベルに迫っている。工事現場で建設機械として巨大 3D プリンタが使われる日も目前にきている。

2. 建設業界での 3D プリンタの使われ方

3D プリンタは，建設業界において次のような場面で使われている。

(1)　意匠的なデザインの検討
(2)　実物大モックアップの作成
(3)　施工手順，施工方法の検討
(4)　設計コンペや営業活動での活用
(5)　巨大 3D プリンタによる工事の施工

2.1　意匠的なデザインの検討

3D プリンタのメリットのうち，設計者にとって最大のものは何と言っても「設計の見える化」だろう。平面図，立面図，断面図といった平面の図面を組み合わせて立体の建物を表現する従来の方法は，建築のプロなら図面から立体を頭の中で想像できるが，施主など一般の人は図面だけからだとどんな建物ができるのかがわからない。

（写真：メガソフト㈱）

図１　3D プリンタで作成した住宅の模型。屋根や階ごとに分解できる

その点，設計中の建物を 3D プリンタで模

(a)　アルゴリズミックデザインにより設計された複雑な屋根の形状

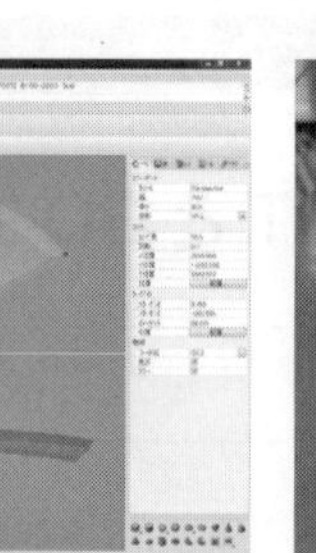

(b)　3D プリンタで作成した模型

（資料・写真：㈱梓設計）

図２　複雑な曲面の作成

型（**図１**）にすると，設計中の建物がまるで実物の建物のように見えるので，誰にでも完成時のイメージがわかる。そのため，図面では気がつかなかったデザインや間取りなどの問題も，工事に着手する前にわかり，希望通りの建物ができあがるように設計を修正しておくことが可能になる。

最近は前述のようにBIMの普及で屋根などの形をコンピュータプログラムによって生成する「アルゴリズミックデザイン」という手法も使われるようになった。複雑な曲面を正確に模型化するのは手作業では難しいため，3D プリンタによる造形（**図２**）が用いられている。

2.2　実物大モックアップの作成

意匠デザインを重視した建物では，窓のサッシ枠やドアノブなどを特注でつくる場合も多い。デザインはスケール感とともに，人間の体感も含めて検討される。そのため，サッシ枠の断面を 3D プリンタで実物大のモックアップ（**図３**）を作成し，スケール感や実際の見え方，手触りなどを確認することもある。

(a)　実物大モックアップの大きさ

(b)　複雑な断面形状を手軽に試作

（写真：筆者）

図３　清水建設㈱における実物大モックアップの作成例

2.3　施工手順，施工方法の検討

建設会社にとっての3Dプリンタの活用メリットは，工事現場での「手戻り防止」にあると言えるだろう。工事現場で大きな問題となるのが，構造部材と配管，空調ダクトなどの部材同士の干渉だ。平面の図面を使った設計では，どうしても干渉が残ったままになり，現場で施工をやり直す「手戻り」がよく発生することになる。

そこでBIMソフトで設計した意匠，構造，設備の3Dモデルを3Dプリンタで出力して模型をつくると，各部材が干渉していないかを確認することができる。同時に，施工手順も検証し現場で組み立てが可能かどうかもチェックすることができる（**図4**）。

また，五重塔など日本の伝統的建築物の構造や改修方法を検証するために3Dプリンタが用いられることもある。各部材を3Dモデルでつくり，さらに3Dプリンタで部材ごとに模型化し，実際に組み立てることで，建設方法を実証している（**図5**）。

(a)　構造部材の模型

(b)　模型による施工手順の検討

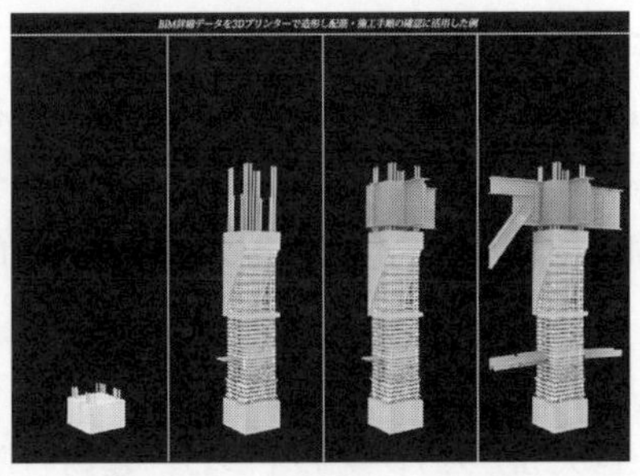

（左写真：筆者，右写真：清水建設㈱）

図4　清水建設㈱が3Dプリンタでつくった構造部材の模型

(a)　法華経寺五重塔の3Dモデル

(b)　3Dプリンタで作成した同模型

（資料：千葉大学大学院平沢研究室）
※口絵参照

図5　千葉大学大学院工学研究科の平沢研究室が作成した3Dモデルと3Dプリンタで作製した模型

2.4　設計コンペや営業活動での活用

設計コンペや営業活動では，ポスターやパンフレットなど紙の資料が使われることが多い。

そこで設計した内容を3Dプリンタで模型にして，コンペや営業先に提出することで，よりインパクトのあるプレゼンテーションを行うことも行われている（**図6**）。

（写真：八十島プロシード㈱）

図６　設計コンペ用に㈱鴻池組が3Dプリンタで作成した建築模型

2.5　巨大3Dプリンタによる工事の施工

3Dプリンタで模型をつくる原理は，模型を薄い断面ごとにスライスし，その断面に沿って0.1 mm厚程度の材料を積み重ねていくことにある。

この仕組みを大型化し，実際の建物をつくれる「巨大3Dプリンタ」が今，実用化の域に達しつつある。コンクリート状の材料を数センチずつ積み重ねて壁をつくっていくタイプと，砂状の材料を固化材で固めて造形するタイプが代表的だ。

2.5.1　型枠なしで垂直の壁を施工するタイプ

代表的な巨大3Dプリンタの１つは，建物の壁を型枠なしで現場施工するタイプだ。

生コンクリート状の材料を建物の壁の断面に沿って，一定厚で積み重ねることによって，壁を造形する。まるでデコレーションケーキの上に生クリームでいろいろな装飾を施していくような感じで建物をつくっていく。

このタイプの巨大3Dプリンタは，造形範囲をまたいで平行に設置された２本のレールに沿って動く門形クレーンのような形をしており，材料を吹き出すノズルが取り付けられている。ノズルは造形範囲内をX，Y，Zの３方向に動くようになっており，壁の断面に沿って下から上へと一定の厚さで材料を吹き出しながら層状に積み重ねていく。

このタイプの巨大3Dプリンタは，南カリフォルニア大学で開発中の「コンター・クラフティ

(a)　完成イメージ

(b)　壁の造形風景。壁の内側，外側，内部を順次，層状に積み重ねてつくっていく

（資料・写真：南カリフォルニア大学）

図７　巨大3Dプリンタ「コンター・クラフティング」

ング（Contour Crafting）」（**図 7**）が代表的だ。ソフトベンダーや建設会社などの協力を受けて，実用化に向けての取り組みが行われている。同様のタイプの巨大 3D プリンタは米国（**図 8**）のほか，中国やスロベニアなどでも開発されている。

（写真・資料：Andrey Rudenko）

図 8　米国ミネソタ州のアンドレー・ルーデンコ氏が巨大 3D プリンタでつくった住宅サイズのお城

2.5.2　任意形状の立体をつくるタイプ

もう一つの巨大プリンタは，砂状の材料を固めて彫刻や家具，建物のブロックなど任意の 3D 形状の立体をつくるタイプである。石こうなどの粉末を固めて造形する 3D プリンタを，そのまま大きくしたような仕組みになっている。

このタイプの代表的な巨大 3D プリンタは，イタリア・ピサに住むエンリコ・ディニ氏が開発した，幅 7.5 m，奥行き 7.5 m，高さ 3.18 m の「D-SHAPE」（**図 9**）だ。

(a)　D-SHAPE の外観

(b)　作成した彫刻作品

（写真：筆者）

図 9　任意形状の立体を造る「D-SHAPE」

造形の仕組みは，砂状の材料を 5〜10 mm の厚さで平らに敷きならしては，造形する物体の断面に沿って液体の固化材をプリンタヘッドから噴射して固めていく，という作業を延々と繰り返すというものだ。最後に固まっていない部分の砂を除去すると，3D モデルの形通りに固まった彫刻や家具が現れる（**図 10**）。

D-SHAPE の特徴は，複雑な曲面からなる物体を自由自在に造形できることだ。建物をつくる場合は，建物の各部分をブロックに分割して造形し，ワイヤなどでつないで一体化する方法などが考えられている。

2.6　3D プリンタによる鋼橋の架設計画

オランダのアムステルダムで，3D プリンタを使って実物の鋼橋を架設しようというプロジェクトが進んでいる。使用する 3D プリンタは，産業用ロボットのアームに溶接機を取り付けた

（資料：Enrico Dini）

図 10　D-SHAPE の造形手順

ようなタイプになる模様だ。

このプロジェクトを進めているのは，MX3D 社というベンチャー企業で，Autodesk 社や，オランダの建設会社，Heijmans 社のほか，重電メーカーの ABB 社，デルフト工科大学など十数の企業や学校，自治体等が協賛している。

（資料：MX3D 社）

図 11　3D プリンタで鋼橋を架ける現場のイメージ

このプロジェクトで使われる 3D プリンタは，自動車工場などで使われている産業用ロボットのアームに，溶接機を取り付けたような形をしている。

従来の 3D プリンタは機械本体の内部にある限られた造形スペースより大きなものはつくれなかった。

（写真：MX3D 社）

図 12　産業用ロボットのような形をした 3D プリンタ

その点，MX3D が開発中の 3D プリンタ（**図 11，図 12**）は，X，Y，Z 方向に移動と回転が行える 6 軸のアームを持った産業用ロボットに，溶接機を取り付けたような形をしている。つまりアームの届く範囲が造形スペースとなる。3D プリンタ自体が移動できるようにすれば，造形スペースに限りはない。

第2節　アディティブ・マニュファクチャリング（AM）でつくるコンシューマーグッズ

マテリアライズジャパン株式会社　小林　毅

1. はじめに

3D プリント技術は新しい技術であり，当社（マテリアライズジャパン㈱）設立当時の 1990 年ころは，この技術はまだ黎明期で，立体モデルを製作できるものの強度は充分ではなく，現在ほど世に知られていなかった。しかしその後，3D プリントは様々な製品のデザイン・設計や生産方法を大きく変える可能性をもつ技術へと発展してきた。今日では，あらゆる産業分野に影響を与え，企業の試作部門などで工業製品の試作品をつくるラピッドプロトタイピング（RP）としてだけでなく，個人消費者自身が自分の欲しいイメージやアイテムを形にできる手段として，また，医療分野や教育分野での利用も含め，様々な分野の人々から注目を集めている。

ここでは，3D プリント技術の飛躍的な進歩によってもたらされた革新について，事例を示しながら紹介する。

2. 既製品の枠を超える

現在，生産者と消費者との関係に急速な変化が起きている。より便利なショッピングの方法が広まり，商品の探し方や選び方そして購入方法は大きく様変わりした。例えば本，靴，玩具，その他の様々な商品を世界中のオンラインショップから選んで購入できる時代になっている。消費者は，身近な店舗やカタログだけに限定されることなく商品を選べるようになり，極めて個人的なニーズを満たす優れた製品を求めるようになっている。

最近では多くのクリエイターが，3D プリントを使うことで様々なアイテムの設計やカスタマイズが可能になり，世界に一つだけのデザインで自分だけのアイテムを製作できることに気づき始めている。また，デジタルでの設計が利用しやすくなっていることも，こうした動きを加速している。

事例１：オートクチュールのドレス

こうした変化はファッション業界にも訪れている。世界中の人々に同じデザインの服を着せようとするのではなく，ごく一部の選ばれた人達のために，3D プリントなどの最新技術と高度な縫製技術を組み合わせた作品を発表・製作しているデザイナーがいる。オランダのファッションデザイナー，イリス・ヴァン・ヘルペン氏は 2007 年に自らのブランドを立ち上げて以降，従来の常識を乗り越えた作品を発表して様々な賞を立て続けに受賞し，パリ・クチュール組合のゲスト会員にも選出された。歌手のビョークやレディー・ガガといった流行の最先端をいくセレブリティにも衣装を提供しており，3D プリントで製作したドレスは『TIME』誌の 2011 年の発明トップ 50 にも選ばれている。

2013年のパリ・オートクチュール向けに製作された複雑な装飾のドレスは，UCLAの講師を務めるオーストリア人建築家のジュリア・コーナー氏と共同でデザインされ，Materialise社（以下マテリアライズ）が3Dプリントを担当した。ヘルペン氏にとってコーナー氏との共作は2作目で，弊社との共同作業は実に9回目になる。この最新コレクションでは，非常に複雑なデザインを施した，柔らかいレース生地のようなドレスを製作するために新開発の素材が使用され，その新素材を唯一3Dプリントすることのできる，レーザ粉末焼結法によって高精度に製作された（**図1**）。

©Michel Zoeter

図1　イリス・ヴァン・ヘルペン，ジュリア・コーナーおよびマテリアライズのコラボレーション

パリのファッションショー以外でもファッション分野への3Dプリントの応用は進んでいる。クリエイティブな消費者や著名なデザイナーによってアクセサリー類は既にオンデマンド製作されており，今後はジュエリーや服などでも，様々な価格帯の商品がカスタム製作され，世界各地の消費者が入手できるようになるだろう。

3. デジタル設計の課題を克服

これまで，消費者が自らデザインしたアイテムを3Dプリントするうえで最も大きな障害となっていたのは，3Dプリント可能な3Dデータを準備することである。3D-CADは以前から普及していたが，多くは個人にとっては高価であり，また使用方法を習得するのが大変であった。その結果，3Dプリントできる形状を設計できるのは，スキルのあるプロの技術者か特に熱心な愛好家に限られていた。

しかし最近では，複雑な操作の少ない安価なモデリング・ソフトウェア（AutoDesk 123D, 3D Tin, SketchUp等）が増え，アマチュアや，特に子供達でも利用できる環境が整い始めている。また，CADの操作を一切学ぶことなくウェブサイト上で既存の設計をカスタマイズできるオンラインサービスも登場している。消費者は基本設計にアレンジを加えたり，メッセージを追加したり，複数のオプションから好みの視覚効果を選択するなどして，自分だけのスマートフォンのケースやジュエリー，ランプ，記念品など，様々な製品を製作することができる。また，参加者同士が3Dプリント可能な3Dデータを共有・編集・ダウンロードすることができるThingiverseというウェブサイトもある。

4. 3Dプリントでアイデアを現実に

デザインが完成したら，あとはどこでどのように3Dプリントするかを決めるだけである。中には自宅で3Dプリントしたいと思う人もいるだろう。現在3Dプリンタは，10万円前後から市販されているので，新しい物好きの人達は既に購入して自宅で使用し始めている。こうした家庭向けの3Dプリンタは，プラスチックのフィラメントを熱で溶かしてトレイの上に積み重ねていくことにより，最終的な立体モデルをプリントする。仕組みとしては，グルーガンやホットメルトのアプリケーターをコンピュータ制御しているのと同様だ。

ただ，現在の家庭向けの3Dプリンタは立体モデルを素早く作成し，デザインを手軽に楽しむ用途には適しているが，解像度，精度そして作成するモデルの強度や使用できる材料の種類などに限界がある。材料の選択肢を増やし，より高機能・より高品質を求めるならば，オンラインのオンデマンド3Dプリントサービスの利用も可能になっている。ユーザーが自分のデザインをアップロードし，材質と表面仕上げを選択すれば，完成品に仕上げてくれる。プラスチックだけでなく，金や銀などの貴金属でジュエリーを3Dプリントすることも可能である。

事例2：高級万年筆でニッチマーケットを開拓

起業家たちも3Dプリントでニッチな顧客層をターゲットにした独自の製品を製作している。最近の材料と技術の進歩によって，専門的な市場なら大手企業に対抗できる時代が来たのである。例えば，オランダのインダストリアルデザインエンジニア，レイン・ファン・デル・マスト氏は，個人向けのカスタマイズによって価値を高め，アートとテクノロジーを融合できる高級品として，万年筆のデザインを行っている(図2)。ここでも3Dプリント製品は注目を集め，アメリカで最も権威あるペン専門誌のひとつの『Pen World』誌に掲載された。

図2　マスト氏のデザインによる高級万年筆

5. 新たなビジネスモデルの促進

出品中の商品は注文に応じてオンデマンドで3Dプリントされるので，従来の大量生産方式のようにイニシャルコストや在庫，売れ残りを気にする必要がない。これを利用すれば，独創的なオブジェクトを必要な時に必要な数だけ手頃な価格で素早く市場に届けることが可能になる。例えば，ジュエリーデザイナーは，最新のデザインの指輪を世界中の人達に向けて発表して反応を見ることができる。万が一，注文が来なくてもリスクはない。注文があった場合には指輪がオンデマンドで3Dプリントされて注文者の元へと出荷され，出品者は規約に基づいた一定の割合のデザインフィーを受け取ることができる。商品はオンラインで公開されるので，FacebookやTwitter，Instagramなどオンラインのメディアを通して世界中に情報が伝わり，需要を喚起する効果も期待できる。これは，消費者自身が3Dプリントを利用する上で最もエキサイティングな側面と言える。自分自身の欲しいアイテムをつくるだけでなく，そのアイテムを気に入ってくれる他の人に対して「メーカー」として販売できるようになるのである。こうした利用方法が拡大すれば，3Dプリントの可能性はさらに大きく広がっていく。

日本でも，新しい個人向け3Dプリントサービスが次々に現れている。なかには，日本発の新しい形のサービスとして海外メディアで紹介され，大きな反響を得たものもあるようだ。3D

プリンタを活用してどのような付加価値を生むか，新しいビジネスモデルのアイデアを各社が競う状況に入ってきたといえる。

事例３：精巧なミニチュアモデル

エド・デ・ブルーイン氏は，長年，趣味として鉄道模型をつくってきたが，その素晴らしい模型を見た知人から，模型の製作を依頼されることが度々あった。しかし真鍮でつくっていたため，完成するまでに長い時間と多くの費用がかかっていた。そんなときに知ったのが3Dプリントだった。ブルーイン氏は3Dプリントを利用することで長年の趣味をレベルアップさせるだけでなく，自分の模型を顧客に販売できるようになった。現在では新しい模型をコンピュータ上でデザインし，ディテールを精巧に再現できる材料で，注文を受けた数だけ安定した品質の鉄道模型を手頃な価格で顧客に届けられるようになった。さらに，従来よりも大型の鉄道模型（縮尺1/22.5）も製作できるようになった（図３）。

図３　ブルーイン氏の鉄道模型

6. 高品質の3Dプリント製品を確実に提供するために

3Dプリントの可能性に気づき，この技術による製品の製造を前提としたビジネスモデルを構築する個人が増える中で，オンデマンド3Dプリントサービスは，顧客に対して常に高品質の製品を届けられるようにする必要がある。そのためサービスを提供する企業には，3Dデータをはじめとしたデータ処理のための専用ソフトウェアを導入する必要性が高まっている。企業は顧客から送られてくる大量のデータが3Dプリント可能かどうかを判定し，使用する材料別の見積もりを顧客に待たせずに提示できるようにする必要がある。

こうした課題を解決する3Dプリントの自動化及び一元管理のためのシステムStreamicsが開発され，変化の激しいビジネス環境の中で，3Dプリントビジネスの効率的な運営と発展を支援している。このシステムはモジュール式の構成で，情報，人，機械，3Dプリントの製造プロセスと材料をリンクし，顧客サービスの改善と作業時間の短縮，ならびにコスト削減を支援することができる。

事例４：メディカル製品の製造

トレーサビリティと品質が最優先される医療用インプラントのようなメディカル製品の製造業務にも3Dプリント技術は利用されている。設計及び製造チームは，作業の自動化により得られる時間をより困難なタスクに充てることができるため，日々の作業を確実に計画通りに進めることができる。こうした業務改善によって，すべてのメディカル製品が完璧な状態で遅滞なくオンタイムで提供されることで，医師や患者などのエンドユーザーに対して多大なメリットをもたらす。

図 4　3D プリンタによるメディカル製品生産管理のコンセプト

メディカル製品の製造プロセスに送られた 3D データは，自動的に修復処理され，その後の準備作業を担当する製造チームの担当者に割り振られる。チーム内のメンバーは全員，個々のパーツに関連するすべての情報にアクセスし，関係者とコミュニケーションを取り合うことができる。こうした機能は，例えば，手術に使用するパーツを直前になって変更する場合のように，過去に 3D プリントしたパーツを特定して再編集する際にも欠かすことができない。万が一不具合が発見された場合には，完全なトレーサビリティによって原因を特定することができるだけでなく，製造プロセスにおける不具合の発生場所と原因を特定することで，今後の同様の問題に対する事前の防止策を立てることができる（**図 4**）。

7. おわりに

本技術によってもたらされた革新について，いくつかの事例を紹介した。3D プリント技術は飛躍的に進歩しており，アディティブ・マニュファクチャリング（AM）は確実に新しい製造法としての地位を得ている。3D プリント技術は，今後も，製品精度や強度，デザイン自由度，操作の簡便性，等々の点で益々改良され発展していくだろう。そして，消費者とデザイナー，製造者に新しい関係をもたらしつつ，更に利用範囲を広めながら，新しい製造法として浸透していくと思われる。

7. おわりに

第3節　文化財と3Dプリンタ

京都美術工芸大学　村上　隆

1. はじめに

遺跡などの発掘現場～出土遺物を扱う考古や，博物館に所蔵される作品など，いわゆる文化財の調査・研究の分野でも3Dプリンタの使用が最近急速に普及し，研究はもとより展示や教育の場で精巧なレプリカの活用が可能となってきた。本節では，特に遺跡から発掘された考古資料の調査・研究を中心に，文化財の調査・研究への3Dプリンタの最新技術の応用事例を紹介するとともに，3Dプリンタを用いる際に派生する問題点や課題についても言及することにする。

2. 文化財分野における「レプリカ」

博物館などの文化施設，特に歴史系博物館や資料館などでは，歴史的な流れや地域文化の特徴の理解を来館者に促すために，同じ展示品を長期間にわたって常設的に展示する必要がある。しかし，国宝や重要文化財に指定されているような貴重品，あるいは展示する施設の所蔵品ではない場合，さらにはたいへん壊れやすく長期間の展示に耐えられないものなど，本物を同じ場所にそのまま長期間にわって固定的に展示しておくことが不可能なことも多い。そのような場合，本物の代わりに「レプリカ」を作成して展示に臨むことになる。そして，レプリカ展示品のキャプション（作品解説）に，「レプリカ」や「複製品」などと表記し，来館者に周知をはかることになる。本物ではなく，レプリカを並べる背景は個々ではあるが，日本の文化財施設では，展示内容の充実，そして展示効果を高めるために，「レプリカ」や「複製品」の存在はたいへん大きな存在なのである。

従来からのレプリカ制作は，対象とする作品から型をとり，樹脂で成型し，最終的に忠実に彩色する方法が主流である。型取り，成型，着色とすべて手作業であり，これを達成するためには，熟練した技術者の高度な技術が要求され，また制作に時間がかかることが難点であるが，この技術では日本は最高レベルにあることは間違いない。ただ，この制作工程の効率化を図ることも今後の課題であるが，最近の3Dプリンタ技術がすぐに従来のレプリカ制作手法を補完できるかというと，まだその段階までに至っていないというのが現状であろう。すなわち，文化財分野では，単に形体だけの再現が目的ではなく，色彩表現も大きな要素であるからである。

3. 文化財分野における3Dプリンタの応用

文化財分野で3Dプリンタの応用において，現時点でもっとも現実味があるのは，教育普及での活用であろう。実際の文化財には手を触れることはできないが，3Dプリンタで制作した復原品に実際に手を触れることによって，実際の形を実感することが可能になる。これは，一般的な青少年の体験教育としてもたいへん効果があるが，視覚障害者などのハンディキャップをもった人たちに文化財により親しんでもらう，いわゆるハンズオン教育の手段としての有効性は大きい。最近では日本各地の博物館で3Dプリンタの応用を試みるようになってきているが，例えば，和歌山県立博物館では，県立和歌山工業高校との連携によって，3Dプリンタを用いた触れる文化財レプリカ制作事業に取り組み，さらに県立和歌山盲学校との連携で，特殊な盛上印刷を活用した，触わって読む図録カタログづくりに取り組んだ。これにより，平成26年度バリアフリーユニバーサルデザイン推進功労者表彰内閣総理大臣表彰（最高賞）を受賞している[1)]。

このように博物館の収蔵品の3Dプリンタの応用はこれからますます盛んになるだろうが，その前提として収蔵品の3Dデータ化が必須であることは言うまでもなかろう。博物館，美術館における立体的な収蔵品を3Dデータ化することによって，世界中どこにいても3Dデータの閲覧が可能であり，立体的な資料把握が可能となる。その先駆的な事例として，米国スミソニアン博物館の事例を挙げておく[2)]。2013年，スミソニアン博物館は，同館の収蔵品の3Dデータを提供するサイトを公開し，さらに3Dデータを利用するためのソフトウェア“Smithsonian X 3D”も開発した。これによって，世界中あらゆるところで，スミソニアン博物館の収蔵品の3D画像を自由に回転させ，計測することが可能となった。まだ，一部の公開であるが，将来的には約1億3,700万にも及ぶ収蔵品すべてをスキャンして3Dデータ化を拡大するとの計画である。このような3Dデータの公開が進めば，これまでなかなか直接接することができなかった貴重な文化遺産がいつでもどこでも3Dプリンタによる立体化が可能となる日も近いのかもしれないが，3Dデータが存在してもすべての形状が3Dプリンタで形状復元が可能ではないことは言うまでもない。

4. 金属3Dプリンタ（金属粉体焼結積層造形法）の応用事例[3)]

3Dプリンタに用いる素材の主流は樹脂であるが，最近では金属を用いることも可能になってきている。ここでは，金属粉体の焼結積層による造形事例を紹介する。

3世紀につくられたとされる三角縁神獣鏡は，鏡の外縁の形状が三角形を呈し，鏡背に半肉盛りの神獣の文様が配されていることからこの名前で呼ばれる。三角縁神獣鏡というと，邪馬台国の女王卑弥呼が中国魏の皇帝から下賜されたとされる100枚の鏡に比定する説もあるが，日本でしか出土せず，しかも出土数はすでに500枚を越えるといわれ，その真相に迫るにはまだまだ謎の多い鏡である。出土した鏡は，割れているものも多く，またすっかりサビで覆われているので，そのオリジナルな姿はわからなくなってしまっている。さらにこれまでの研究は，文様のある鏡背側の図像学的な研究が中心で，鏡面側はほとんど研究の対象にはなっていなかった。例えば，歴史の教科書に載っている写真も博物館に並んでいる姿も，鏡背の文様面が主役であるから，鏡とはいいながら鏡面に顔が映るかどうかもわからなかった。この形式の鏡に関しては材質分析など，これまでにも調査研究を重ねてきたが，鏡としての本来の機能を検証することをめざして復原模造を行うことを今回初めて試みた[4)]。なお，調査には愛知県犬山市東之宮古墳から出土した三角縁神獣鏡（重要文化財，京都国立博物館所蔵，**図1**）を用いた。その理由として，割れていない健全な鏡で，表面状態も極めて良好であることが挙げられる。

まず，レーザを用いた3次元デジタイザによって精確に形状を計測した。三角縁神獣鏡に対するレーザ計測はこれまでにも行われているが，主に文様のある鏡背面を対象としている。今

(a)　金属 3D プリンタで復原した計測画像[4)]

(b)　復原鏡に認められた魔鏡現象[4)]

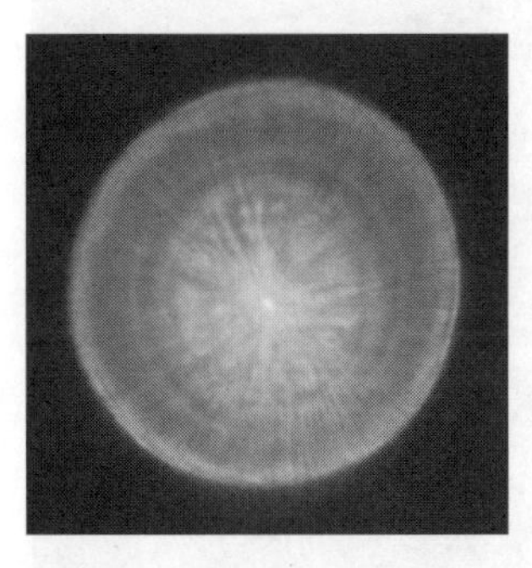

図 1　犬山市東之宮古墳出土「二神二獣三角縁神獣鏡」(筆者提供)

回の計測では，鏡の表裏両面を計測し，鏡そのものを立体的にとらえることを初めて試みた。また，これまで蓄積してきた材質調査の成果[5)]から得たオリジナルな組成から想定される色をバーチャルな画像に載せることにより，制作当初のイメージをつくり上げた。

さらに，最新の金属 3D プリンタ（金属紛体焼結積層造形法）を用いて，実際の鏡に近い組成（25％スズ含有銅合金）の金属製復原模造品を作成した。これにより，制作当初の姿に極めて近い状態が再現され，完成した復原品により鏡面はモノを映すという鏡本来の機能を実際に体験することができた。また，太陽光の反射像が鏡背側の文様を反映した，いわゆる「魔鏡現象」を起こすことを確認した。この現象は，極端な肉厚差から生じる。肉厚の文様部分は鏡面側で微妙に凹になり光を集光し明るくなり，肉厚の薄い部分は凸になるため光を散光し暗くなることがわかった。従って，肉厚の三角縁部分は円形の鏡面の縁を強調する効果をもつことがわかる。また，鏡面全体が微妙に凸に膨らんでいるのは，反射像を拡大する効果をもたらすことも確認できた。精確な復原を行ったことがもたらした知見は今後の青銅鏡研究に大いに貢献するものと考える。

5. X 線 CT と 3D プリンタ（複数樹脂同時噴射）の応用事例

3 次元デジタイザによる表面形状の計測データに基づく 3D プリンタによる立体造形化はすでに一般にも普及しているが，ここでは X 線 CT のデータをもとに表面からは見えない隠れた構造の立体造形の事例を紹介しておく。

対象は，静岡県原分古墳出土の鉄製円筒柄頭の銀象嵌である（**図 2**）[3)]。原分古墳は，静岡県長泉町に位置する直径 16 m の円墳である。平成 15～16 年の㈶静岡県埋蔵文化財調査研究所（現：静岡

全長 9 cm，幅 7.2 cm，厚 5.5 cm

図 2　原分古墳出土円頭大刀柄頭[6)]（筆者提供）

(a) 側面の銀象嵌だけを抽出

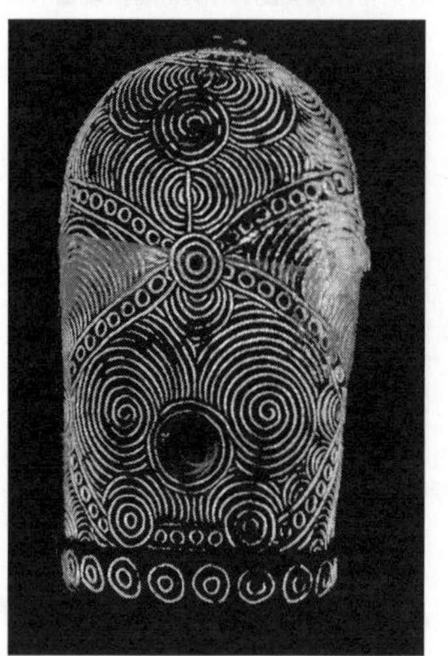

(b) 頂点から銀象嵌を俯瞰

図３　マイクロフォーカスＸ線 CT で確認した銀象嵌[6)]（筆者提供）

県埋蔵文化財センター）による発掘調査にて，この横穴式石室から金銅装馬具類，銀象嵌鍔，柄頭をはじめ豪華な副葬品が数多く出土した。特に，大刀を飾る鉄製円筒柄頭は，表面に渦巻文を主体とした銀象嵌が驚くべき緻密さで施されていることを，マイクロフォーカスＸ線 CT によって確認したことで注目された（**図３**）[6)]。曲面と球面で構成される鉄地金に象嵌を施す技術力は金工技術として特筆すべきであり，また古代人の造形力を研究する上でも極めて貴重な資料である。しかし，銀象嵌の腐食状況を鑑み象嵌を表出することを控えたため，現在でも厚くサビで覆われており，この象嵌を直接見ることはできない。

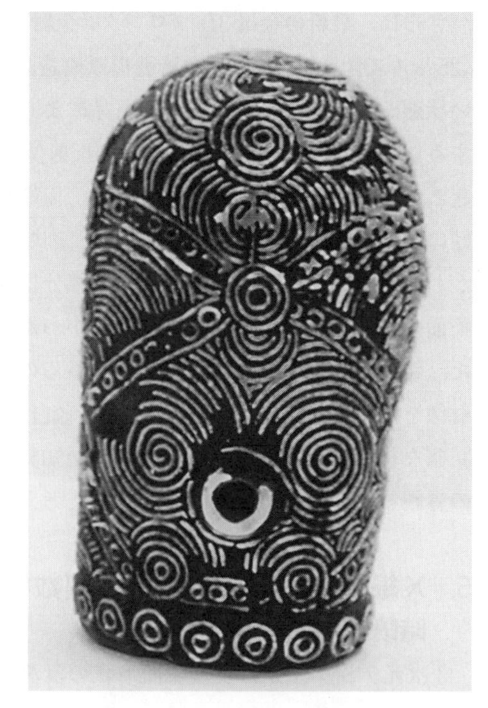

図４　3D プリンタで復原した原分古墳出土円頭大刀柄頭[7)]（筆者提供）

マイクロフォーカスＸ線 CT によって緻密な銀象嵌の存在を確認はできたが，現状では本体の鉄の腐食が進み，厚くサビで覆われおり，さらに銀象嵌自体も鉄サビの下で腐食が進んでいるため，象嵌の表出作業は不可能であることが CT 画像から読み取れる。しかし，これだけの緻密な文様を実際にわかりやすい形で確認することができないか，ということで 3D プリンタによる復原を試みた[7)]。用いた技法は，最新の複数樹脂同時噴射による異材料一体造形法である。表面を覆う鉄サビ部分を銀象嵌がある面まで除去し，黒色樹脂の鉄地金の部分を背景に，グレーの銀象嵌を浮かび上がらせることによって，制作された当初の銀象嵌の文様を復原した（**図４**）。

これまで X 線 CT の画像でバーチャルにしか確認できなかった銀象嵌の文様を，実際に手に取れる資料として見事に復原することができた。このレプリカの制作により，緻密な銀象嵌の施された柄頭の資料性を改めて高めたと言ってよいだろう。

6. 文化財研究に対する 3D プリンタの応用の課題

3D プリンタを用いた文化財研究の最新事例を 2 件紹介した。これらの事例からもわかるように，さまざまな計測データをバーチャルな映像の世界から実際に手に取れる資料として復原するために 3D プリンタは大変有効な手段であることを実感することができる。今後も 3D プリンタは，文化財の分野でも大いに活用されるであろう。

しかし，資料復原に有効な手段であるからこそ，興味本位なレプリカ制作は慎まなくてはならない。まず，3D データ化のための資料選択，さらにはそのデータの管理など，さまざまな事態を想定した倫理規定を設けることなどを検討する必要があるだろう。

文　献

1）「和歌山県立博物館たより」和歌山県立博物館 No.20 (2015).
2）http://3d.si.edu/
3）村上隆：「3D プリンタによる三角縁神獣鏡の復原と魔境現象」, ヴァーチャルリアリティ学会誌 **20** (1), 27-29 (2015).
4）村上隆：「東之宮古墳出土青銅鏡のデジタル化研究によって新たに得られた知見」,『史跡東之宮古墳』, 犬山市教育委員会, 396-412 (2014).
5）村上隆：「三角縁神獣鏡の組成と金属組織…椿井大塚山古墳出土の三角縁神獣鏡を中心に…」, 学叢, **33**, 京都国立博物館, 41-47 (2013).
6）村上隆・大森信宏・西尾太加二：「静岡県下の古墳から出土した大刀を飾る銀象嵌の技術―マイクロフォーカス X 線 CT による情報を中心に―」, 文化財保存修復学会第 29 回大会研究発表要旨集 (2009).
7）村上隆：「3D プリンタの文化財研究への応用と課題…静岡県原分古墳出土の鉄製円筒柄頭の銀象嵌復原を中心に…」, 日本文化財科学会第 31 回大会研究発表要旨集 (2014).

第1節　ハイブリッド金属 3D プリンタによる金型・部品の製作

株式会社松浦機械製作所　天谷　浩一

1. 概　要

㈱松浦機械製作所（マツウラ）が，2002 年に試作機を世に発表し，2003 年より設計・製造・販売を行っている世界初の金属光造形複合加工法を実現した LUMEX Avance-25（**図 1**，以降 LUMEX と記す）は，1 台で金属積層造形法と高速切削加工法を備えたハイブリッドの金属 3D プリンタである。本加工法は開発当時の社会問題であった金型技術の海外流出に歯止めをかけるべく，プラスチック射出成形用金型（以降，プラ金型と記す）製作を目的として開発し，金型製作期間・コスト・射出成形時間の低減を実現してきたが，昨今，高機能・高付加価値をもった部品製作目的にも注目を浴びてきている。

金型に関しては，近年モバイル機器に代表されるような製品ライフサイクルが短く生産ロット数が少ない多品種少量生産の製品が続々と開発されており，開発段階からリードタイム短縮，品質確保，コスト削減がますます要求されている。これに対応するため，短納期・低コストのプラ金型づくりを目的として，積層造形法が使用されるようになったが，造形品の寸法精度と表面粗さがプラ金型として使用できるレベルではなく，後工程として切削加工や放電加工などが不可欠となることにより製作期間やコスト等の面でメリットが少ないため普及は進んでいなかった。

しかし，LUMEX では，プラ金型の製作において短納期・低コストとスキルレス化・長時間無人運転の実現を目的として，ワンマシン・ワンプロセスで試作・量産に対応可能な高精度であるプラ金型を製作できるようになった。

部品に関しては，医療分野では患者それぞれにあったカスタムメイド医療機器を製作できること，航空・自動車分野等では，中空ができることからの軽量化，複数の部品で構成されているものを一つで製作することによる組立工数の削減，コストの削減を目的に製作できるようになった。

図 1　金属光造形複合加工機「LUMEX Avance-25」

2. 金属光造形複合加工法とは

2.1　金属光造形法

金属光造形法は薄い層を重ねて 3 次元形状を造形する積層造形技術の一つである。**図 2** に示す様に，

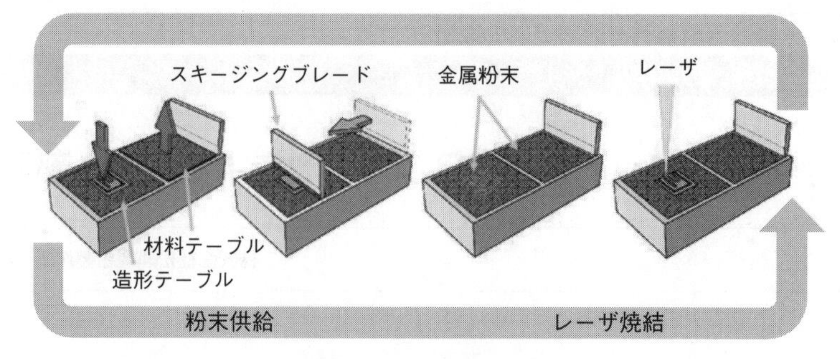

図２　金属光造形方法

造形テーブル上に材料となる金属粉末を供給して薄い層をつくり，レーザビームの照射により所望の断面形状を瞬間的に溶融，凝固させる。さらに造形テーブルを１層の厚さ分下げて同様に粉末を供給してレーザビームを照射する。この工程を繰り返して積層することによりレーザビームによる溶融部分が立体形状となる。レーザビームが照射されていない部分は粉末のままの状態であり，再利用が可能である。なお，レーザビームの照射プログラムは３次元モデルから作成される。金属光造形による造形物の特徴としては，アンダーカット形状や中空構造など通常の機械加工では加工できないような形状も含め，比較的自由な形状の造形が可能であることが挙げられる。しかしながら，粉末材料を使うという特性上，寸法精度や面粗度が数百 μm となり（使用する粉末材料による），プラ金型として使うためには後加工として機械加工や放電加工がどうしても必要となる。

2.2　金属光造形複合加工法

図３に金属光造形複合加工法（本加工法）を示す。この複合加工法では，金属光造形にてある高さまで造形した段階で造形物の表面となる部分の切削仕上げ加工を行う。LUMEX では通

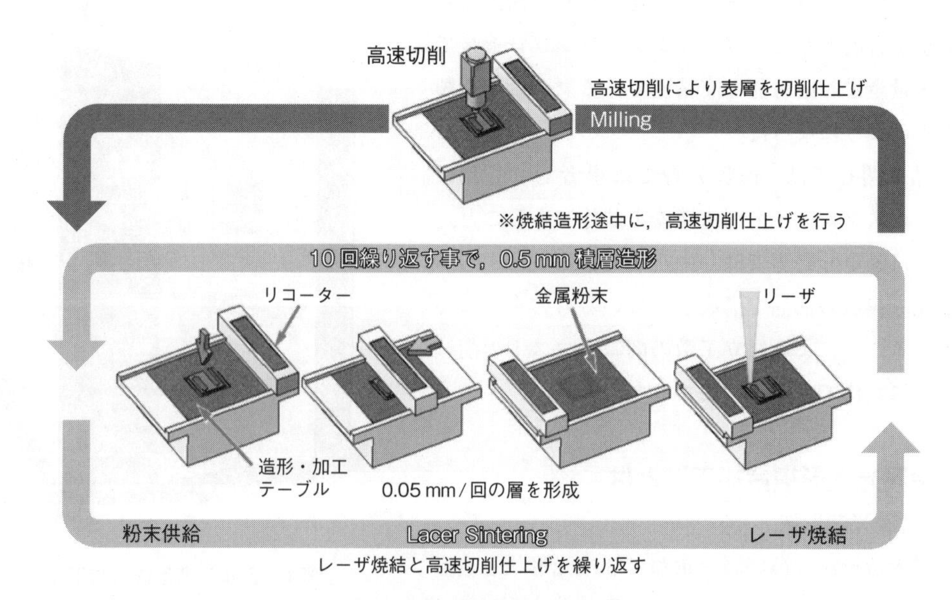

図３　金属光造形複合加工法

(a)　金属積層造形

(b)　複合加工

図４　金属積層造形と複合加工

常１層の積層厚さ：50 μm にて造形を行い，10 層分造形した段階（0.5 mm）で切削加工を行う。この造形と切削の工程を繰り返すことにより，表面が仕上げ加工された３次元形状の造形物をワンマシン・ワンプロセスで作製する。その加工精度は ± 25 μm 以内，面粗度は最大高さ（Rz）で 10 μm 以内である。**図４**に金属光造形法の造形物と，本加工法による造形物の写真を示す。

本加工法の特徴として，造形の途中で切削加工することにより従来の切削加工では加工できなかった深いリブや深穴の加工が，一般的に市販されている通常の切削工具を用いて加工することが可能ということが挙げられる。この特徴により，プラ金型の製作において従来必要としていた放電加工，放電加工用電極の作製といった工程を削減し，かつ多数個に分割して作製する必要のあった金型を一体型，または最小の分割数で作製することを可能とし，部品では，複雑な内部構造をもつようなものを従来品より軽く製作できることを可能としている。

3.　金属光造形複合加工装置の紹介

3.1　機械の構成

LUMEX Avance-25 の主な構成と特徴を以下に示す。

①　金属積層造形と高速・高精度切削加工をコンパクトに複合化，ワンマシンにまとめた。

②　切削加工にはマツウラの持つキーテクノロジーである高速・高剛性主軸を搭載。標準仕様として主軸テーパ特殊 #20 仕様（最大回転数：45,000 min^{-1}）の主軸を搭載し，小径工具を用いるに際し，十分な回転数を実現している（**図５**）。また，加工ヘッドの送り駆動軸（X/Y/Z）にはリニアモータを搭載しており，微細・複雑形状の切削における加工時間短縮と高精度を実現した。

③　上下に昇降可能な造形・切削加工テーブルを機械中央前面に配置し，オペレータからの接近性と作業性を良くした。また材料粉末供給はそのタンクを操作盤の裏側に，造形部への供給機構は造形・切削加工テーブル右横にコンパクトに配置した。なお材料

図５　45,000 min^{-1} 主軸

タンクへの材料粉末補給は，造形・切削加工中でも機外から可能とした。また切削工具についても造形・切削中の補給・交換を可能とし，補給・交換による造形・加工室内への窒素ガス再充填を不要とした。

④　レーザビームの走査はガルバノメータを採用したミラー走査である。コントローラはデジタル制御とし，絶対値エンコーダを採用し高精度位置決めを実現している。また，レーザ発振器は最大出力400 WのYbファイバーレーザを採用，冷却用チラーを標準で装備している。

⑤　造形室内を窒素（無酸化）雰囲気にする方式として，付属の窒素分離装置により本機に供給される圧縮空気を窒素と酸素に分離して，造形室内に窒素のみを送り込む方式を採用した。

⑥　造形テーブルには予熱ヒーターを装備し，加工開始から終了までの造形部温度を極力一定化すると同時に，その周囲を冷却プレートで冷却し，造形・切削加工における機械の熱変位量を最小とした。

⑦　長時間にわたってレーザ金属光造形と切削加工を繰り返すので，切削工具を20本収納できる工具交換装置を標準で装備。切削工具は自動運転中でも機外の段取ドアから交換が可能となっている。また工具の破損・摩耗を検出するために自動工具長測定・工具破損検出装置や工具寿命管理機能も標準で装備した。

(a)　切削パス表示

(b)　アンダーカット部切削パス

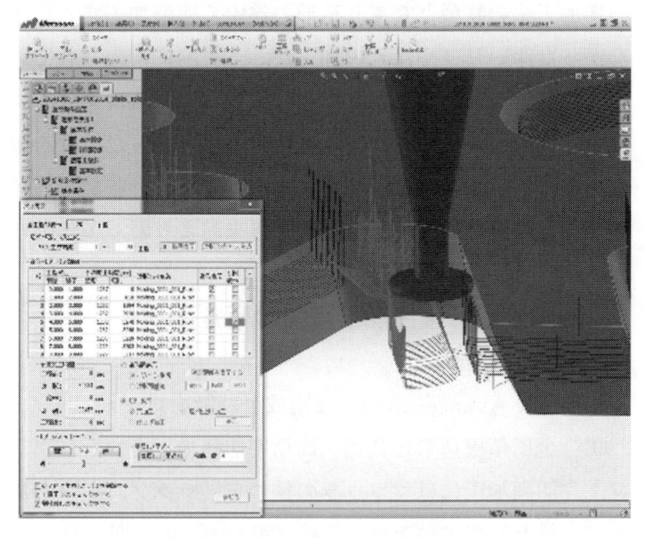

図６　LUMEX CAM 画面

図７　ブリスクサンプル

⑧　専用CAMをもち，設計された3Dデータを読み込ませ，**図6**に示す簡単操作により，最適化された造形パスと切削パスを生成することが可能である。また，通常3軸のマシニングセンターでは切削できないアンダーカット部も，特殊工具を用いることで切削できるパスを出せるようになっており，**図7**に示すサンプルモデルブリスクもLUMEXにより製作を可能としている。

3.2　機械仕様

LUMEX Avance-25の主な機械仕様を**表1**に示す。

表1　機械仕様

最大造形サイズ [mm]	250（長さ）×250（幅）×185（高さ）
最大許容重量 [kg]	90
レーザ発振器	Yb ファイバーレーザ
レーザ最大出力 [W]	400
加工点ビームスポット径 [mm]	ϕ0.1～0.6
レーザ走査方式	ガルバノメーターミラー
最大レーザ走査速度 [m/s]	5.0
主軸回転速度 [min^{-1}]	45,000
最大軸送り速度 X ／ Y ／ Z [m/min]	60 ／ 60 ／ 30
最大加速度 X ／ Y ／ Z [G]	1.0 ／ 1.0 ／ 0.5
工具収納本数	20
最大工具径 [mm]	ϕ10

4. LUMEX Avance-25によるプラ金型製作

4.1　プラ金型の設計

通常の機械加工では複雑な形状を有する金型，例えば深いリブ溝構造をもつ金型は一体として加工できない。このため，型を分割・製作して組み立てることや放電加工による後加工を施すことを前提とした金型設計を行なうことが通常であった。対して本加工法では全ての造形が完了した後に切削仕上げを行なうのではなく，使用する最小径の切削工具有効刃長近くの高さまで積層造形後に切削仕上げを行う。この加工法により従来の機械加工では刃長が不足して加工できなかった深い溝も，刃長の短い小径エンドミルで加工することができる。そのため，別途放電加工のための電極設計・製作を必要とせず，金型の分割も最小限にすることが可能となる。

図8に示す防水コネクター部品の金型は，本加工法を利用して作製した事例である。通常5点以上の分割が必要であった金型も本加工法によりワンマシン・ワンプロセスで造形することが可能になった。

また，本事例にて使用した粉末材料はマルエージング鋼粉末である。造形物の硬度はH_RC 34，時効処理によりH_RC 50 ± 2まで硬化可能で，プラ金型としては充分な硬度を達成しており，射出成形100万ショット以上の金型寿命がある。

(a)　COR 型

(b)　CAV 型

図８　金属光造形複合加工による金型

4.2　プラ金型の高機能化

プラ金型の製造において本加工法を利用することにより従来の製作法では実現が困難であった機能を金型にもたせることが可能である。防水コネクター部品の金型の事例における３次元冷却水管とガス抜き構造について以下に説明する。

4.2.1　３次元冷却水管

プラスチック射出成形において，金型の冷却は重要な要素である。成形品全体を効率良く冷却することによって成形品の反りの抑止や冷却時間の短縮につながる。特に冷却時間の短縮は射出成形のサイクルタイムの短縮に直結し，射出成形におけるコストダウンの大きな要素である。

通常，金型に冷却用の水管を設ける場合，ドリル等の機械加工により穴を空けて水管として利用するため直線的な穴の組合せとなり，任意の位置に冷却水管を配置することは不可能である。対して金属光造形法では中空構造の造形が可能であるため，所望の位置に冷却水管となる空洞部分を設けた造形が可能である。**図９**に今回の事例の３次元冷却水管の形状を示す。水管の設計においては熱解析等を利用して成形品の温度分布のシミュレーションを実施することにより，最適な冷却水管の配置が可能となる。

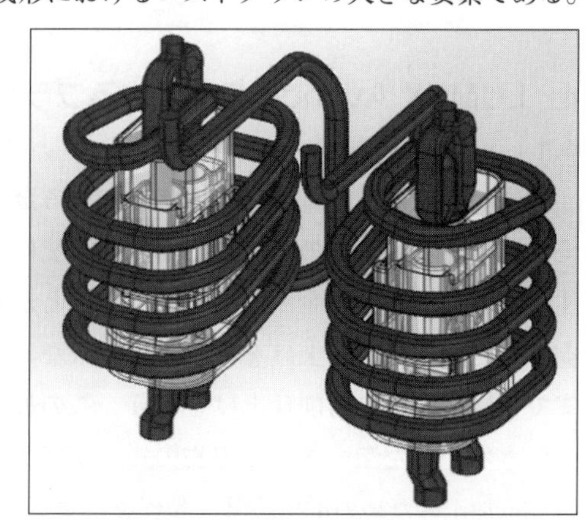

図９　３次元冷却水管の配置

4.2.2　ガス抜き・アシスト構造

プラスチック射出成形は，金型内の空気を溶融した樹脂材料に置換することで樹脂製品を成形しているといえる。また，溶融した樹脂から発生するガスによる成形品の焼けや金型の腐食が射出成形の一つの課題となっている。したがって金型内の空気・ガスをスムーズに排出することができれば成形における樹脂充填時間の短縮や充填ムラ，ガス焼けの解消が期待できる。

本プラ金型ではガス焼けを発生し易い部位に金属光造形複合加工で作製したポーラス構造を配置しているが，このポーラス構造はレーザによる照射エネルギーを制御することによって造形することが可能であり，任意の位置に配置することも可能である。

4.3　従来工法との比較

4.3.1　射出成形サイクルの比較

金属光造形複合加工により３次元冷却水管及びガス抜き構造を配置した金型による射出成形結果について，従来の工法によるストレート冷却水管の金型との比較を行った。良品成形時の成形時間に関して，３次元冷却水管の最適配置による冷却効率アップとガス抜き構造による効果により，**図 10** に示すように冷却時間を 18 秒から８秒へ 10 秒短縮することができ，サイクル全体としては 33％の短縮効果が得られた。

4.3.2　プラ金型製作工程の比較

従来の製造方法の場合，今回の事例のプラ金型の設計から製作まで，500 時間以上の工数が見込まれる。金属光造形複合加工を利用した今回の事例の場合，全工程を 300 時間で完了している。**図 11** に示すように，設計時間では約 53％，加工プログラム等のデータ製作時間で約 83％，放電加工を含む機械加工時間で約 80％の工数を削減しており，設計から製作までトータル 40％の工程短縮の効果が得られた。製作にあたり，通常の場合は必要な素材の手配や外注作業が発生するが，本工法の場合，素材は金属粉末のみがあれば良く，ワンマシン・ワンプロセスのメリットから外注作業は，エジェクトピン加工等２日となった。

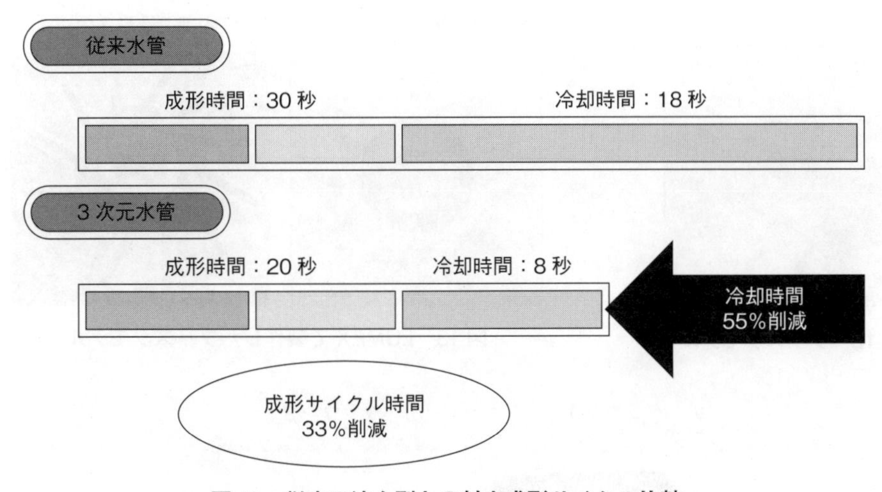

図 10　従来工法金型との射出成形サイクル比較

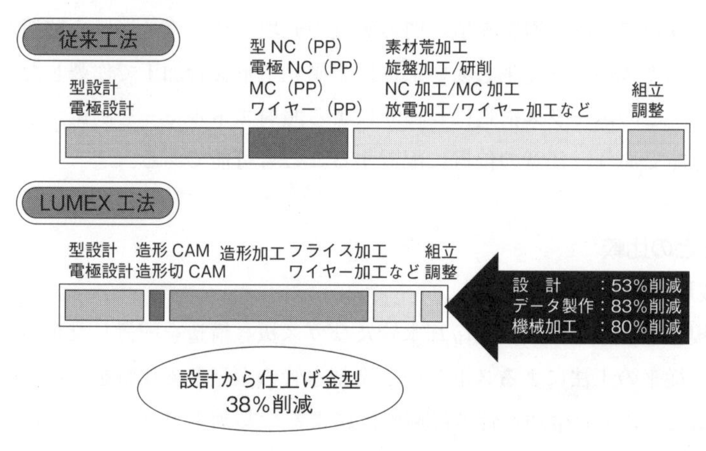

図11　従来工法との工程比較

5. LUMEX Avance-25による高機能部品製作事例

5.1　軽量化を実現した事例（ブリスク）

図12に示すサンプルモデルは，通常削り出し方法で製作されるが，軽量化の実現は不可能であった。**図13**に示すサンプルでは，LUMEXを用いて製造しており，中空による重量44%減の軽量化と構造解析による強度保証を実現している。

5.2　複雑形状を実現した事例（クラウン）

図14にLUMEXで製作されたクラウンのモデルを示す。通常では，ロストワックス法を用

図12　ブリスクモデル

(a)　全体図

(b)　内部（造形途中）

図13　LUMEXで製作したブリスクモデル

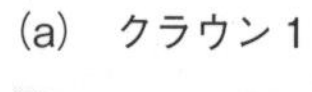

(a)　クラウン1

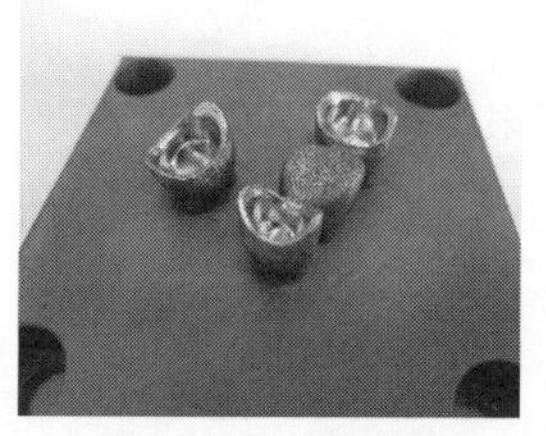

(b)　クラウン2

図14　LUMEXで製作されたサンプルモデル（クラウン）

いた精密鋳造法により製作されているが，口腔内データ，3次元モデルを利用し，金属積層造形法を利用する方法が広まっている。LUMEXに場合，ワンマシン・ワンプロセスで切削されたものが生成されることになり，後工程の磨き時間が大きく削減されることがメリットになる。

6. 結　言

金属光造形複合加工法は，金属光造形法と切削加工法との複合加工であり，粗密構造造形，深リブ・深穴加工，中空構造の造形，3次元自由曲面加工を利用し，ワンマシン・ワンプロセスでの製品製造が可能となる特徴的な方法である。マツウラでは2002年に試作機を世に示し，翌年から金型作製用加工装置として製造・販売を行っており，本節で示した高機能金型・部品のように，プロセスイノベーションを可能とする工法である。

今後もプラ金型，試作・機能評価時間の短縮を目的とした機能部品の製作や，整形外科，歯科用医療機器，眼鏡，装飾類に代表されるカスタムメイド品の製作，航空機部品に代表される軽量化，など，様々なアプリケーションに対する製造技術の開発と材料開発，そして，金属光造形複合加工法の認知向上に努めていく。

第2節　高性能複合金属 3D プリンタ「OPM250L」紹介と高精度部品への適用技術

株式会社 OPM ラボラトリー　森本　一穂

1. はじめに

当社（㈱OPM ラボラトリー）は，金属 3D プリンタ事業を開始し 12 年が経過した。昨年からソディックグループに参画し，装置，ソフトウエア，金属粉末材料，教育・サービス，生産と必要なすべての項目が対応可能になり，お客様が装置を検討，導入される場合，ワンストップでサービスが可能な体制を構築した。

2. OPM250L 開発及び狙い

2.1　開発体制（The clear No. 1 戦略）

㈱ソディックと当社は，装置，工法開発の為に，総勢 100 名規模の体制でハイブリッド式金属 3D プリンタの研究開発，評価，実践を行っており，研究開発費および開発・技術者数としても業界トップの体制で事業を推進している。

ソディックグループとしての目標は，金属 3D プリンタを 3 年以内に単年度販売で出荷数世界一になることである。

2.2　OPM250L 装置紹介

㈱ソディック及び当社はハイブリッド式金属 3D プリンタ「OPM250L」を 2014 年 11 月に行われた国際工作機械見本市へリリースした。

装置のスペックは**図 1** の通りであり，特筆すべきは 500W YB レーザを搭載し，高精度マシ

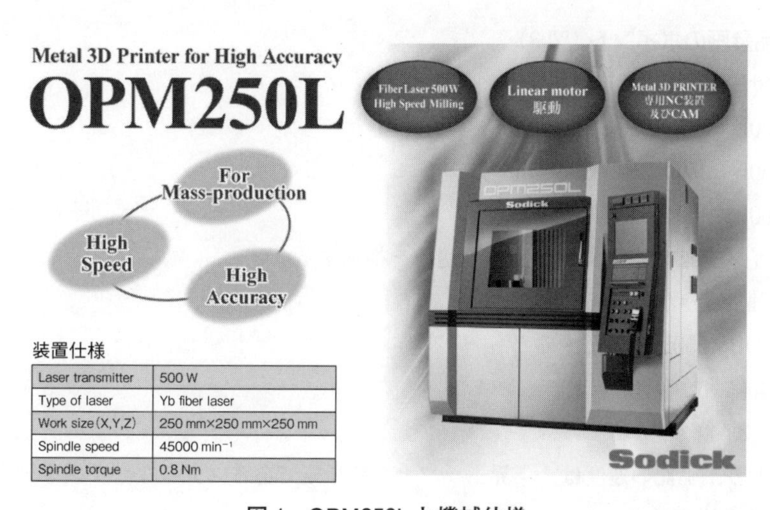

装置仕様

Laser transmitter	500 W
Type of laser	Yb fiber laser
Work size (X,Y,Z)	250 mm×250 mm×250 mm
Spindle speed	45000 min^{-1}
Spindle torque	0.8 Nm

図 1　OPM250L と機械仕様

ニング機能を搭載して正価6,500万円に抑えており他社と比較しても安価な設定をしている。厳しい量産現場で本格的に利用できる金属3Dプリンタとして安定性を追求し，性能面（スピード／精度）でも圧倒的に他社を凌駕している。次項以降にその内容を詳しく説明する。

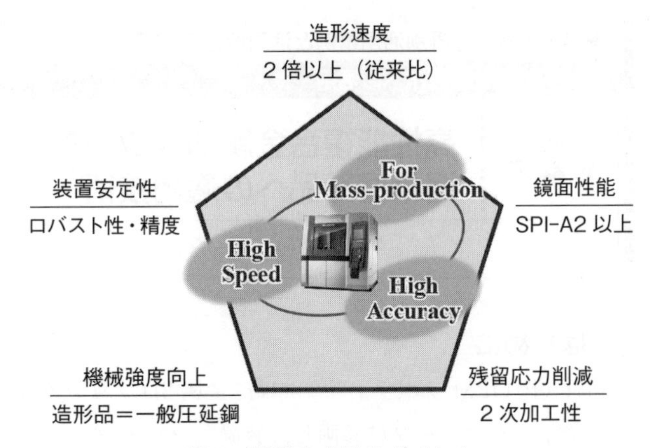

図２　開発方向性のポイント

2.3　開発方向性とシリーズ化

図２は，OPMシリーズの開発方向性であり，**図３**は，今後シリーズ化していく商品計画である。

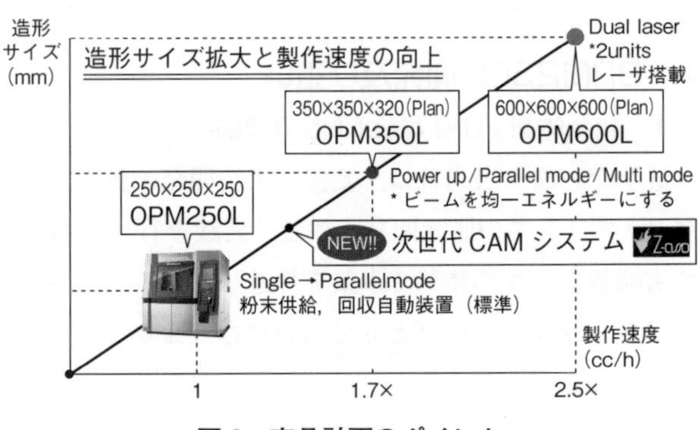

図３　商品計画のポイント

2.3.1　開発方向性のポイント（図２）

- 造形速度
- 鏡面性能
- 残留応力削減（2次加工の容易さ）
- 機械強度向上（一般圧延鋼と同等へ）
- 装置安定性

の5点を重点的に向上させる。

2.3.2　商品計画のポイント（図３）

- 造形サイズの拡大

OPM250L：250×250×250 mm
OPM350L：350×350×350 mm
OPM600L：600×600×600 mm

とワークサイズを拡大し，大物部品への適用を推進する。

- 製作速度アップ

現状のOPM250Lを1とすると
1年後：1.7倍
2年後：2.7倍

を計画しており，上記の速度は，業界トップとなる予定である。大きなサイズを製作する場合，速度アップは必須項目である。

2.4　機械強度の大幅向上

金属 3D プリンタで製作される金属部品は一般鋼（圧延鋼）と比較して機械強度が低いと言われてきた。しかしながら装置仕様を一から見直し，レーザ条件を最適化したことで，一般鋼の機械強度と見劣りのしないレベルに現時点到達している。**表１**は，マルエージング鋼の一般圧延鋼と，OPM250L の製作物を比較したものである。

表１　マルエージング鋼の一般圧延鋼比較

材料名 / 装置名		OPM-Ultra1/ OPM250L	MAS1/ Rolled structural steel
硬度	造形後	HRC39	HRC32
	熱処理後	HRC54	HRC54
引張試験［MPa］		1,949	2,064
0.2％耐力［MPa］		1,992.5	1,997.5
熱伝導率［W/m・K］		12.2～16.8	15.3～19.1
衝撃値［J/cm^2］		21.0	35.0

2.5　造形物の溶融率向上

機械強度を確保する為には，金属粉末を再メルティングした時に内部欠陥（ピンホール，非金属介在物）を限りなくゼロに近づけることが重要である。

そのためには，レーザ造形プロセスのチャンバー内を重点的に見直す必要があり，徹底的にその環境を実現する為に開発資源を集中させた。

図４は，OPM250L で造形した OPM-Ultra（マルエージング鋼）は，光学顕微鏡の写真であるが，内部欠陥が存在せずに，100％に限りなく近い溶融率を実現している。この装置仕様に関しては，多くの特許出願を済ませている。

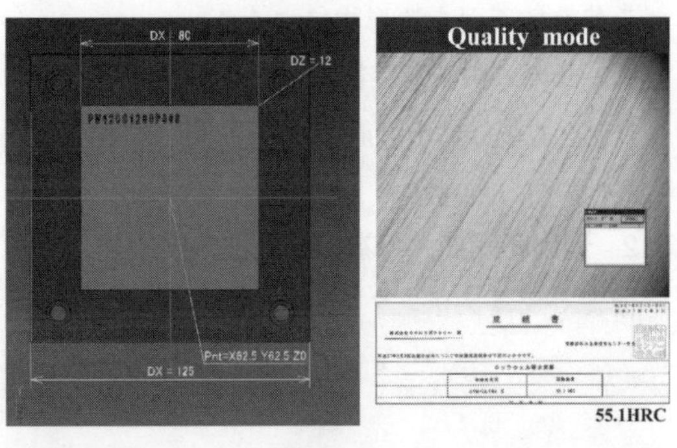

図４　マルエージング鋼のメルティング率及び硬度

2.6　用途による造形速度の選択 / 装置の安定性

造形物の用途は，お客様の要望により多様なケースがあり，コスト重視，品質重視，スピード重視と様々である。このような背景を考慮して，**図５**のようにレーザ速度モードを選択できるようにしている。

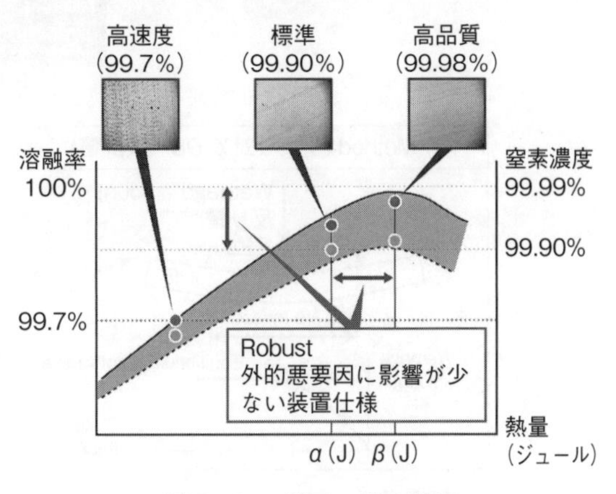

図５　レーザモードの選択

また造形機は，24時間連続運転を数日行うことも多く，装置自体が安定的に稼働しなければならない，しかし外部要因で変動する要素も多く，その影響で造形品質が低下するケースが起こる。OPM250Lでは装置の安定稼働ができるように変動が少ない頑強な設計をしている。

3. 金属3Dプリンタによる高精度金型・部品適用拡大

3.1　完成品の精度を確保するための重要要件（反り対策と，基準面の重要性）

当社は，創業以来，国内外から受注した数多くの金型，部品製作を行っており，金属3Dプリンタで実施する範囲，2次加工で行うべき範囲の見極め，完成品としてのコスト，精度を達成する為のOPMラボ式シミュレーション及びDBを構築している。3次元CADデータがあれば，このシステム及び技術DBを利用することで基本的な判断がつき，完成品の品質，コスト，納期遅延を未然に防ぐことが可能である。

但し，金属3Dプリンタ製作物の品質，コスト，納期を確実にするために必ず準備をしなければならない必須対策として「反り対策」と「基準測定用の切削加工面及びブロック準備」の二つがある。

① 反り対策（**図6**）

プレート厚と造形物の面積及び体積による反り量予測曲線を設計値に織り込む。

② 基準測定用切削加工面及びブロック準備（**図7**）

2次加工をする際の，プレートから外周測定及び，部品中心が測定できる精度を保証できる基準加工面を造形物につくる。

レーザのみの造形装置（欧米の装置）は装置内にマシニング機能がないため，切削加工面及びブロックの製作は不可能であり，高精度な部品に利用する際にお勧めできない最大の理由である。

3.2　適用範囲拡大の為の鏡面性の向上

今まで金属プリンタで製作した金型は，ピンホールなどの欠陥があり製品意匠面側のキャビ

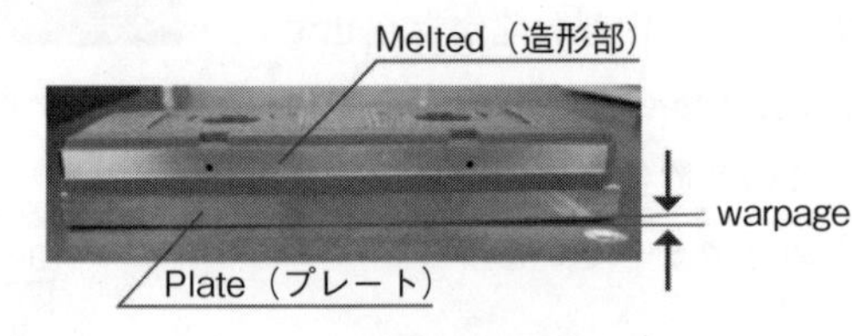

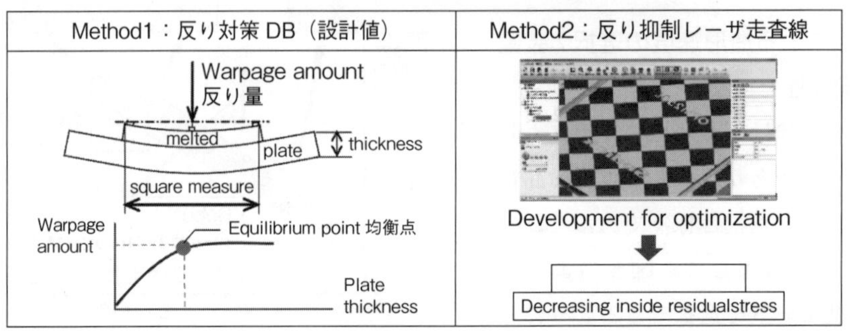

図6　反り対策

2次加工用基準測定面

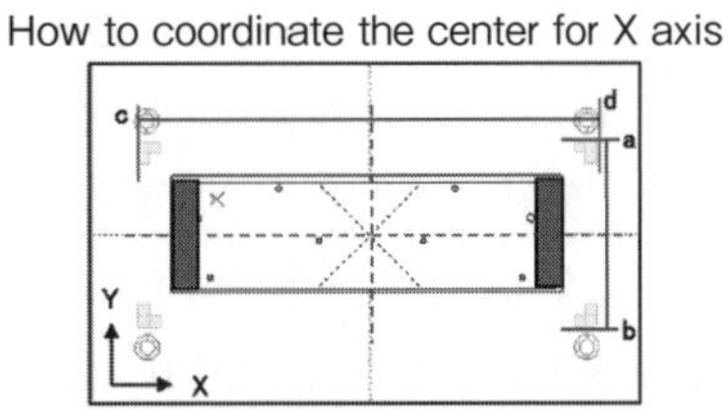

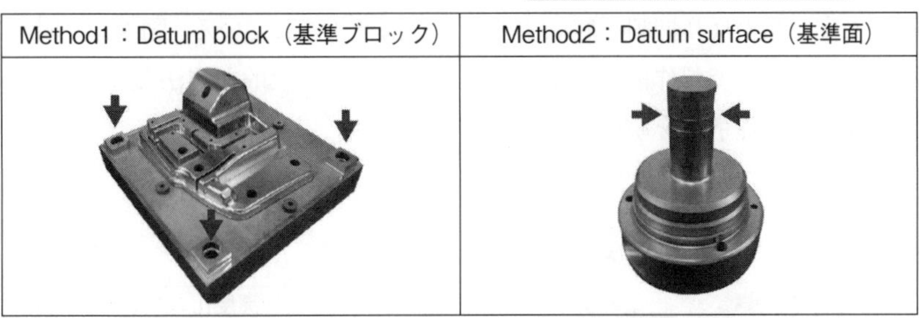

図７　基準測定用の切削加工面及びブロック

ティへは使えないと言われてきたが，弊社は装置，造形プロセスを見直したことにより，**図８**のような鏡面性能を達成した。

この部品の要求鏡面精度は，プラスチック製品側の鏡面性能値のSPI-A2（＃6 Diamond Buffで上から２番目）という値を達成しており，電動シェーバーなど，極めてすぐれた光沢性を求められる製品意匠面に利用されるレベルである。

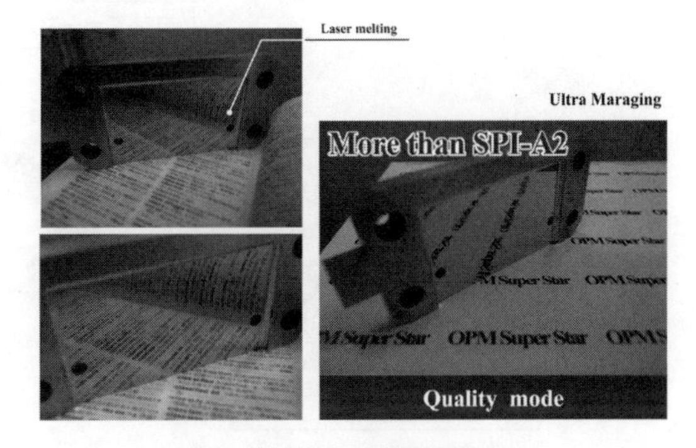

図８　造形品の鏡面性能向上

4. ソリューションシステムとしての高度化

4.1　次世代CAMシステム「Z-Asso」によるデータ作成効率アップ

創業以来，ユーザーにリリースし専用CAMシステムとして好評をいただいた「ハイブリッド金属3DP専用CAM：MARKS-MILL」から次世代の統合型CAMシステム「Z-Asso」（**図９**）を開発しリリースを開始した。

システムが統合化され，各種の高機能モジュールを開発したことによりユーザーのデータ作成時間が大幅に軽減される（当社比：従来比40％減）。

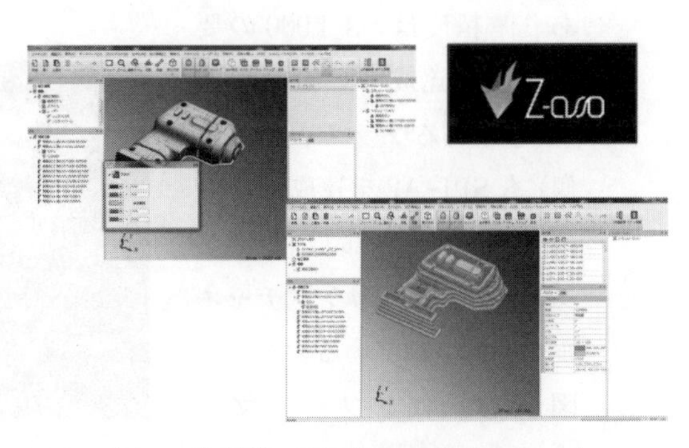

図９　次世代CAMシステム「Z-Asso」

4.2　次世代コンフォーマルクーリング技術と解析技術高度化

コンフォーマルクーリング技術は，ハイサイクル成形を実現する為の金型，成形技術として定着をしている。弊社での生産品の約80％が，コンフォーマルクーリングを配備した金型及びインサート部品になる。設計・製造手法も高度化が進み単純な円・楕円の断面の水管ではなく，切削機能を用いることにより円，楕円の水管に縦方向に溝のような水管を追加し，冷却時間短縮だけではなく成形品の反り抑制を制御するように高度化されている（**図10**）。同時に熱解析，変形解析を利用することで製作前に効果を予測することが一般的な方法となっている。

次に代表的な造形製作事例を挙げる。

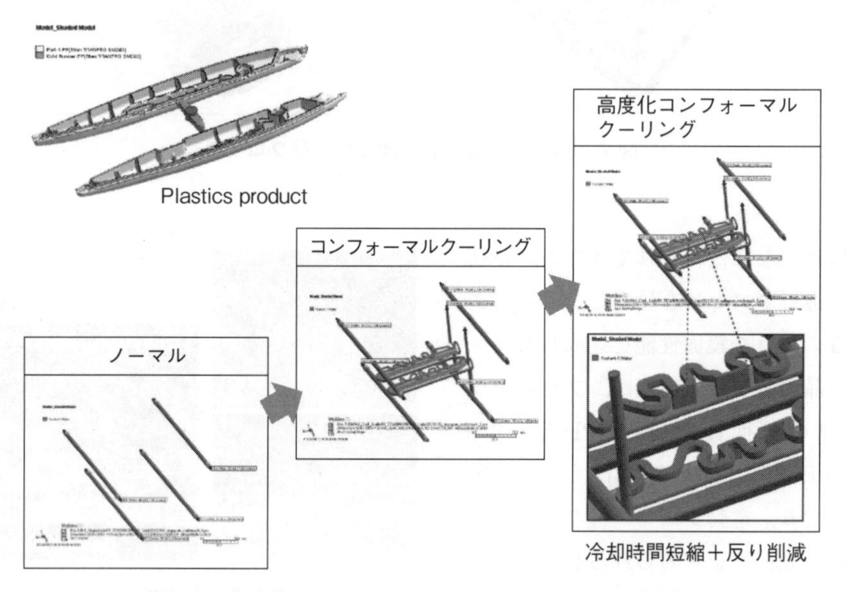

図10　高度化しているコンフォーマルクーリング技術

① **図11**は，造形物にメッシュ構造とハイブリッド式の切削機能で仕上げた支柱を組み合わせて作成したモデルである。複合方式でしか絶対に真似のできない特徴的な形状をしている。

② **図12**は，鏡面性能を求められる意匠製品用キャビティであり，精度は±3/1,000の要求精度を達成し，鏡面性能（転写されるプラスチックス側）もSPI-A2を達成したものである。内部にはコンフォーマルクーリングチャネルが配置されている。

③ **図13**は，コンフォーマルクーリングチャンネルの設計

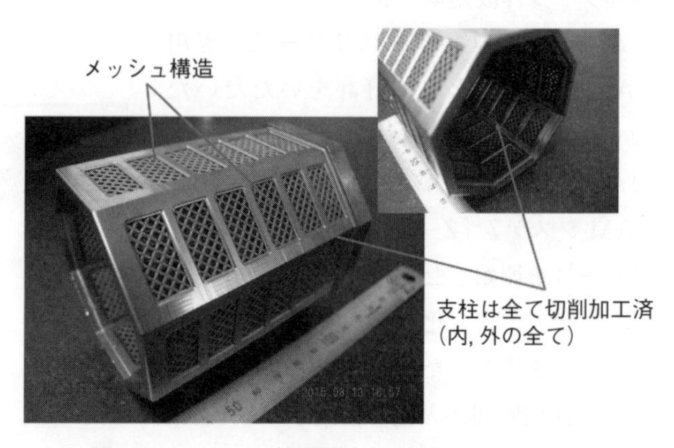

図11　メッシュ（軽量化）＋切削構造（高精度）

手法が高度化された自動車用のコネクタコア型事例である，薄肉の構造の中，先端ぎりぎりまでチャンネルが配置されて，冷却媒体が流れやすいように水管内部も切削している。

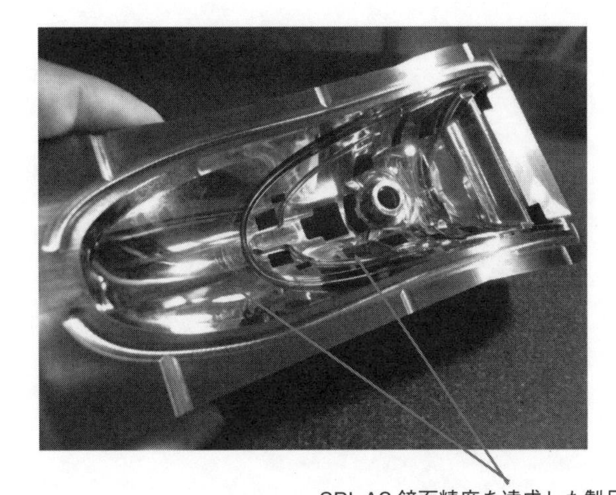

図12　鏡面性能向上のキャビティ造形金型

5. まとめ

ハイブリッド式金属3Dプリンタは，欧米製レーザのみの装置の機能を包含しており，工業製品に金属3Dプリンタのご利用をお考えの場合は長年の経験上からもハイブリッド式の金属3Dプリンタが間違いなく望ましいと考える。当社と㈱ソディックは，福井県内にDDM福井という10台の装置を設置した造形加工センターをオープンした。ここはお客様のBMTや，量産案件をお受けする以外にも，OPM250Lを導入したユーザーが，キャパシティにお困りの際にバッファ機能として活用いただくことを前提にしている。このようなことも含めて，お客様が使いやすいインフラも同時に整備し総合的なサポート体制も充実させている。

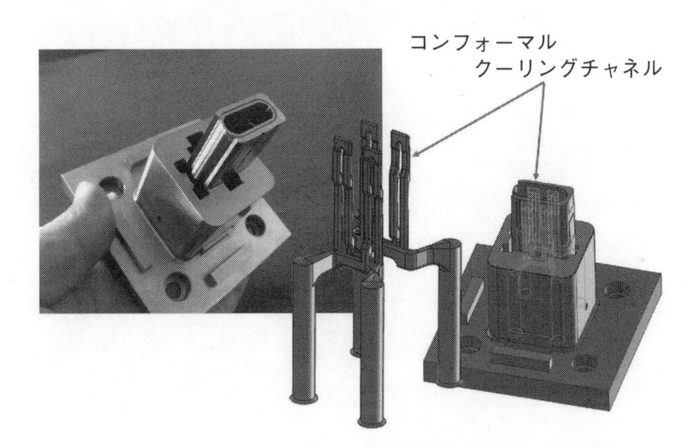

図13　コンフォーマルクーリング技術が高度化されたコア金型

第3節　積層型 3D プリンタによる鋳造用砂型作製

国立研究開発法人産業技術総合研究所　岡根　利光

1. 鋳造とは

1.1　鋳造とは

鋳造とは，金属を溶解し，鋳型に注湯・凝固させることによって，目的の形状に成形する加工方法である。鋳造産業は，主として機械部品としての鋳造品を生産し，機械産業が必要とする多種多様な部品を供給して我が国機械産業の競争力を支えている。

金属の種類としては，鋳鉄・アルミニウム合金・銅合金等が生産の多くを占めているが，低融点であるが活性の高いマグネシウム合金，高融点金属であるニッケル基超合金，チタン合金などの鋳造も行われ，用途の展開が図られている。

溶けた金属である溶湯を鋳型に充填させることから，複雑な形状創製が可能である。形状の複雑さや精度は，鋳型に大きく影響される。

鋳型は，砂型，金型，セラミック型などの種類が存在する。金属と鋳型の材質，鋳造法の組み合わせは，金属の融点，要求品質及び鋳造品の用途等による。

1.2　ダイカスト法，金型重力鋳造法

ダイカスト法は，金型の中に金属を高圧高速で射出するもので，アルミニウム合金やマグネシウム合金，亜鉛合金等の比較的低融点の金属の鋳造に用いられる。生産性が良いことから，トランスミッションケースなど自動車部材に多く用いられる。一方，金型を用いることから，製品をとりだすには型を割ってとりだす必要があり，製品の複雑さには限界がある。高速・高圧で金属が充填されることから砂型の中子の使用は一般的ではない。

アルミニウム合金等では金型重力鋳造法も用いられる。金型を組み合わせて空洞を形成し，そこに上から重力を利用して溶湯を流し込み，充填させる鋳造法である。溶湯を静かに充填させることができることから，空気の巻き込みが少なく，熱処理可能な品質の良い鋳造品の製造が可能である。よりスムーズに金属を充填させて高品質な鋳造品を製造する目的で，金型を傾斜させて充填させる傾斜鋳造法，金型の下側に配置した保持炉内の溶湯表面に圧力をかけて金型内に層流充填を可能にする低圧鋳造法も用いられる。

これらの鋳造法では，充填に際してダイカストほど圧力が掛からないことから，砂を固めて造型した中子と呼ばれる鋳型を組み合わせて使用することができる。中子を使用することにより，エンジンのシリンダヘッドの冷却流路など複雑な内部構造の形成が可能である。鋳造後の中子は，溶湯が凝固する際の熱により崩壊してばらばらになり，砂粒として取り出される。金型を割ってとりだす必要があることから外型の形状の複雑さには限界があるが，中子の使用により，ダイカストより複雑な形状を得ることが可能である。

1.3　砂型鋳造法

銅合金，鋳鉄，鋳鋼など，より高融点の金属の場合には，耐熱性等の問題で金型では限界があり，砂を固めた外側の鋳型（主型という）と中子を組み合わせ鋳型を製作する。砂を固める手法により，粘土と水を粘結剤として使う生型，樹脂や水ガラスを粘結剤として使用する鋳型があり，硬化方法により自硬性型，ガス硬化型，熱硬化型に分けられる。砂の種類も SiO_2 を主体としたケイ砂が一般的であるが，より熱膨張が小さく高融点金属に向くセラミックスベースの人工砂も用いられている。

鋳型の主型や中子は，鋳造後崩壊させて鋳造品をとりだす。そのため，製品の数だけ同一形状の鋳型が必要となる。一般には，製品とほぼ同じ形状の型（模型という）を用意し，そこからの転写によって複数の主型や中子を造型し，組み合わせて一個の鋳型とする。それぞれの主型や中子は，模型から型取りする必要があることから，アンダーカットのあるような複雑形状は不可能であり，このような場合には複数の中子をそれぞれの模型から型取りし，組み合わせて一個の中子にするなどの工夫が必要である（**図１**）。

1.4　精密鋳造法

ニッケル基超合金，チタン合金など高融点金属の鋳造には，ロストワックス鋳造法により耐熱性の高い鋳型を製作して鋳造する。精密鋳造法とも呼ばれるこの方法は，製品と同じ形状のワックス型を製作し，周囲に鋳型を形成した後，鋳型を加熱，ワックスを流出させ，そこに鋳造する方法である。鋳型が一体成形でき，耐熱性も高く形状自由度も高い方法であるが，ワックス型の製作に型が必要であることに留意する必要がある。

2.　鋳造での 3D プリンタの活用

2.1　鋳造品形状確認及び模型製作での活用

前項で述べたように，鋳造のプロセスでは，型を利用して型をつくり，複数回の転写工程を経て鋳造品を製作する。3D プリンタが目指す，3D データからの直接・迅速造形，複雑形状の一体成形などの特徴は，いずれの段階の型の製作においても有効である。そのため，鋳造と 3D プリンタ技術の親和性は高く，3D プリンタ黎明期の古くから活用されてきた。

鋳型をつくるための模型を製作するにあたり，様々な点を留意する必要がある。製品の形状

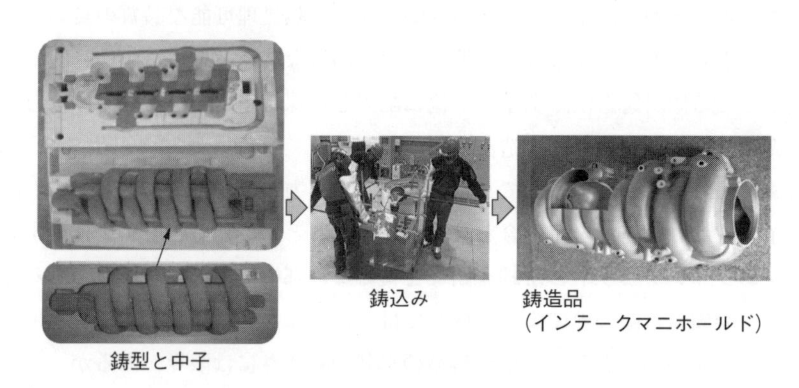

図１　鋳造用鋳型と中子

確認，鋳型内での鋳造品の姿勢，湯道や押湯等の配置，凝固時の収縮，アンダーカットや抜け勾配を考慮した鋳型の分割，中子の分割や保持等である。これらは鋳造方案と呼ばれ，このような様々な点を考慮して，従来は熟練の作業者が経験を基に決定して模型を製作してきた。模型は木材や樹脂，生産数の多いものでは金属で製作される。湯道や押湯など製品形状精度に関わらない場所では，時には作業者が手作業で加工して仕上げるなど，現在でもデータ化が充分とならない場面も存在する。

3D-CADと3Dプリンタを活用することによって，CAD上で鋳造方案の様々な要素の検討，時には湯流れや凝固のCAEシミュレーションによる方案の検討，3Dプリンタによる製品の形状確認，模型の製作が行われている。迅速な模型製作，データとノウハウの蓄積，鋳造品の品質向上と欠陥対策が可能となるとともに，少量生産や製品手直し，補修部品への対応が容易となる。

この用途では，古くから様々な3Dプリンタ技術が用いられてきた。現在模型は木材，樹脂，金属で製作されているが，3Dプリンタでは，ターゲットとする模型のサイズ，精度，コストと寿命等を考慮して，シート積層造形法（LOM），光造形法（SLA），熱溶解積層法（FDM），レーザ焼結積層法（SLS/SLM）等が選択されてきた。

2.2　精密鋳造での活用

精密鋳造のワックス型は製品と同数製作する必要があり，通常は金型もしくはゴム型を用いてワックス型を取る。さらにワックス型から鋳型，鋳型から鋳造品を製作する。精密鋳造のワックス型もしくはその代替品を3Dプリンタで製作することが行われている。マテリアルジェット法により，ワックス材をインクジェット技術を用いて射出し，直接造形することによって，高精細なワックス型の成形が可能である。金型を用いないことから複雑形状一体成形，金型コスト低減，リードタイム低減が可能である。

光造形法を用いたワックス型代替品の製作も行われている。マテリアルジェット法と同様に高精細のモデル製作が可能である。ワックス型と異なる点は，ワックス型は加熱溶融させて除去するのに対し，光造形品は加熱によりガス化して消失させる点である（**図2**）。

2.3　砂型直接造形

様々な製品において，軽量化・コンパクト化・高性能化が求められている。それに伴い鋳造品においても薄肉化，冷却管の効果的な配置など内部構造の複雑化が求められている。通常の砂型鋳造の主型や中子では，上述の様に，模型を製作，模型から転写して主型及び中子を製作，組み合わせて鋳型とする。

外形や内部が複雑な形状の製品の場合には，主型や中子を模型から転写することから，多数の模型を製作，そこから取った多数のパーツを組み合わせて一つの鋳型とする必要がある。鋳型分割の設

図2　光造形精密鋳造法により鋳造したインペラ

インテークマニホールド

従来工法（模型）による鋳型

鋳型総点数：22 型

砂積層造型による鋳型

鋳型総点数：4 型

主型
製品の外観をつくる
型点数：2 点

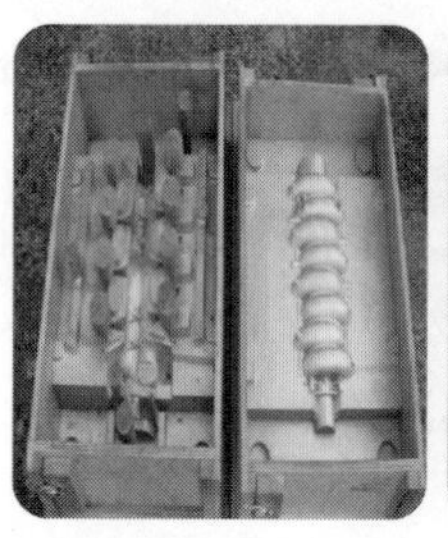

中子
製品空洞部分
型点数：20 点

主型
製品の外観をつくる
型点数：2 点

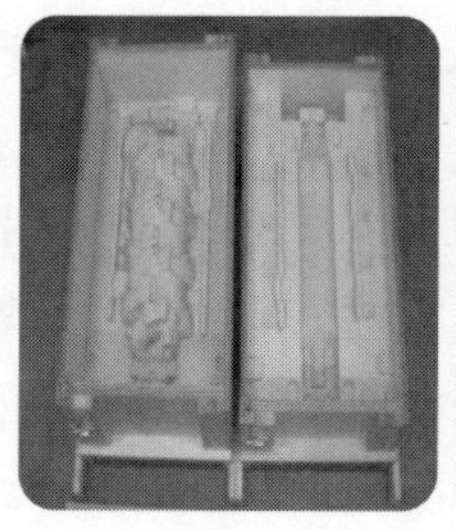

積層中子
製品空洞部分
型点数：2 点

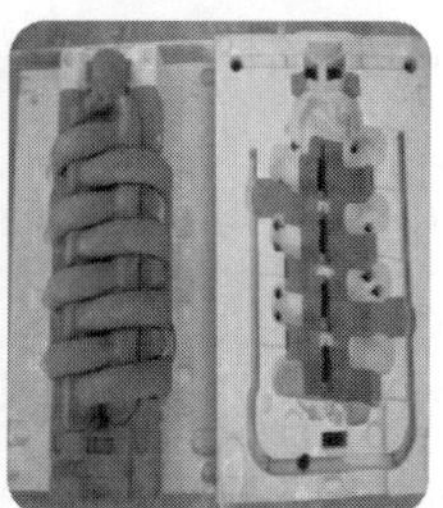

図３　3D プリンタによる砂型の一体成形

計，多数の模型の製作など，試作から量産立ち上げにおいて，時間とコストがより必要とされる。さらに組み合わせによる鋳型の精度の低下とともに鋳造品の精度も低下，あるいは薄肉化に限界が生ずるなど多数の課題が生じている。

これらの課題の解決のために，3D プリンタを用いた鋳型の一体成形が進められている（**図 3**）。多数の模型が不要になり，より複雑形状の鋳型を迅速に製作できることから，試作におけるリードタイム低減，コスト低減，鋳造品の性能・品質の向上に効果が確認されている。

3.　代表的な砂型造型用 3D プリンタ技術

3.1　レーザ焼結積層造形

砂型を 3D プリンタにより直接造形する技術として，レーザ焼結積層法（SLS）によるものが実用化されている。熱硬化型の砂型造型法（シェルモールド法）の技術を利用したもので，レジンコーテッドサンド（RCS）と呼ばれるフェノール樹脂を砂に被覆し乾燥させたものを用いる。シェルモールド法では，RCS を約 280℃に加熱した金型内に充填することにより，フェノール樹脂が軟化溶融後ゲル化して接着力をもち，鋳型となる。砂型造形用の SLS 法では，CO_2 レーザにより加熱硬化させて造型する。レーザ加熱のみでは強度が不足するので，造形物をとりだした後，オーブンまたは電子レンジで強度アップのためのポストキュアを行う。ポストキュア後には，高精細で強度の高い鋳型が得られる。シェルモールド法による中子は現在日本国内では最も多く用いられており，レーザ焼結積層造形による鋳型は，現状の鋳造技術との親和性も高い（**図 4**）。

3.2　インクジェット積層造形

図４　レーザ焼結積層造形装置

自硬性鋳型とは，砂と砂の間の接着剤の役割をするバインダを混練して，常温で放置硬化させて造型するもので，主に中大型の鋳造品の鋳型に用いられている。バインダの種類によってフラン樹脂やアルカリフェノール樹脂等を用いる有機自硬性鋳型，水ガラスやセメント等を用いる無機自硬性鋳型に分類される。フラン樹脂はきれいな鋳肌ができる，フェノール系はなりより性が良く鋳鋼品の割れが生じにくい，無機自硬性が鋳造時の環境適応性に優れるなど，それぞれの鋳型に特徴があり，使用されている。この技術を活用し，バインダをインクジェットして積層造形するバインダジェット法（BJ）による3Dプリンタ鋳型造型技術が実用化されている。フラン樹脂，フェノール樹脂，セメント，水ガラスのバインダを用いた3Dプリンタ鋳型が実用化されている。

これらのバインダは，主剤（樹脂）と硬化剤（硬化触媒）の組み合わせからなり，通常の鋳造ではこれらを砂と混練して硬化させる。3Dプリンタ造型では，たとえば有機自硬性のフラン樹脂の装置では，硬化剤をあらかじめ砂と混練しておき，これを所定の厚さに一層敷く（リコート）。その後主剤であるフルフリルアルコールを造形したい場所だけインクジェットして硬化させる，これを繰り返して3D形状の鋳型を造型する。有機自硬性のフェノール樹脂の装置では，積層造形中もしくは造形後に加熱して硬化を促進させる。

無機自硬性の水ガラスバインダの装置では，水ガラスを噴霧乾燥にて粉末とし，砂と混練してリコート，水をインクジェットする方式により造形，セメントの装置では，セメントと砂を混練，水をインクジェットする方式により造形する（**図５**）。

バインダージェット法（BJ）の3Dプリンタの特徴として，造形速度が速い，装置大型化が可能，サポートが不要という特徴があり，数メートルサイズの大型の造型装置も実用化されている。大型の鋳型の造型や逆に小型の鋳型を多数同時に造型するなど，試作型の製作だけでなく，量産用鋳型への活用などが現在進められている（**図６**）。

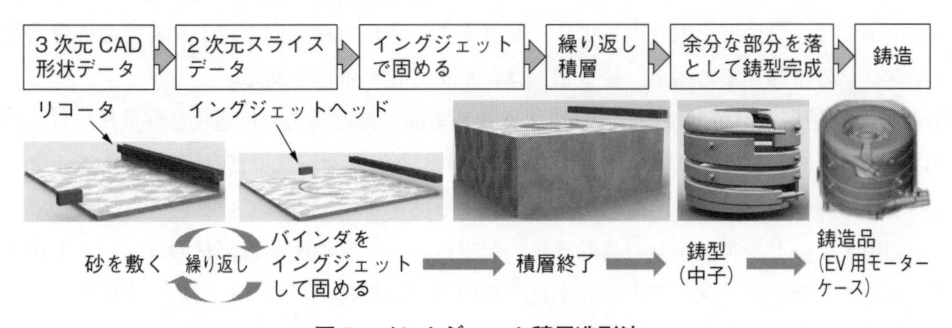

図５　インクジェット積層造形法

4. 3D プリンタ積層造形鋳型の今後の展開

上述のように，鋳造では試作，少量生産を中心に，既に3D プリンタの活用が進んでいる。本項では，今後予想される3D プリンタの発展も考慮して，今後の展開について期待も含めて述べていきたい。

図６　インクジェット積層造形装置

自動車では，燃費及び走行性能の向上を目的に，車体の軽量化，エンジン自身の効率向上，パワーステアリング電動化，ダウンサイジングターボ，HEV/PHEV/EV/FCV 化等が進められている。いずれも鋳造品が中核部材として用いられており，3D プリンタの活用により更なる機能，性能向上が期待される。

図７　二輪車用フレームの試作

図７は，インクジェット積層造形した鋳型を用いて二輪車のフレームを鋳造試作した例で，中空閉殻構造化により剛性を維持したまま軽量化を実現している。車体構造部材では，現在，鉄鋼のプレス材やアルミニウムダイカスト材を溶接する製造プロセスが用いられているが，重量物であるバッテリーの搭載など，剛性を向上させつつ軽量化させる要求がある。3D プリンタ積層造形鋳型と鋳造技術の組み合わせにより，プロセスにとらわれない形状の設計が可能になり，さらには材料転換，プロセス転換を促して剛性の向上や軽量化に貢献することが期待されている。

図８　乗用車用エンジンのシリンダヘッド鋳型

図８は，乗用車用エンジンのシリンダヘッドの鋳型を試作した例である。3D プリンタにより鋳型を直接造形することによりアンダーカットを考慮しない自由な造形が可能，さらに一体成形化により鋳型の精度の向上も図られている。特に，冷却水の流路を形成するウォータージャケット中子では，燃焼室を取り囲むように配置でき，さらに精度向上により鋳造品の薄肉化でき，エンジンの冷却効率の向上，軽量化，コンパクト化が可能である。

3D プリンタ積層造形鋳型による，このような鋳造品の流路構造の最適化と軽量化，コンパクト化は効果的である。自動車ではエンジンに限らず，ターボケース，HEV/EV 等のモータケース，パワー半導体モジュールの冷却部材など様々な活用が検討されている。さらに自動車に限らず，船用ディーゼルエンジンの高効率化，航空機エンジン油圧配管部材のコンパクト化と軽量化，小型水力発電用インペラの高効率化，金型への冷却構造の付加によるサイクルタイムの短縮などが検討されており，その活用範囲は広大であり，今後の益々の発展が期待される。

第4節　マイクロ波成形技術（ゴム型で熱可塑性樹脂を成形する技術）

株式会社ディーメック　栗原　文夫

1. はじめに

3D プリンタの普及でプラスチック製品の試作モデルは安価・迅速化を競う新時代を迎えたが，断面積層造形の弱点である強度不足および材料種の限定から意匠確認用モデルに止まっている。ものづくりの現場では，試作から実使用に供されるモデルが望まれ，樹脂ブロックからの切削品あるいは金型製作からの射出成形で作成することになり製造日数・コスト高で開発段階の足枷となっている。

本節で紹介するマイクロ波成形は 3D プリンタ造形モデル等をマスターとしてシリコーンゴム型を作成し，ゴム型内に微粒子化した熱可塑性樹脂を充填し真空圧縮しながら外部から照射するマイクロ波で溶融して一体化した立体モデルを成形する技術である。**図 1** に示すように最終使用樹脂そのものを金型なしで迅速かつ安価に成形し試作から少量多品種生産までの成形品を提供する世界初のシステム「商品名：Amolsys®※」のシリーズとして，先に光成形として販売している近赤外線照射システムに続き，簡素化・易操作性・小型化したマイクロ波照射システムを開発し光成形市場を構築した。

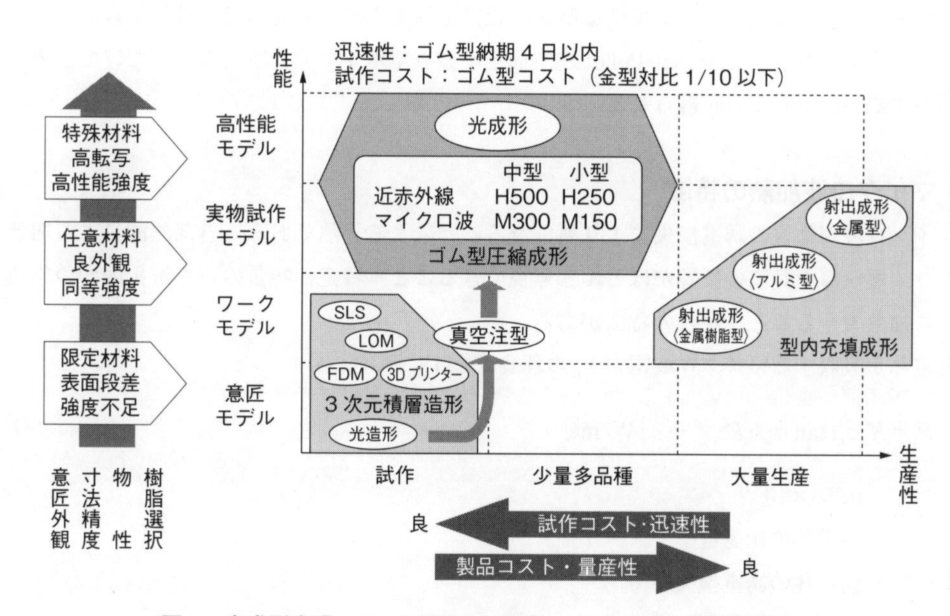

図１　光成形市場：RP 分野（試作分野）＋RM 分野（少量多品種）

※ Amolsys®：日本商標登録済

2. 原　理

2.1　微粒子充填

光成形のプロセスは熱可塑性樹脂を溶融状態で充填するのではなく固体粒子（Pellet）の状態でゴム型 Cavity 内に充填する。Pellet サイズは Cavity 内に均一に予備充填するために粒径 0.7～1 mm 程度の微粒子（Micro-Pellet）として寸法精度を高める。成形品重量分の Micro-Pellet を投入することが重要であるが嵩比重が 0.4～0.6 程度であるため，全量予備充填するには Cavity 体積では容積が不足する。本システムでは Micro-Pellet 必要量を確保する独自の Cavity 構造が適用されている。

2.2　選択加熱

当初は特定波長の近赤外線を照射し，シリコーンゴムを透過して Cavity 内の樹脂 Pellet を選択的に加熱する技術を開発した。近赤外線は被加熱物の表面に吸収される特性から Micro-Pellet 表層を加熱し，内部は表層からの熱伝導で昇温する。そのため，複雑形状の成形体には複雑な照射制御が必要であった。

今回新たに開発したマイクロ波照射は，被加熱物の内部に進入しながら吸収する特性があり，Micro-Pellet の内部加熱が可能であり，形状に依存せずシリコーンゴム型内に予備充填した樹脂を外部から加熱溶融することに成功した。

2.3　真空型締め

予備充填した Micro-Pellet の空隙を完全に除去するため，光成形ではゴム型 Cavity 内を真空引きすることで脱気と同時に大気圧との差圧で型締めし，圧縮された状態を維持しながら樹脂を溶融する。射出成形では大規模な型締め設備を備えるが，光成形では外部型締め設備は不要で，ゴム型内の小さな Micro-Pellet 嵩空間を小型真空ポンプで真空引きするだけで溶融樹脂を圧縮するのに十分な力が得られる。

3. マイクロ波加熱の特徴

マイクロ波が物質の誘電損失により熱になることによる加熱である。外部熱源による加熱と異なり，熱伝導や対流の影響がほとんど無視できること，特定の物質のみを選択的かつ急速・均一に加熱できること，などの特徴がある。

誘電体が吸収するマイクロ波電力 P_1 の理論式を(1)に示す。

$$P_1 = K \cdot \varepsilon_r \cdot \tan\delta \cdot f \cdot E^2 \qquad [\mathrm{W/m^3}] \tag{1}$$

K　　：0.556×10^{-10}

ε_r　　：誘電体の比誘電率

$\tan\delta$　：誘電体の誘電損失率

f　　：周波数　［Hz］

E　　：電界強度　［V/m］

式(1)の比誘電率 ε_r と誘電体損失角 $\tan\delta$ は物質（誘電体）特有の値となり，その積を誘電損失係数と言い，誘電体が吸収するマイクロ波電力の程度を表わす。

マイクロ波加熱は，マイクロ波加熱以外の加熱方法にはない以下の優れた特長がある。

・内部加熱
・高速加熱
・選択加熱
・高い加熱効率
・高速応答と温度制御性
・均一加熱
・クリーンなエネルギー
・操作性や作業環境がよい

しかし，熱可塑性樹脂を溶融することに関しては誘電損失係数が低く（室温），電子レンジで樹脂容器に水を入れて加熱しても，樹脂は加熱されず水だけが加熱される現象は広く知られており一般的には熱可塑性樹脂は加熱されないと思われている。我々は新たに樹脂の tan δ に温度依存性があることに着目し，昇温開始温度までは特殊なゴムコンパウンド型を用いてマイクロ波昇温特性を制御することで，樹脂を加熱・溶融するマイクロ波成形を実現した。樹脂のマイクロ波加熱特性を簡易的に評価する方法を紹介する。

4. 熱可塑性樹脂のマイクロ波加熱特性

ゴム型にはマイクロ波加熱特性を最適化したオリジナルコンパウンドが用いられる。

樹脂の加熱特性は，片面を開放したゴム型面上に配置された Micro-Pellet をマイクロ波照射した状態の昇温特性で評価される（**図 2**）。各樹脂の温度上昇カーブは，室温からの直線域と加速域とで構成される（**図 3**）。初期直線域の緩やかな温度上昇は樹脂自身の発熱ではなく，ゴム型温度からの熱伝導による。加速域の急速に温度上昇，樹脂の自己発熱であり樹脂毎に開始温度・加速速度が異なる。これが各樹脂の誘電損失係数の温度依存性と密接に関係していると考えられる。

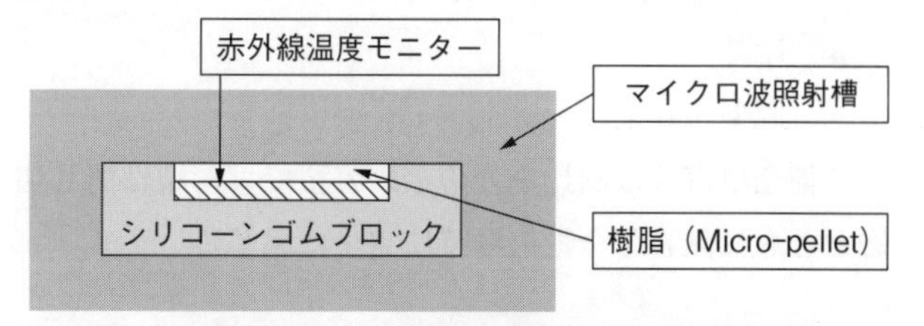

図 2　樹脂のマイクロ波加熱特性測定装置（概念図）

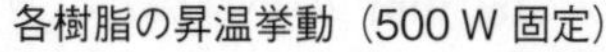

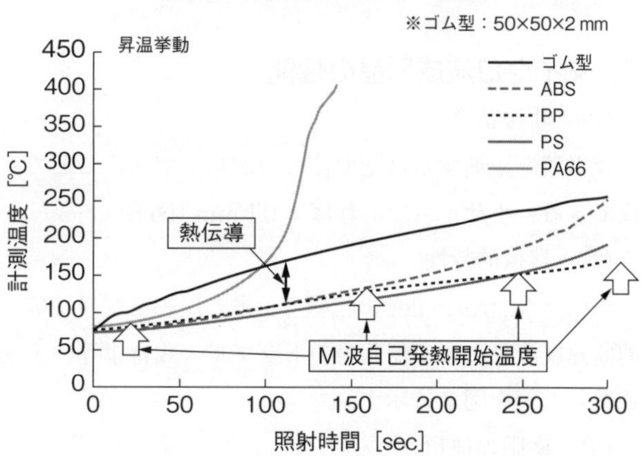

図 3　樹脂のマイクロ波加熱特性測定例

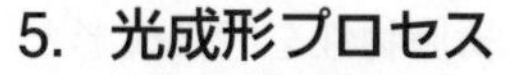

5. 光成形プロセス

前述の三つの基本技術をベースとした工程を**図 4** に示す。

① 光造形の 3 次元積層等による

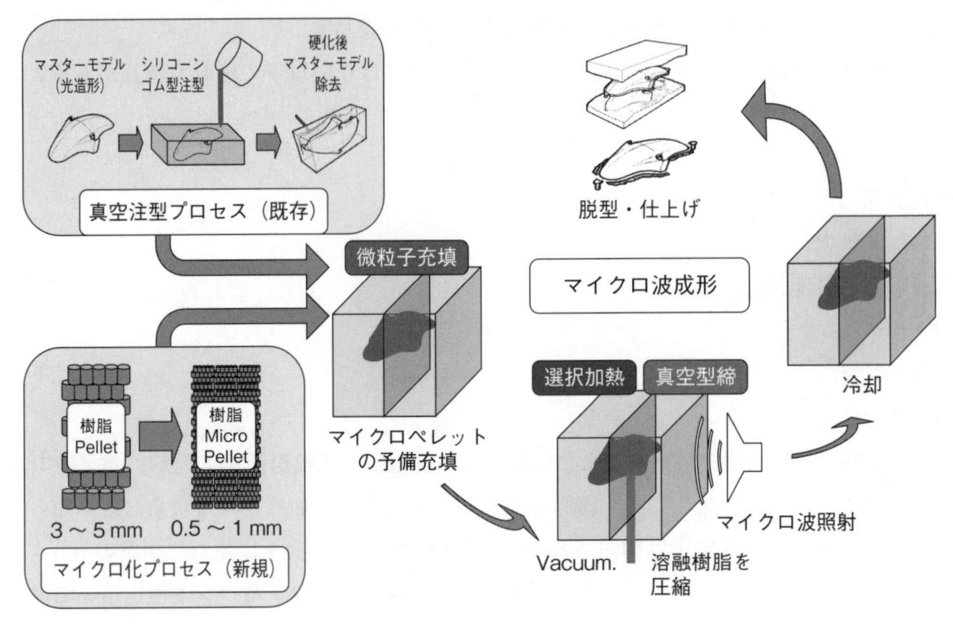

図４　マイクロ波成形のプロセス

マスターモデル作成とシリコーンゴム型作成

② 最終使用する熱可塑性樹脂の Micro-Pellet 化

③ シリコーンゴム型に成形品重量分の Micro-Pellet を固体状態のまま予備充填

④ Cavity 内のみを真空引きし，マイクロ波を外部照射して溶融温度まで加熱

⑤ 冷却

⑥ 脱型・仕上げ

予備充填直後は嵩比重分の余剰容積でゴム型は閉じ切らない状態でスタートするが，樹脂溶融とともに減容し全量溶融時に完全に閉じる

6. マイクロ波成形機

成形品サイズ “150 mm” の小型機と中型機 “300 mm” が市販されている（**図５**）。

7. マイクロ波成形品の性能

(1)　寸法精度

ゴム型を圧縮する真空型締め力が均一であることで，JIS405：寸法許容値の中級レベルは達成できる。小サイズであれば± 0.1 mm（**図６**）。

(2)　機械的特性

樹脂は Micro-Pellet の状態で溶融し圧縮を受けて成形されるため，射出成形と比較すると高剪断速度流動による配向等のトラブル・残留歪等の不安定要素もない。樹脂物性を射出成形と比較した例を**図７**に示す。

(3)　樹脂の種類

射出成形と同様に，難易度はあるが熱可塑性樹脂であればマイクロ波成形のプロセスに乗せ

Amolsys™ M シリーズ　仕様		
	M150	M300
外形サイズ	W190×D495×H430	W980×D719×H776
最大成形品サイズ	W150×D150×H50	W300×D300×H150
ドア構造	蝶番扉式	上下スライド式
マイクロ波出力	1 kW	1 kW×3
重量	25 kg	120 kg
放射温度計	上面１個	上面２個
電源	単相 AC100V 15A	単相 AC200V 30A

(a)　Amolsys M150

(b)　Amolsys M300

図５　光成形装置

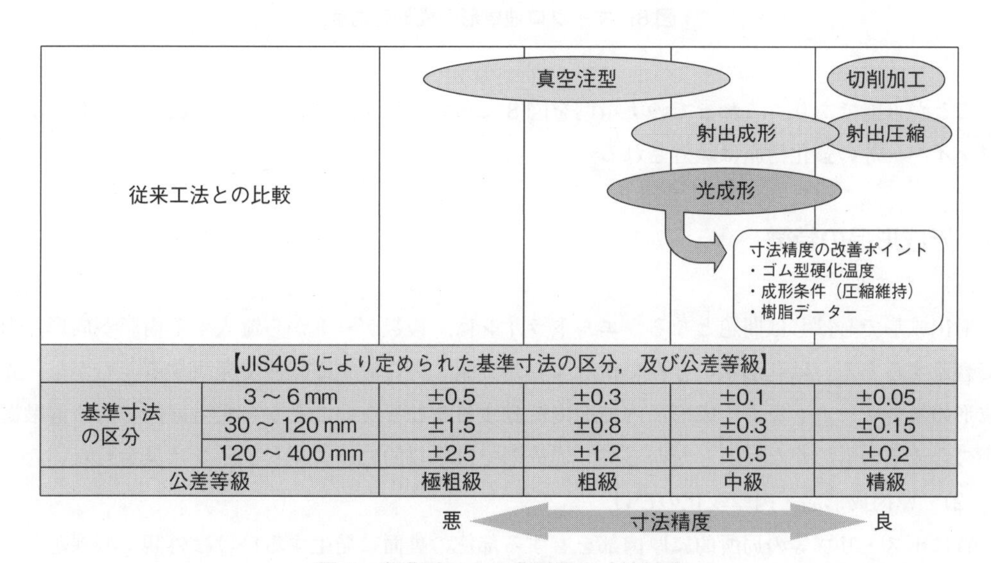

【JIS405 により定められた基準寸法の区分，及び公差等級】					
基準寸法の区分	3 ～ 6 mm	±0.5	±0.3	±0.1	±0.05
	30 ～ 120 mm	±1.5	±0.8	±0.3	±0.15
	120 ～ 400 mm	±2.5	±1.2	±0.5	±0.2
公差等級		極粗級	粗級	中級	精級

図６　光成形による成形品の寸法精度

(a)　光成形の ABS 樹脂物性（射出成形平板 TD 対比）

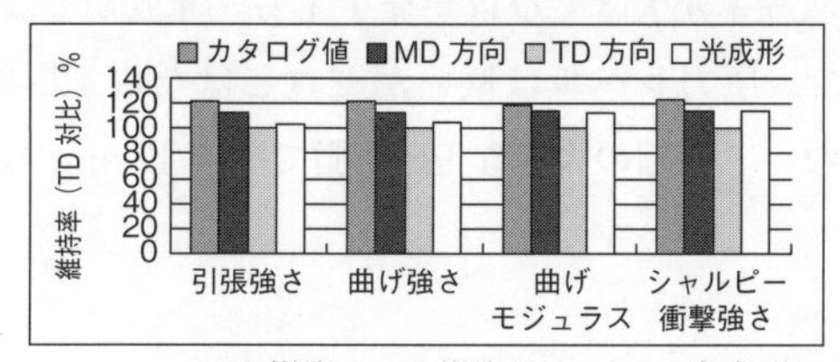

(b)　光成形の PP 樹脂物性（射出成形平板 TD 対比）

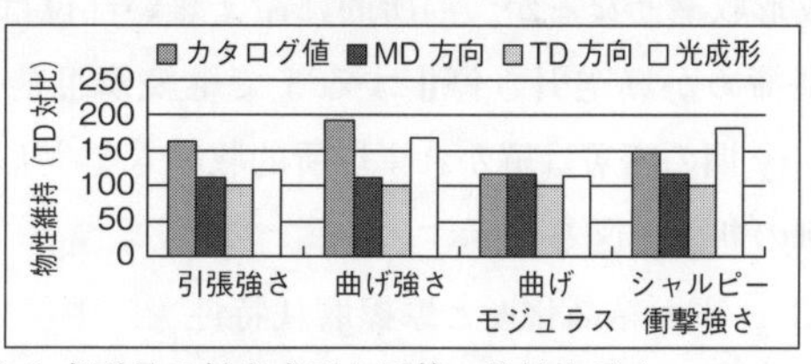

ABS 樹脂や PP 樹脂について，光成形による成形品は射出成形と同等の物性を示す。

図７　光成形と射出成型の物性比較

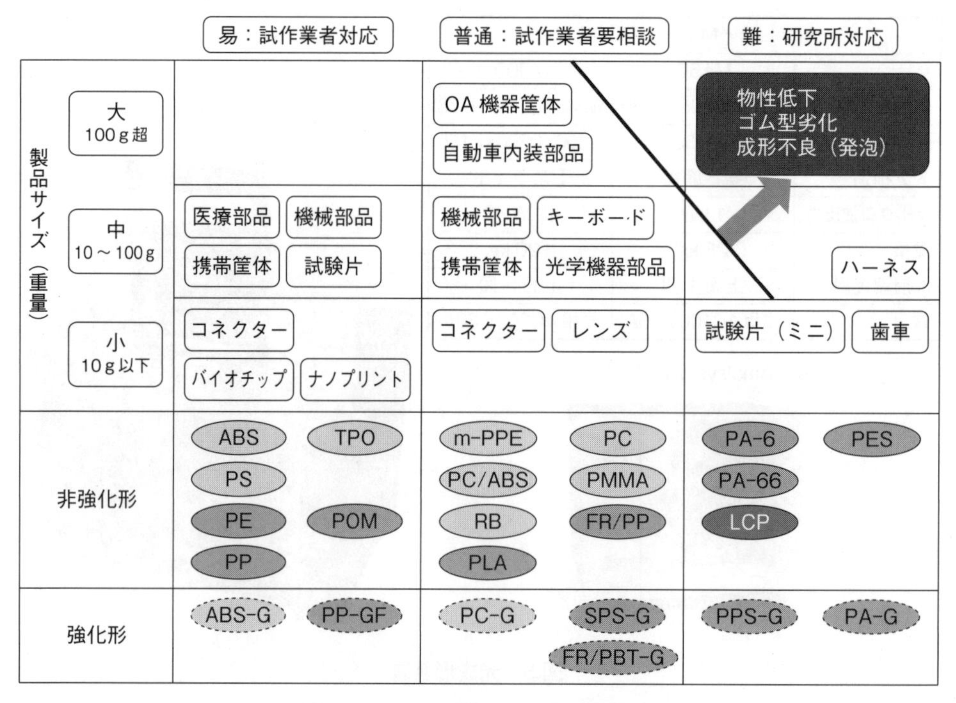

図８　マイクロ波成形の成形難易度

ることが可能であり，これまでの実績例を**図８**に示す。但し，マイクロ波で放電するカーボンファイバー等の強化樹脂は除外される。

8.　光成形品の特徴

(1)　ウエルド

射出成形でしばしば問題となるウエルドラインは，複数ゲートから流入する樹脂が成形品内で合流するあるいは孔形状の存在で樹脂流動が分流・再合流する位置で発生する。しかし，光成形の場合ゲートもなく，成形品内で面内流動することもないことから発生原因である溶融樹脂の合流そのものがない。したがって，光成形では本質的にウエルドラインは発生しない。

(2)　厚肉成形品・肉厚変化のひけ

特にボス・リブ等の局所的に厚肉部を有する部位の裏面に発生するひけは外観上の課題となる。射出成形におけるひけの発生メカニズムは，型内に圧力が残存している間は樹脂/金型は密着しているがゲート固化後の型内圧力は短時間で大気圧同レベルに達し，その後は密着が解かれ成形収縮となるが，局所的に冷え難い部位は収縮率が大きくひけが発生する。光成形では真空型締めが真空引き停止するまで継続が可能で，圧力レベルは低いがゼロとはならず樹脂/Cavity 間の密着は解かれず局所的収縮も発生しない。収縮の大きな PP 樹脂で厚肉 12 mm の成形例の断面を**図９**に示す。

(3)　表面結晶化度と摩擦磨耗特性

射出成形では結晶性樹脂は充填過程で低温 Cavity 面と接し急速に冷却して表層を形成するため，冷却速度が速く充分な結晶化が得られない。光成形では Cavity 表面のシリコーンゴム温度は樹脂溶融温度と等価で極めて高く冷却速度も遅いことから表面結晶化度が高い。動摩擦係数の大幅な低下や耐傷性の向上が確認されている。

(4)　透明成形体の残留歪

残留歪の判定の容易なPS樹脂の透明成形体の偏光フィルムによる複屈折の観察で射出成形との比較例を**図10**に示す。光成形では成形過程の剪断応力発生がないことと冷却速度が遅く充分緩和時間があることから残留歪の目安となる縞模様が観察されない。残留歪がないことは透明性成形体の光学特性に限らず，塗装・メッキ不良やストレスクラック等のトラブル改善に有効となる。

(5)　表面転写性（ナノインプリント）

熱可塑性樹脂の転写性は，型表面の温度と圧力に依存することが知られている。光成形ではシリコーンゴム型表面が樹脂の溶融温度と等価レベルになることで転写しやすいことが予測され，**図11**にはナノインプリント評価パターンのPMMA成形例を示す。数百nmレベルの表面凹凸構造の転写も確認され，低圧力であっても充分な表面温度であればナノサイズの転写が出来ることを示唆している。

図9　ひけ・反りなしの光成形品（PP樹脂：肉厚12 mm）

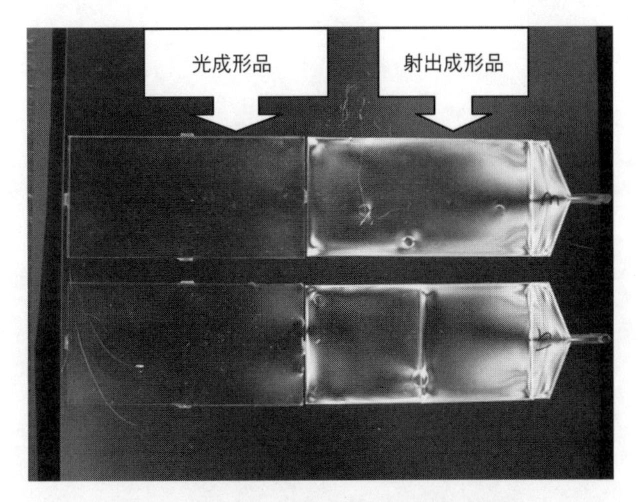

図10　光成形の無歪成形品（PMMA樹脂）

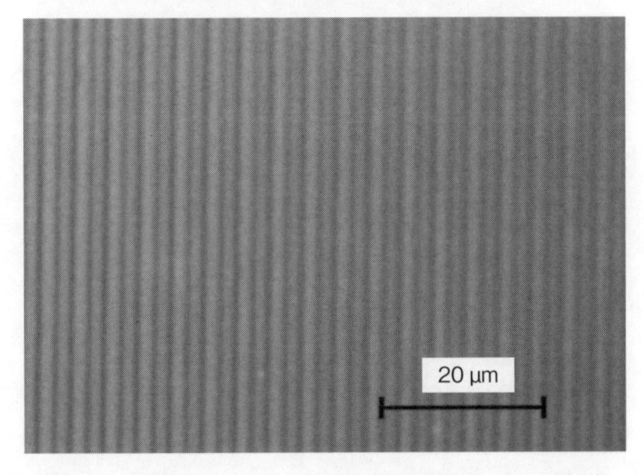

図11　光成形のナノサイズ凹凸転写表面（PMMA樹脂）

9. 今後の展開

マイクロ波成形は実物モデルの試作としてあるいは補償部品等の少量生産として活用されているが，射出成形では得られない高付加価値の成形品を得る新たな加工技術としても注目されつつある。この技術は粉末射出成形（Powder Injection Molding）のグリーン体成形にも適用が可能であり熱可塑性樹脂に止まらず，金属・セラミックスの成形体を得ることも確認され，医療分野への展開が期待されている。

第1節　NANOX キャップの試作品の製作

ライオン株式会社　中川　敦仁

1. はじめに

2012年の秋に上梓された『MAKERS-21世紀の産業革命が始まる』(クリス・アンダーソン著) に呼応したように生じたMAKERブームから2年余りが過ぎ，過剰な期待が抑えられ落ち着いて議論できる環境になりつつある。当初，一部マスコミの恣意的な取り上げ方もありMAKERSブーム，即ち3Dプリンタブームと矮小化して伝わった。だが，MAKERSブームの本質は企業体によらないモノづくり手法の拡大であり，企業内モノづくり人にとって自らの存立を脅かすムーブメントとなりつつある。その現れとして，今も新ビジネスの勃興期とばかりに利用者の裾野はネットを媒介に広がり，我が国の学校教育の中にも組み込まれつつある。これは組織から個へモノづくりの主体が移ろいつつあることを示している。

筆者は今回，自己の業務である容器開発の中で3Dプリンタを活用した設計プロセスについて記す機会を得た。本節では単に開発事例の紹介にとどまらず，導入の経緯，活用事例，活用に関わる業務運営のポイントなどについて議論を深めることで，企業内モノづくり人の目指すべき姿を示したい。

2. 包装容器設計プロセス

本論に入る前に筆者の行っている包装容器開発の概要について説明する。包装容器の起源はおそらくは食物の所蔵・保管・運搬・分配に供する器として生じたものであり，現代では内容物は食物に限らない。また，今日ではラベルなどによる情報の提供，使いやすさ，さらには省資源などの環境へ配慮することも求められている。

では，容器設計はどのように進められるのだろうか。以下にそのプロセスを記述してゆく。

2.1 初期プロダクトデザイン

まず新しい製品の企画が生じると初期プロダクトデザインが進められる。ここでは製品としてのあるべき姿が定められる。一部には機能的要素を含んだデザイン案が提示されることもあるが，多くは技術的な問題を考慮せず，いかに顧客満足を充足するか考慮した純粋に思想的なデザイン案である。別の捉え方をすれば，以降のプロセスは全て初期プロダクトデザインが提起した課題を解決するものである。

2.2 機能デザイン

前項と呼応して行われるのが機能デザインである。通常は初期デザインで提示された顧客価値を具現化するプロセスであるが，その具現化に長期間の検討を有する場合は，先行して行われることもある。一方で，慢性的顧客不満への対応などの場合には，このプロセスから製品企画，初期プロダクトデザインへ移行するケースも存在する。

2.3　製品設計

初期プロダクトデザインと機能デザインを融合させ，設計を行う。これにより実現の可能性がデザインとして提示され，同時に顧客視点以外での課題抽出の元となる。

2.4　量産化設計

製品設計で確定した形状を元に量産化を踏まえた設計を行う。このプロセスは，量産化設計の際に必要となる顧客以外の視点，すなわち包材生産，製品充填プロセス関係，流通・販売，廃棄・リサイクルなど各フェーズでの課題を抽出し修正を行う。

図１が一般的な開発プロセスとなる。

以上の各プロセスの中で，3D プリンタを活用した造形品はきわめて有効なツールとなる。特に製品設計以降に行われる，量産化にむけた課題抽出フェーズでは，各関係者が並行して業務を進めることで業務スピードの維持・向上を果たしている。このため，形状に関する共通認識を維持し続けることが特に重要である。

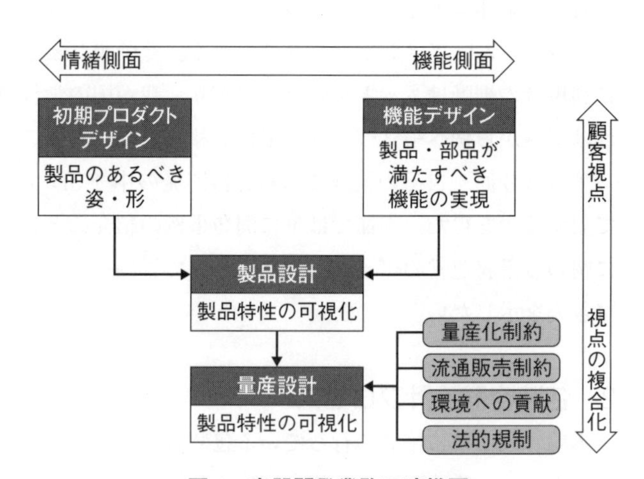

図１　容器開発業務の連携図

3. 包装容器設計の難しさ

多くの方々が「設計」という言葉で思い浮かぶのは「自動車」や「家電」であろうと思う。こうした製品では，主に顧客から見える部分をデザイナーが担当し，内部の機構を設計者が担当する。しかし容器においては，デザインと設計の線引きは担当箇所の違いではなく，業務プロセスの上流・下流の関係で分けられるものである。すなわち，初期プロダクトデザインにおいて「いかなる製品であるべきか」を定めるのがデザイン，定められたデザインを実際に生産・流通・販売・使用・廃棄（リサイクル）できるように詰めて行く作業が設計となる（**図２**）。

図２　容器開発における視点

こうした容器設計における難しさは，デザイン・設計で解決すべき課題が容器生産～廃棄・リサイクルに至るまでの多様な要求仕様に対し，多くても 2，3 の部品で構成された単一の設計仕様で対応しなければならないことである。

こうした複雑な課題を解決するため筆者の周囲にはデザイナー・3D 設計者・CAE 技術者・試作技術者など，モノづくりにかかわる様々な技能の持ち主が揃っている。筆者の使命はこうしたメンバーのパフォーマンスを生かしてよりよい容器を開発する「成果」を挙げることと，メンバーがより高いパフォーマンスを発揮できるよう「成長」を支援することである。

4. 包装容器設計の目指すものはデザイン価値の向上

4.1　デザイン価値を高める

当社ではデザイン価値の向上に注目している。BtoC（Business to Customer：個人顧客相手のビジネス）分野では，店頭で購入者である消費者の目を引き購入を決意させることがきわめて重要となる。当社はつくり手の意図を忠実に伝える佇まいをデザイン価値と定義している。すなわちデザインはそれ自身が目的ではなく，製品の意図を使用者に伝える手段であるとの立場である。

では，デザイン価値を高めるにはどうしたらよいのだろうか。

4.2　プロセスに着目する

筆者はソフトウェア開発手法のアジャイル開発に着目した。アジャイルとは使用可能なプログラムを，初期段階から作成しこれをユーザーとともに繰り返し試用しながら製品の品質を高める手法である。この手法では，機能だけでなく，ユーザーの課題も開発の進捗とともに精度を高めてゆく。プロトタイプソフトウェアの試用体験を通して，ユーザーも，自身の隠れたニーズに気がつくことになる。この手法は当社の目指しているモノづくりに共通点がある。「ユーザーはこういうものを望んでいる」といった言葉を聞くことがあるが，その根拠は曖昧な場合が多い。更に，着目している価値観しか見ることはできず，必要だが当たり前化してしまっていて日常意識していない重要な価値観を見落とすこともある。そこで当社では，設計～試作～評価までのプロセスを短縮することで評価サイクルを増やし，さらにプロトタイプを実際の使用者に使ってもらうことで，課題をより明確に把握し，解決策の精度を高めることを目指した。具体的には，3D-CAD の変更，CAD を専任で扱う技能派遣社員の雇用，3D プリンタの導入などの施策などである。当社では 2007 年にポリジェットタイプの 3D プリンタを導入し，主に射出成形で製品を成形する包装物品の試作に活用を始めた。

5. 3D プリンタを活用した容器開発事例

ここからは 3D プリンタを活用した製品開発の事例を示す。

5.1　トップ NANOX ノズルキャップの開発

2008 年当時，当社は超濃縮液体洗剤を開発していた（この製品は 2010 年にトップ NANOX（以下 NANOX）として発売された（**図 3**））。NANOX は，当社が植物油脂から独自触媒で製造した界面活性剤 MEE（メチルエステルエトキシレート）を採用した超濃縮液体洗剤である。従来洗剤の半分の量で洗浄することができ，すすぎも１回でよいため節水・節電に貢献できる。容器は小さくて省資源であるのに加え，輸送効率は従来洗剤の2.4倍にも達する，新時代のエコ洗剤である。

NANOX の開発においては，新時代の超濃縮洗剤のスタンダードとなる容器デザインを求めていた。そこで，ボトル，ノズルキャップ，計量キャップのいずれにおいても，従来の洗剤には見られない新しいカタチを初期プロダクトデザインとして追い求めることとなった。一方で，機能デザインとしては，従来の液体洗剤では解決しきれていなかった生活者不満の解決や，高粘度で少量の液体を取り扱う際の不具合の対策などを中心に設計目標を定めた。

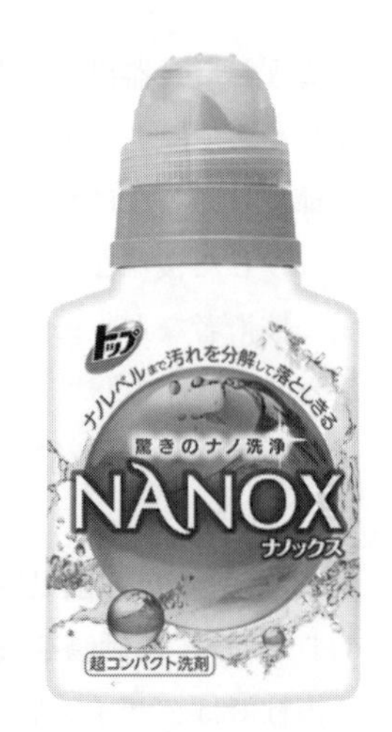

図３　トップ NANOX

5.1.1　提供価値の設定

上記方針の元，各々のパーツ開発を推進した（**表１**）。結果，いずれのパーツにおいても当初目標を達成する設計を実現したが，本項では特に3Dプリンタ活用が開発に貢献したノズルキャップと計量キャップを中心に説明する。

(1)　液ダレ現象とは

前項で定めたノズルキャップにおける提供価値である，「液ダレ防止」の液ダレ現象（**図４**）について説明する。ノズルキャップは本来の内容液が流れるノズル部と，使用後の計量キャップを螺合した際に計量キャップから滴る残液を回収する液回収部から構成されている。液ダレとはこの液回収部から液が誤排出される現象を指す。計量時には計量キャップに液を計り取るが，その際，計量キャップはノズル部に近接して配置されるため，液回収部からの液を計り取ることはできない。結果，そのまま落下するか，ノズルキャップ外周部を伝わって最終的にはボトル壁面部に付着することになる。この時，使用者がベタついた感覚をもったり，ボトル外周部液表面にハウスダストが付着して不衛生な印象を与えたりするのである。

表１　パーツ開発の当初目標

パーツ	初期プロダクトデザイン	機能デザイン
ボトル	・超濃縮洗剤としての魅力を伝える小さなカタチとしてのキューブ型 ・小さなボトルでも，多くの情報を伝えられるシュリンクラベル	・詰め替え操作時にボトルが安定自立する ・把持しやすい
ノズルキャップ		・粘度の高い液でも液ダレしないノズルキャップ ・素早く，安心して詰め替えられる ・液量が制御しやすい
計量キャップ	・従来洗剤とは一線を画したことを一目で伝えるラウンド型	・ラウンド型であっても自立する ・多様な計量容量に対応する

(2)　液ダレ現象の原因を探る

では，液ダレする「液」はどこから来たのであろうか。その由来は概ね以下の二つである。

①　排出時のノズル先端部残液または計量キャップ内残液

②　詰め替え操作時の残液

超濃縮洗剤では概して液粘度が高くなるため，狭隘な領域に液が残留しやすくなるため。液ダレへの対策は重要な設計課題であった（**図5**）。

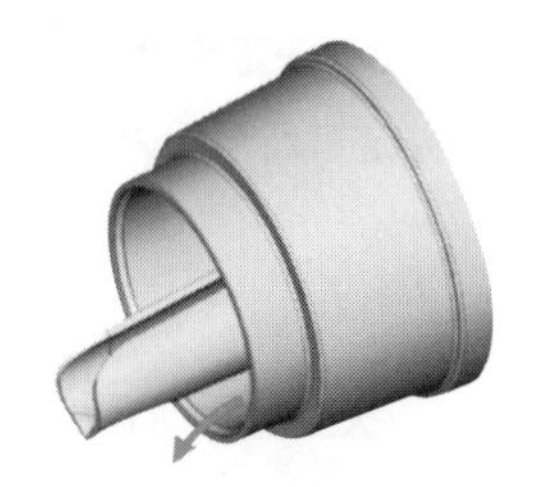

図４　液ダレ現象

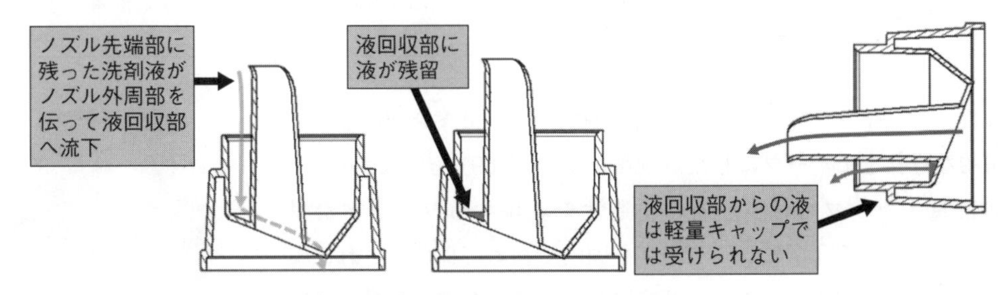

図５　液ダレ発生のメカニズム

5.1.2　設計検討

液ダレ現象解明を進めてゆく中で，早くも3Dプリンタの効果が現れてきた。こうした現象を観察する場合，通常は射出成形物そのものを活用し行われる。しかし，ノズルキャップは複雑な構造であるため，上から覗き込むだけでは液の残留具合を視認することが難しい。そこで，筆者たちは透明材料を用いることで内部の残液を確認することにした。また，さらには半分にカットしたモデルを使うことで，キャップの中を流下する液の流れを確認することができた（**図6**）。

図６　残液確認モデル

現象を理解できることで，様々な対応策が考えられた。特に，現象を手軽に再現・可視化することができたため，直接の担当者だけでなく周辺メンバーを含めて理解が進んだことが，多くのアイデアを生み出す原動力となった。こうした検討の結果，延べ90個以上のサンプル製作・評価が行われ，ついに今までに見たことの無いNANOXキャップを生み出すことができた（**図7**，**図8**）。

図７　トップNANOX 3Dプリンタ試作物

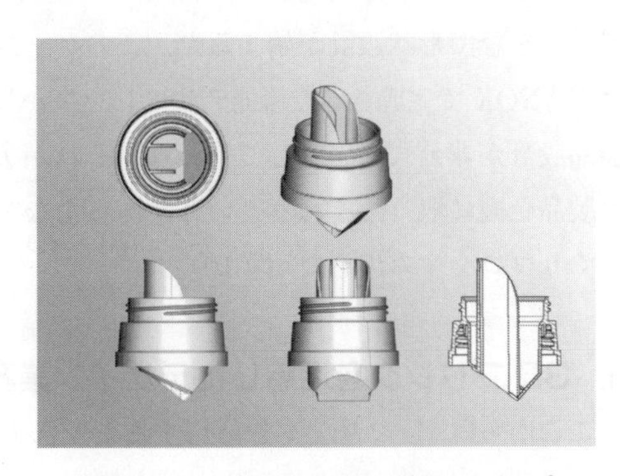

図８　トップNANOXノズルキャップ

5.1.3　決定設計形状

確定した形状のポイントは表２の通りである。

表２　形状のポイント

大型のノズル内筒	・ノズル前側の液回収部を可能な限り小さくするため ・ノズル後側の壁面に残留した液の，計量排出時ノズル前への回りこみ防止
ノズル内流路制限フィン	・大型ノズルでも液量をコントロールできるよう流路を狭隘化
ノズルキャップ底形状の変更	・液回収部からボトル内部への流下速度を高めるため底面角度を大きくした

また，計量キャップにおいても，20 個以上の設計案を作成し，近未来的な球体をモチーフにした計量キャップ（図９）を完成させた。この計量キャップでは，洗剤の先進性を表現するラウンド計量キャップの計量線印字にレーザ印字を国内で初めて採用。これにより計量線を３本印字することが可能になり，様々な洗濯物量に対応した。

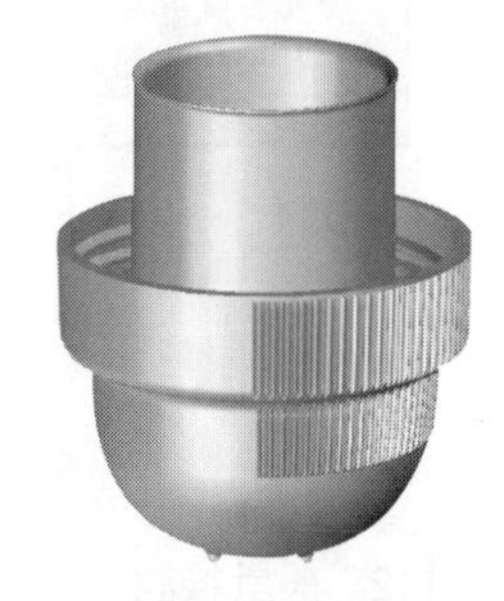

図９　トップ NANOX 計量キャップ

これ以外にもボトルデザインにおいても幾つかの工夫を凝らし NANOX の本体容器デザインは完成した。なお，この容器は 2010 年度のグッドデザイン賞と木下賞を受賞した。その後，計量キャップに関してはより開け易い形を目指して形状変更し 2013 年に改良発売した。

5.2　ソフラン Aroma Rich ノズルキャップの開発

NANOX キャップの開発後，別のチームのメンバーが，NANOX キャップの設計ポイントを流用しつつ，曲線的に構成することで蕾モチーフのノズルデザインを提案した。このキャップはその優美なモチーフから柔軟剤に好適との社内評価を勝ち取りソフラン Aroma Rich への採用が決まった。本来であれば，製品企画，初期プロダクトデザインを経て形状設計が始まるが，このケースでは NANOX で完成された機能デザインを生かして製品設計が非公式に先行して行われ，それが実際の製品企画に取り込まれるという，あらたなモノづくりプロを生み出した（図 10）。

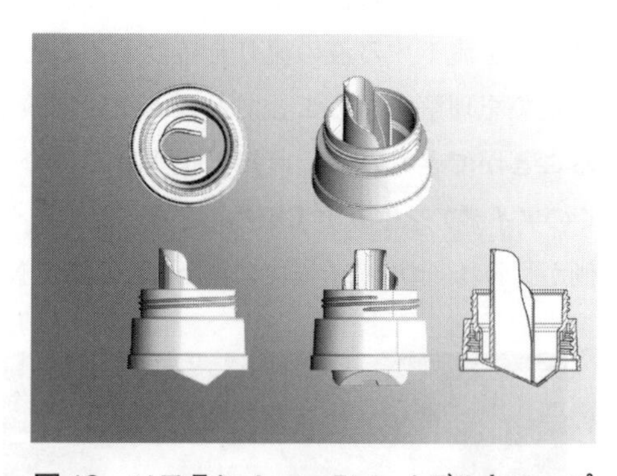

図 10　ソフラン AromaRich ノズルキャップ

6.　3D プリンタを活用したデザイン業務

ここからは 3D プリンタを活用することによって生じた様々な変化を総括する。

6.1　試作製作工数の伸張

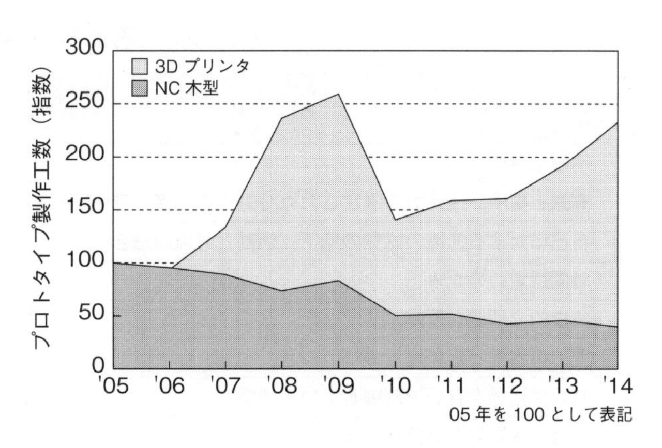

図 11　試作物製作工数推移（指数表記）

3D プリンタ，とくに当社が導入したポリジェットタイプのものは，材料費・保守費などランニングコストが大きく，費用対効果についての検証が必要である。そこで筆者らは試作物製作業務をすべてデータベース化し，その工数の推移を可視化している。**図11** に 2005 年からの試作物製作工数指数（実数ではなく 2005 年に対する指数表記）を示す。導入前後での試作物製作は飛躍的に増大した。これには「Build to Think 先ずつくって考えよう」をスローガンに掲げ，とにかくアイデアを形にし，議論することを目指した結果である。

6.2　設計（業務）領域の拡大

従来の開発業務においては，射出成形物の試作方法がなく設計確認が困難であったため，通常のケースにおいては容器メーカーと共同で開発することが必要であった。このため，開発経験の豊かな容器メーカーのノウハウが活用できる利点があるものの，知的財産権の独占ができず他社との差別化が難しい状況であった。特に本節で論じたノズルキャップ・計量キャップにおいては，NANOX が初めての単独開発となった。これには 3D プリンタによって短時間に形状検証が可能になった点が大きい。結果，複数の特許出願を経て，当社独自の新ノズルキャップを確立できたと考えている。

6.3　より挑戦的なマインドを醸成する

前項で論じた 3D プリンタによる短時間の形状検証は，開発担当者により挑戦的な開発マインドを醸成した。従来の金型を用いた検証サイクルでは，1～2 ヶ月の時間と数十万円の費用が生じていた。このため，開発の限られた時間の中では数多くのアイデアを並行検証することが難しく，結果として過去の実績に重きを置く保守的なマインドで開発することが多かった。しかし，3D プリンタを活用することで，考えられる限りのアイデアを検証することができるようになると，開発途上で第 2・第 3 の策，すなわち抑えの設計案が常にあることになり，より挑戦的な開発マインドで設計を進めることができるようになった。

さらに，こうした挑戦的な開発マインドは事例で紹介したソフラン AromaRich でも見られたように，担当者間での競争・競作といった効果も生み出した。

6.4　マインドがスキル・アウトプットを伸ばす

3D プリンタがもつ魅力を示すエピソードがある。

NANOX のノズルキャップ開発担当は CAD 操作ができないメンバーであった。しかし 3D プ

表３　フロー現象構成要素

構成要素	3D プリンタが関与・強化できるもの
明確な目的	○
専念と集中，注意力の限定された分野への高度な集中	
自己に対する意識の感覚の低下，活動と意識の融合	
時間感覚のゆがみ	○
直接的で即座な反応	○
能力の水準と難易度とのバランス	
状況や活動を自分で制御している感覚	○
活動に本質的な価値がある	

リンタによるアイデア検証サイクルの有利性にいち早く着目し，CAD 操作ができるメンバーとともに数多くのアイデアを試していた。その後 CAD 操作を担当するメンバーが別の業務に集中し，NANOX 開発への支援がやや疎かになることがあった。このとき，CAD 操作ができなかった担当者が独学で CAD を覚え設計を行った。

このエピソードが示すことは，自分のアイデアを形にして試すことが，単純に楽しいということである。その楽しさゆえに CAD をマスターするという障害を乗り越えるだけのマインドをもつことができたといえる。実はこうした「夢中」は社会学的研究対象であり「フロー現象」と呼ばれるものである。フロー理論の提唱者チクセントミハイ（Csíkszentmihályi Mihály）博士は，フロー現象の構成要素を**表３**のように定義している。

3D プリンタは，デザイン・設計の良し悪しをスピーディかつ明確にデザイナーや設計者にフィードバックすることができる。いったん，ダメ出しされた設計案でも，翌日には修正したデザインで再評価にチャレンジすることができる。こうした感覚は，デザイナー・設計者の自発的行動を促し，より良いアウトプットに向け改善を進めることに繋がっており，結果として自発的行動のできるデザイナー・設計者へと「成長」を遂げることとなったと考えている。

6.5　アイデアを繋ぐ―アドバイスを引き出す

3D プリンタには，アイデアを引き出す効果もある。Displayed Thinking（思考過程を提示すること）という手法である（**図 12**）。

3D プリンタで作成したサンプルを机の上においておくと，意外に多くの意見を引き出すことができた。多くのベテラン技術者はアドバイスをしたいのだが，そのタイミングが現代のオフィスでは掴みにくい。実際に手に取ることができる試作物を前にすると自然に議論が生じ，知識背景の異なるメンバーからのアドバイスやアイデアの提供がなされてゆく。NANOX 開発においてもしばしば見られた光景である。

図 12　思考過程の提示

6.6　試作物の精度がもたらす錯覚

一方で 3D プリンタを用いた開発プロセスには，気をつけなければならない点がある。その一つが試作物の精度が高いために生じる開発フェーズの錯覚である。本来はアイデアの基本モデルとして作成した試作物が設計者の意図通り機能した場合，設計者は試作物のもつ些細な課題の修正に集中することがあった。開発フェーズの初期であれば，課題に対し複数の解決方策から設計を進めるべきである。したがって，一つのアイデアの最適化作業は戒めなければならない行為となる。これを防止するために筆者らは MindMap による設計検討状況の可視化を行っている。このアイデアの枝の広がりから自らの業務推進状況を振り返ることで，無用な設計のつくりこみを防止している。

7. まとめ

3D プリンタを活用したモノづくりに関して，筆者の体験した事例を紹介してきたが，最後に今後の 3D プリンタを取り巻く環境に対する私見を述べさせていただく。

3D プリンタやその前後を担うシステムはほとんどが海外製のものである。3D プリンタの基礎技術が国産技術であったにせよ，現状は厳しい。こうした海外製のシステムを国内の企業ユーザーが使いこなすノウハウはシステム開発企業を通じて流出してしまっているのが現状である。日本人ならではの細やかさをもった国産システムの登場に強く期待する。

一方で自らの手を動かして考えることを忘れてはならない。3D プリンタを用いたモノづくりは精度も高く，スピーディで楽しいことではある。だからこそ，敢えて手を動かすことを忘れてはならないのだ。3DCAD から 3D プリンタへと進むモノづくりでは，データや論理の整合性が求められる。だが，イノベーションに求められるのは，現状の延長からの離脱であろう。筆者はポンチ絵やスケッチ，手づくりモックのもついい加減さが，我々の論理に飛躍を与えてくれることを期待している。

文　献

1）段ノ上智子，and 中川敦仁：超コンパクト洗濯用液体洗剤ボトルの人間工学的設計（第 48 回全日本包装技術研究大会）―（食品 / 生活者包装部会）. 全日本包装技術研究大会 48 261-265 (2010).
2）中川敦仁：容器開発における CAD/CAE 活用の現状と未来（特集 CAD/CAE）包装技術 48.11，836-842 (2010).
3）中川敦仁：設計現場における 3D プリンター活用（特集 3D プリンターによる生産革命に期待する）*O plus E*：*Optics*・*Electronics* **36**.1 44-49 (2014).
4）ミハイル・チクセントミハイ：フロー体験 喜びの現象学 91-118 (1996).

第2節　建築のデジタルアーカイブと3Dプリンタによる検証模型の制作

千葉大学　平沢　岳人

1. 建築構法とデジタルアーカイブ

当研究室は建築構法を専門分野としている。一般の方にはなじみのない用語と思われるので簡単に説明しておくと，建築構法とは，建築を構成する部分とそれらの接合方法を対象とした学問分野である。

当研究室では歴史的に価値の高い建築物をデジタルアーカイブ化する試みを継続的に実施している。デジタルアーカイブ化の成果物としては建物を構成する部材の正確な3D形状データが得られれば十分であるが，精緻なスケール模型を作成してより直感的な検証手段を採り，検証終了後も建築学科の学生向けの教材として再利用も図っている。

本節では，当研究室での建築物のデジタルアーカイブ化で経験したいくつかの知見について紹介したい。

2. 精緻なスケール模型によるデータの整合性検証

建築構法の研究における3Dプリンタの利用方法として，建築を構成する部材をできるだけ正確に3Dプリントすることがあげられる。3Dプリントしたそれらを実際に手に取って，建築構法で特に関心のある部材の納まりを検証できる。

当研究室では3Dプリンタの導入以前から，CNCフライス盤を用いて部品を出力し納まり検討を行っていたが，CNCフライス盤では制作が困難あるいは不可能な，ポケット形状や入隅(いりすみ)部の形状に対して，3Dプリンタなら容易に対応できそうに思えた。異なる出力装置での違いの確認も念頭に置きながら，五重塔の初重と五重をそれぞれCNCフライス盤，3Dプリンタで分けて出力してみた(**図1**)。これからの3Dプリンタに期待する進歩については最終項で述べることにするが，現在の3Dプリンタの得手不得手，フライス盤との比較についてはしっかり把握できたように思う。

(a) CNCフライス盤による初重　　(b) 3Dプリンタによる五重

図1　五重塔模型の比較

3. デジタルアーカイブ化のワークフロー

当研究室でのデジタルアーカイブ化のワークフローは**図２**に示すとおりである。特に特徴的なのは，市販の3DCADをそのまま用いるのではなく，主として部品形状の生成に関してスクリプト言語を用いたカスタマイズを行っているところである。様々な建築構法の中でも伝統木造構法を対象とする場合，多用される曲線曲面，複雑な継手仕口など，建築構法的な正確さを必要条件とするならば，カスタマイズなしのつるしの3DCADを用いてのモデリングはほとんど不可能である。簡単な事例を示すと，**図３**のように，接合部の正確な形状は複数部品相互の関係性から導かれるが，**図４**に示すように建築物の場合は数千～数万の部材の集合体であるので，局所的な正確さを追求した後に全体の整合性も維持したままとするためには，部材間のパラメータのやりとりが要求され，必然，カスタマイズが必要となる。

このカスタマイズの詳細に関しては，文献1)を参照されたい。また，カスタマイズに用いるプログラム言語の具体的な教科書は，文献2)として市販されている。

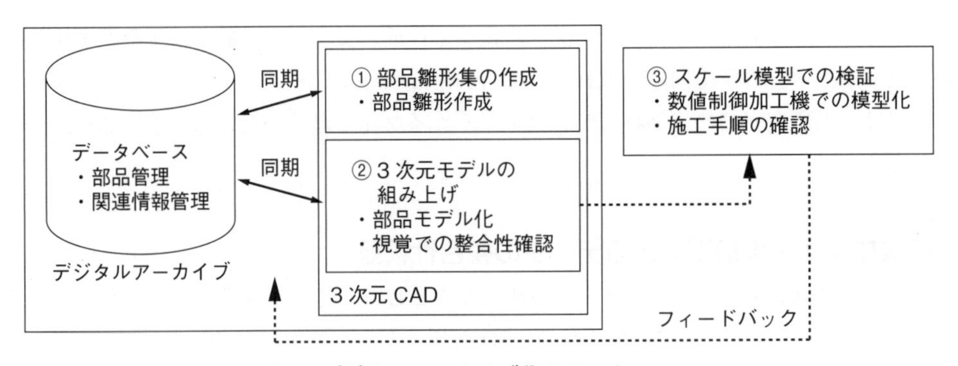

図２　デジタルアーカイブ化のワークフロー

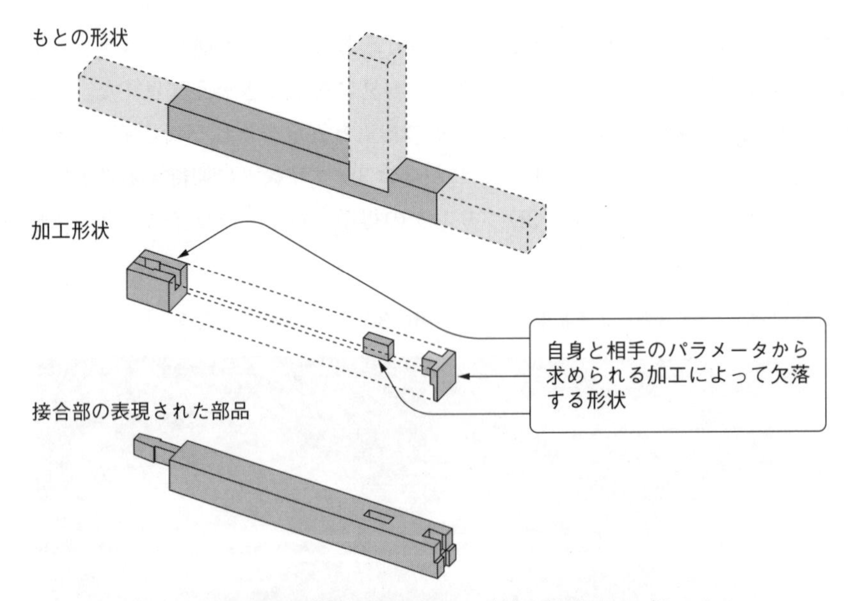

図３　部品相互の情報のやりとりで寸法が決定するパターン

※口絵参照

図４　姫路城の屋根隅部の構成

4. 3D プリンタでの出力に関する調整と工夫

各部材の形状データができれば，それらを STL フォーマットで 3D プリンタのソフトウエア（ドライバ）に渡せば，各部品の出力が得られる。後は出力した部品を組み立てるのみである。

ところが，数百～数千の部品数となれば，単純に 3D プリントして組み立てるだけでは済まされない問題が発生し，また，その問題に対しての対処が必要になる。これらの問題に関して詳細に述べる。

4.1　組立による誤差の累積

たとえば，**図５**に示すような，伝統木造屋根部の三手先を考える。この部分は，大斗（だいと）や巻斗（まきと）と呼ばれる短い部材と，肘木（ひじき）と呼ばれる細長い部材が，何重にも重なって複雑な意匠を構成している。これらの部品は単なる装飾ではなく構造的にも重要であり，この上に伝統木造建築意匠の生命と言ってよい屋根部の部材が載ってくる。つまり，部品単独では気にならない誤差も，**図６**に示すように，累積された結果の運が悪ければ，後続の部材が納まらないことになりかねない。

当研究では，模型の資料性を考えて，経年変化が少なく比較的強度もある ABS 樹脂を使用する 3D プリンタを採用している。当研究室の機種（Stratasys 社，Dimension）の場合，分解能は 1/100 インチ≒0.254 mm である。ABS 樹脂系の 3D プリンタの分解能は優秀な場合でも 0.1 mm 程度であり，模型のスケールにもよるが，例えば建築であれば 1/10～1/30 程度のスケールを選択することになるので，実寸ベースで考えると誤差は mm 単位で変動することになる。元々のデータの精度はその 1/1,000 以下で正確なので，模型であっ

図５　伝統木造の三手先の構成と分解図

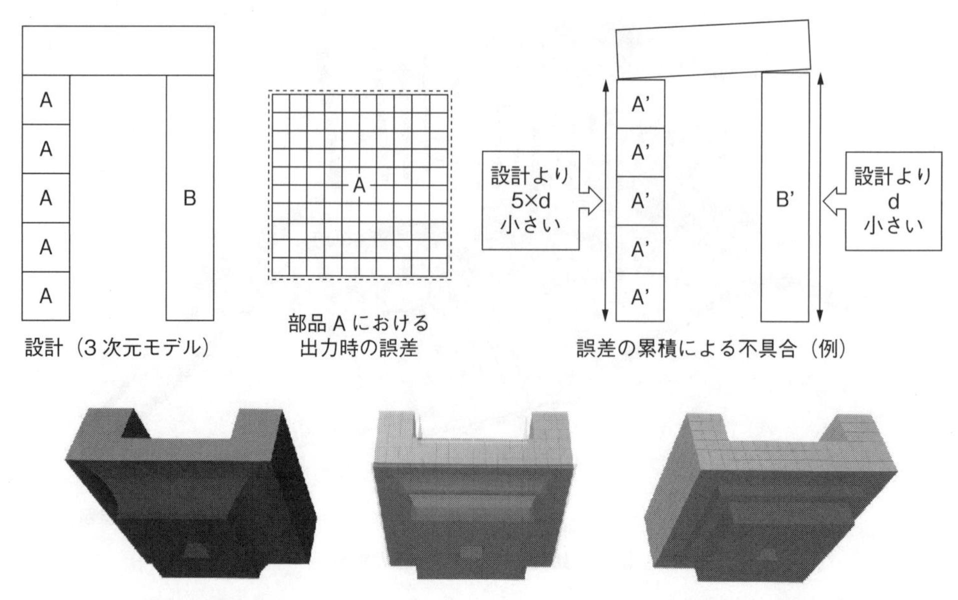

設計上のモデル形状（左）と実際に3Dプリントされる形状（右）の重ね合わせ表示（中）

図6　誤差の累積3Dプリント成果物への影響

ても組立時の細かい調整が必要になり，調整しなければ全体として組み上がらないか，隙間の生じる場所がある，全体として形が崩れている，のような情けない状態に陥ってしまう。調整は，3Dプリンタに渡すデータに手を加えて再出力するか，出力されたパーツに対して手作業で加工するかになるが，時間，費用の観点から，後者の調整法を採ることが多い。そのようなポスト加工で模型を組み立ててはデータの整合性確認には不充分ではないかとする意見もあるだろうが，それは程度問題であり，現実の大工の仕事を観察しても，あらかじめ刻んだ部材を現場合わせで再度刻んで調整することは普通に行われているので，誤差分の修正程度であれば問題はないと考えている。もちろん，形状がそもそも間違っている場合には，修正して再出力することで対応することになる。

なお，ABS樹脂が手作業でのポスト加工に向いているとは言い難いため，微調整といえども苦労させられることが多い。耐久性の優位性からABSを採用しているものの，より取り扱い易い新素材の登場に期待するとともに，プリンタそのものの分解能の向上にも期待したい。分解能が向上すれば手作業による微調整の機会も大幅に減ると思われる。

4.2　多数の部品の管理

これまでに制作したデジタルアーカイブでは，部品数の最も多いものは法華経寺五重塔（重要文化財・千葉県市川市）で，主たる構造部分の部品数でおよそ7千個であった（**図7**）。非構造の部材を含めれば1万個を超えると思われる。このように，建築構法的観点からのデジタルアーカイブ化では，部品数がとても多くなり，これらを3Dプリンタで出力する場合にも工夫が必要になる（**図7**）。

3Dプリンタの造形エリアに余裕がある場合，複数の部品を並べて一度に多数の部品を出力すると時間効率が良い。ただし，形は相似だが寸法が微妙に異なるなど，区別できない部品が一度に多数出力されることも多く，部品の同定が難しくなることがある。出力された順番に組み立てられる場合はよいが，消耗品のコストや剥がした部品跡の清掃の手間を考えると，時間短縮の観点からも合理的な出力方法とはいえない。

この問題への対応として，出力する部品の配置マップを作成する，ステージを複数用意して部材を取り付ける寸前までステージ上に置いておけるようにする，などの方法で対応できる。**図8**に一例を示す。3D プリンタの構成によっては，ステージを複数用意するのが容易でない場合もあるので万能ではないが，合理的な対処方法であると思う。当研究室で使用している Stratasys 社の Dimension シリーズでは，この方法が採用できた。

しかし，一度組み上げてしまえばそれで良い場合ばかりではない。施工手順を確認したり，教材的活用として分解組立を何度も試みる場合には，部品を一意に分別できるシステムが必要になる。これへの対応としては，3D プリンタから出力された直後のステージ上に載ったままの部品に，先の配置マップを参照しながらバーコードを張り付け，後の再利用でも部品の ID を検出できる仕組みを実装した。**図9**に本システムで組立支援をしている様子を示す。システムで部品同定システムとしては ID を与えその情報を読み出せればよいので，バーコードではなく，RFID を用いることも可能であろうし，バーコードそのものをプリント時に印刷しても良いだろう。現状の 3D プリンタでは付加機能として認知されていないと思われるが，我々のような使い方では是非とも欲しい機能である。

図７　五重塔構造部全景

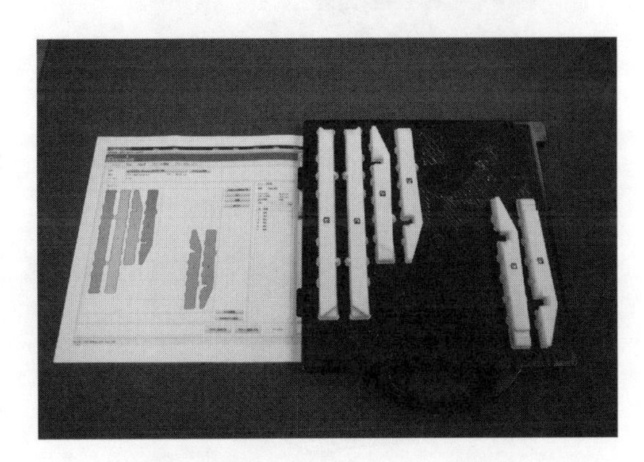

図８　配置マップとステージ出力

5. その他の建築学的活用事例

当研究室では 3D プリンタをデジタルアーカイブ研究のためだけに利用しているのではなく，実験に必要なオリジナル機材の制作や，模型というよりは実際の建築のスケールに近い試作検証の一部パーツの制作にも，積極的に活用している。

図10は特殊なセンサを組み込む必要性のために，市販のヘッドマウントディスプレイをそのままでは使えないことから，一部の部品を流用しているものの，筐体部分のほとんどを再設計し 3D プリンタで出力した部品で構成したものである。

また，**図11**に示すような特殊な構造物の制作にも 3D プリンタが使われている。図 11 では，外観では金属光沢の部材のみしか見えないため，3D プリンタ出力によるパーツが使われているようにはみえない。しかし，実際には極めて重要な役割を担うパーツを 3D プリンタで制作し

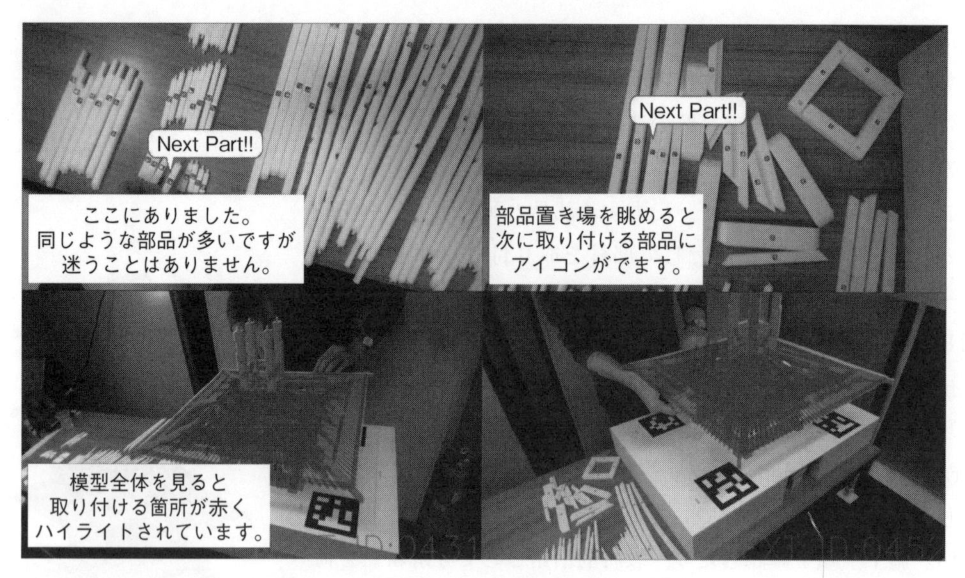

図９　バーコードによる組立支援システム

(a) タブレット端末を用いたHMD

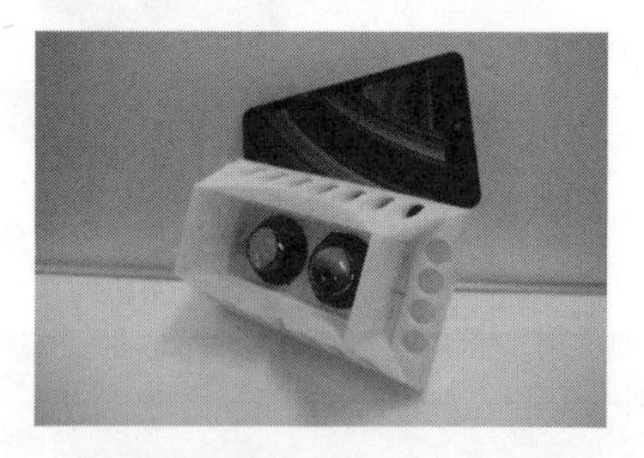

(b) ２つのスマートフォンを用いたHMD

(c) 高詳細液晶ディスプレイを用いたHMD

(d) 流用したOculus Riftの接眼レンズマウント

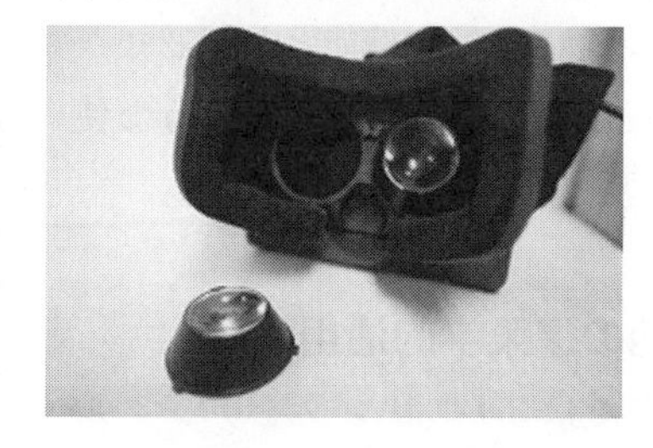

図10　特殊センサ組込みのオリジナルヘッドマウンドディスプレイ

ている。この構造物はテンセグリティといわれる構造物で，設計および施工はいずれも難しく，建築で用いるには難しいものである。特にこの例は，テンセグリティで自由曲面を構成する試みでもあり，設計および施工にはより高度な技術が必要となった。金属製のパイプの端点に細い金属棒が接合

図11　テンセグリティ構造物

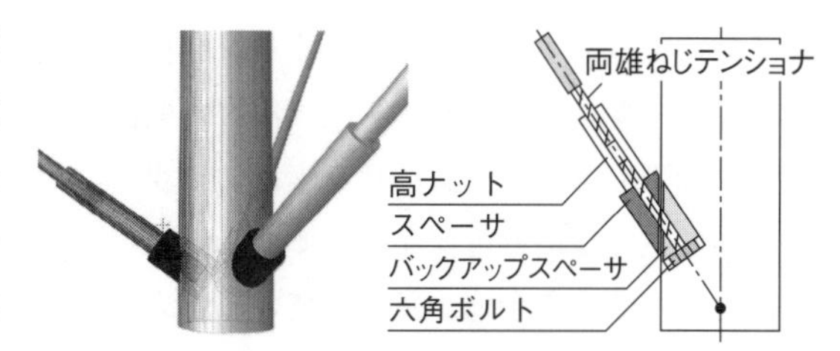

図 12　テンセグリティ圧縮機の端部（左）とその納まり図

されているが，金属パイプの長さも，金属パイプの端部に取り付く金属棒の挿入角度も，部位毎に全て異なり同一の納まりがない。これまではこのような構造物をつくることは大変難しかったのであるが，設計に関してはコンピューテショナルデザインの手法を用い，また，制作に関しては3Dプリンタで多品種少量生産（この場合は単品生産が正しい）に適応することで，実現にこぎつけた。具体的には，**図 12**，**図 13** に示すスペーサおよびバックアップスペーサと呼ばれる部品を3Dプリンタで出力している。一目見ただけではどれも同じ形，同じ大きさに見えるが，実際には全てが互いに異なる。このスペーサを計画どおりに正しく配置することで，テンセグリティを制作することができ，また，全体の形状も設計どおりとすることができた。

図 12 から，このスペーサには大きな応力が掛かることが見てとれるだろう。ABS樹脂は強度の点では比較的優秀であるが，この用途には充分でなかったようで，施工中の加力超過で破壊に至ることも多かった。また，長期間の展示期間中，自重によるクリープ変形から破壊したものもいくつかある。金属素材による3Dプリンタであれば，このような問題にもたやすく対応できると考えられるし，実際の建築物の構造部に使用する部品であれば金属素材による出力が求められるはずである。金属素材の3Dプリンタはまだまだ高価で，建築部品の製作にはコスト面で折り合わないが，低廉化が進めば応用分野としての実建築の部材製造はたいへん有望である。

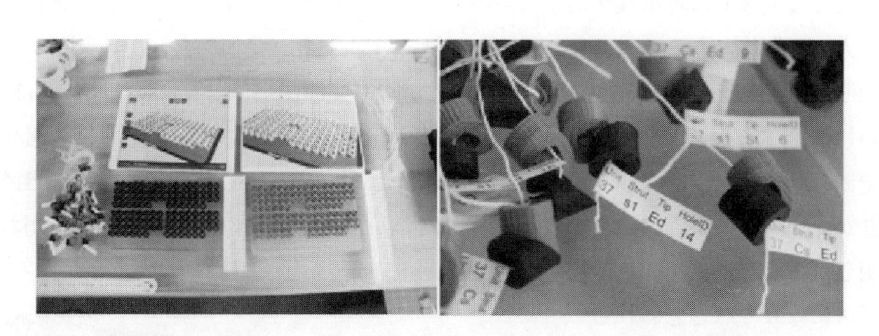

図 13　大量のスペーサ一括出力（左）と ID ラベル付けの様子

6. これからの3Dプリンタに求めること

建築構法の研究の一環として3Dプリンタを活用してきた。これまでの経験から，これからの3Dプリンタに求めたい機能に関して取りまとめて本節を閉じたい。

6.1　素　材

素材に関しては，大型の模型制作という観点からは，現状ではABS樹脂が一番の選択になると思われる。ただし，比較的大きめの部品を出力すると変形する傾向が強く，無造作に出力するだけでは必ずしも満足できる結果を得られない。これからの期待としては①歪みなどが生じにくく，②強度があり，③湿度などの要因で変質せず，④クリープ変形もおこさず，⑤出力後の手加工も容易，を満たせる素材の出現に期待したい。特に③④は，模型の長期利用，長期保存の観点では最も重要な属性である。また，最終成果物ではないが，サポート材料に関してもまだまだ改良の余地が残されていると思う。ポスト加工の手間と時間をできるだけ削減できるものが望まれる。

前項で建築分野での金属部品に対するニーズに触れた。現時点では手軽に使えるようなコストではないが，コストが大幅に低減されれば，実際の建築物に使われることも充分にあり得るだろう。建築では全てを汎用品や標準品で賄うことは難しく，一回限りの特殊な部品をオーダーメイドすることも多々ある。このようなケースで金属素材の 3D プリンタが活躍できそうである。また，標準品であっても，建築の寿命は長く補修部品の在庫管理はコストがかかる。製品データを適切に管理できさえすれば，3D プリンタで再出力することで対応することも可能だろう。今後の低廉化が待ち望まれる素材である。

6.2　解像度とソフトウエアの改良

現状の技術では，3D プリンタは離散値しか取り扱えない。したがって，できるだけ解像度を大きくした方がポスト加工を必要としないで済むと思われる。比較に用いた CNC フライスマシンでは，ソフトウエア分解能が 0.01 mm であったので，10 倍良好な精度で出力できた。その結果，ポスト加工の頻度はフライスマシンの方が断然少ないし，ポスト加工が必要な場合でもフライスマシンの切削に適した素材は手作業でも扱いやすい。この経験から，ABS 樹脂並の物理属性で 0.01 mm 程度の分解能を実現できれば，多数の小部品を組み合わせて全体を構成するような用途では飛躍的に可用性が高まる。さらに手作業のポスト加工性に優れた素材との相乗効果にも大いに期待できる。

離散値しか取り扱えない問題に関しては，ソフトウエア（ドライバ）での対応にも期待したい。互いに嵌合する複数の部材データから，互いの接触面の 3D プリンタ出力に最適化した位置調整や嵌合動作に欠かせない寸法的余裕を挿入，さらには面勾配の設定，などが自動化されるとありがたい。どのように微少な変更を施したのか，部材間での寸法のやりとりがわかりやすく説明されるならば積極的に活用したいサービスになりうると思われる。

6.3　造形サイズ

本節で紹介しているスケール模型は実際の大きさを縮小したものを出力している。対象の大きさにもよるが 1/20〜1/30 程度のスケールである。**図 14**，**図 15** は在来軸組構法とよばれる我が国の代表的な住宅構法のモデルを示しているが，これには「通し柱」と呼ばれる部材がある。

図 14　在来軸組構法の 3D モデル

図 15　3D プリンタによる在来軸組工法の住宅模型

これはその名の通り１本の製材からできているのだが，これが使用中の 3D プリンタでは出力できない長さとなった。このような場合，現実の構法に忠実であることはあきらめて，構法そのものとは本質的には関係しない箇所に目立たない継ぎを設けて対応することになる。もちろん，スケールの選択によっては回避可能なこともあるが，目的用途に最適なスケールが通常は優先されるので，3D プリンタ側で造形サイズの拡大を目指して欲しいところである。特に実際の建築用の部品を 3D プリンタで作成するようになるためには，造形サイズは大きいほどありがたいので，コストを増やさないでより大きな造形エリアをサポートできるようになってほしい。

7. おわりに

当研究室における 3D プリンタの活用事例を紹介し，今後の 3D プリンタの機能向上に関しての希望を述べた。大学の研究組織のあり方として，新しい機能にも積極的にコミットしていきたいと考えている。企業からのモニター使用依頼等にも柔軟に対応したい。

本節で紹介したデジタルアーカイブ研究では，実際の建築物の構成をそっくりそのまま 3D プリンタでシミュレートしている。現実の構法への適応を優先するあまり，3D プリンタの苦手とする部分が目立つことも多かった。発想を変えて，3D プリンタの特徴を生かした新しい建築構法もありえるはずだ。新構法の開発という観点からも 3D プリンタの未来が楽しみである。

文　献

1）加戸啓太，平沢岳人，伝統木造建築物のデジタルアーカイブ化における部品雛形と部品に関する研究，日本建築学会計画系論文集 **76**, 662. 877-886 (2011).
2）平沢岳人編著，GDL プログラミングマニュアル (Kindle)，Amazon KDP (2015).

第3節　BIMにおける3Dプリンタの活用

芝浦工業大学　志手　一哉

1. 施工模型から建築部品の造形へ

3Dプリンタが手ごろな価格で入手できるようになり，建築の模型を活用する幅がぐんと広がった印象を受ける。筆者の研究室では，30 cm立法の造形が可能な熱溶解積層法の3Dプリンタを入手し，この方式の宿敵である反りと格闘しながら「施工模型」を作成すべく奮闘中である。施工模型とは，建物を構成する部材・部品の模型を造形し，それらを組み合わせて建物全体や部分の模型を構成することを意味した筆者の造語である。例えば超高層タワー型マンションの構造体を，鉄筋コンクリートのフルプレキャスト工法で構築する場合，**図1**に示すごとく，柱の一部と梁の一部で構成された仕口一体型と呼ばれる部品と，仕口を除いた部分の柱の部品を，積み上げるように施工する場合がある。これらの部品を設置する施工順序の検討は，BIMソフトウエアの4Dシミュレーションと呼ばれる機能でマウスやコマンドを操作しながら試行錯誤するよりも，自分の手で部品の模型を積み重ねながら検討する方がはるかにわかりやすいしインスピレーションも期待できる。1/20スケール程度の施工模型を短時間で安価に造形できる時代になれば，施工模型は施工計画検討の有力なツールになりうると考えている。

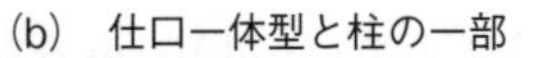

(a)　組み合わせた状態

図1　プレキャストコンクリートの施工模型の例

施工模型の特徴は，誰でも検討に参加できてわかりやすいだけでなく，模型を用いて検討したディテールを3DモデルにフィードバックしてそれをD等倍縮尺でNCデータに変換すれば，実際に使う建築部材・部品を製作できる可能性にある。筆者は，これこそが建築で3Dプリンタを活用することの本質であると考えている。本節では3Dプリンタを活用した建築部材・部品の製作が可能な時代が来ると想定し，こうした施工を可能とする建築生産システムやそのシステムを包含するBIMの課題を検討する。

2. 建築プリント技術

2.1 建築をつくる3Dプリンタの事例

3Dプリンタに興味をもつ建築関係者には釈迦に説法だが，世界各国で建築を3Dプリンタでつくる研究や取り組みが盛んに行われている。本節ではその一例として，情報の発信量が豊富な，中国上海に本社があるWinSun Decoration Design Engineering Companyの事例を取り上げる[1]。同社は平屋の簡素な戸建住宅だけでなく，3 階建ての豪邸や 6 階建てのアパートを 3D プリンタ（以下，パーソナルユースの 3D プリンタと区別するために「巨大 3D プリンタ」と呼ぶことにする）で建設した事例を同社のホームページで公開している。その“インク”は，セメントやリサイクル済みの建設廃棄物の他，特殊な砂，グラスファイバーを混ぜ合わせたコンクリート系の材料でできており，それを高さ 6 m，巾 10 m，長さ 40 m の巨大 3D プリンタで，建物を構成するパーツを造形する。正確な寸法は公表されていないが，ホームページに掲載されている写真から推測すると，巾 70 mm 程度，厚さ 30 mm 程度のインクを積層して，**図２**の右に示すイメージのような，トラスに似た形の平面を積み重ねて躯体の部品を造形している。建設現場では造形した部品を組み上げ，床はコンクリートを現場で打設して多層階の躯体を完成させる。また，同社の資料によれば，**図２**の左に示すようにパーツの外周だけを巨大 3D プリンタで造形し，その中に鉄筋を配筋してコンクリートを流し込んだプレキャストコンクリートを使うことで，1 辺 100 m を超える規模の建物を建設できるとしている[2]。材料強度やパーツ相互の接合方法など構造的な懸念を克服できれば，型枠を使う必要がなくかつ画一的でない自由な形状のプレキャストコンクリートをリーズナブルに制作できそうである。その実用化は，建設技能者不足の元凶である労働条件諸問題の解決に対応できる工業化工法のひとつとして注目を集めるかもしれない。

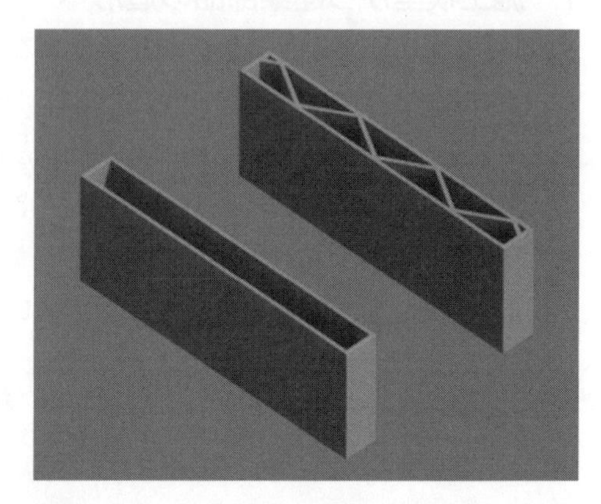

図２　巨大 3D プリンタで造形した壁のイメージ

このような巨大 3D プリンタで建物を建設しようとする研究開発は，事例に挙げた企業だけでなく，世界各国の企業や大学で進んでいる。熱溶解積層法式を応用できる造形技術そのものに技術的な新しさがないためか，我が国でこのような研究開発の事例をほとんど聞かない。面白い可能性がある技術だけに，若干の危機感をもつ。

2.2　その他の建築プリント技術

3D プリンタではないが，木質材料のプレカットや小断面鉄骨の 3D レーザ加工も，3D モデルから建築のパーツを直接つくりだすことができる，ある種の「建築プリント技術」である。3D プリンタを積層による「足し算の造形」と称すれば，プレカットや 3D レーザ加工は切削・切断による「引き算の造形」と呼べる。この引き算の造形技術の開発や応用は，日本企業が他国を先導している分野である。以下にそれらの事例を簡単に紹介しておく。

1980 年代中盤に開発された木造軸組工法のプレカット工作機械は，2000 年代前半から NC データの元になる CAD データの入力に 3D-CAD が用いられていた。このいわゆる，プレカット CAD は，プレカット工作機械メーカーを中心に進められ，木軸組住宅の意匠設計・構造設計・接合部や仕口の設計・割り付けや板取り・NC データの生成といった，設計情報の作成から生産情報に展開する一連のプロセスを包含した 3D-CAD システムができあがっている。今や，木造軸組み住宅の約八割がプレカット工場に材料の加工を委託しており，そのデータ入力，つまり木造軸組みの実施設計，さらには加工した材料の現場への搬送スケジュールすなわち工程管理を，実質的にプレカット工場が担う生産システムが確立している。近年では，木造軸組み工法の部材だけでなく，大断面集成材や大判パネルの直交集成材（CLT：Cross Laminated Timber）の加工にまでこの技術の適用範囲が広がっている。

3D レーザ加工による建築用鉄骨部材の供給は，木質材料プレカットのように確立した生産システムがあるわけではない。例えば，ヤマザキマザック㈱が製造する 3D レーザ工作機械は，直径 406 mm か一片 300 mm 角・長さ 8 m・板厚 16 mm・重量 480 kg を上限とした比較的小さな断面の型鋼に，3 次元ヘッドから照射されるレーザで，丸穴加工・直線加工・斜め加工・開先加工など自在な切削・切断が可能である[3]。それらを組み合わせれば，アーチ型立体トラス構造のドームを建設できる。㈱竹中工務店が設計施工の「やわらぎの森スタジアム」は，3D レーザ工作機械でドームを建設した事例である[4]。この事例では，ゼネコンの技術者が，開先・ボルト穴・スリット・各種ピースを自動設計するアルゴリズムを記述したスクリプトでトラスを構成する部材の 3D モデルを作成し，3D レーザ加工の専門会社に部材の加工を委託した。鉄骨工場は加工された部材の供給を受けてトラスのパーツを組み上げ，それを現場で接合してドームを建設している。

このように，3D モデルを活用して建築部材・部品を造形し，仮想建築を実空間に転写する建築プリントの要素技術は揃いつつある。近い将来，建築プリント技術で製作した，プレキャストコンクリート・大断面集成材や CLT・小断面鉄骨を組み合わせ，デザイン的にも優れたプレファブ建築を建設することも夢ではない。ただしそのような建築の意匠設計は，建築をどのような部材や部品に分割し，それにどのような造形を施すかという，部材・部品加工の設計と平行して進める必要がある。

3. 建築プリント技術の普及に対する問題

3.1　誰がプリント機械を所有するのか

仮に，日本で巨大 3D プリンタを利用したプレキャストコンクリートの実用化が進んだとしよう。その時に，誰がその機械を所有してビジネスを行うのかは興味深い問題である。この技術を利用してプレキャストコンクリートを供給するためには，機械の購入・工場建設・生産システム構築など，多額の投資が必要になる。現状の建設産業を見れば，ゼネコン・専門工事会社・新興企業が供給者の候補と想像できる。

日本のゼネコンはこれまでも，多くの技術開発を先導してきたが，それを用いて自らが施工することはなく，専門工事会社やメーカーに技術移転が行われてきた。例えば，1990 年代に大手ゼネコンがこぞって研究開発投資を行った各種の建設ロボットは，技術移転のシナリオさえも描くことができず，今やそれらのほとんどが姿を消している。ゼネコンは，建設の請負という大きな売り上げに比して僅かなコスト改善効果しか期待できない技術に，リスクを抱えてビジネスを展開する意義を見いだせなかったのではないか。その仮説が的を射ていれば，巨大 3D プリンタの実用化に向けた技術開発はともかくとして，ゼネコンがその技術を用いた生産設備を所有するイメージを描きにくい。

一方，プレキャストコンクリートの専門工事会社であれば，巨大3Dプリンタを利用した新製品を開発するなど，市場の開拓ができそうである。しかし彼らの顧客であるゼネコンは，現状技術の生産性のさらなる向上を要求していると想定でき，専門工事会社にしてみれば，既存市場でニーズのない技術に先行投資をするよりも，現時点で主力の技術の改善に投資を優先する方が合理的な行動となる。

最後に残る可能性は新興企業である。新興企業というものの，本業と全く関係のない企業を指すわけではない。先に紹介した，中国の巨大3Dプリンタを開発したWinSun Decoration Design Engineering社の本業は，新建材の研究開発と販売である。同社は巨大3Dプリンタに関するビジネスを，プリンタで造形した壁・3Dプリンタ・インクの販売と考えている。当面は，限定された用途であるとしても，ある程度の販売量を確保して改善の積み重ねができれば，既存顧客の市場で受け入れられる可能性が生じる。

以上は，アメリカの経済学者クレイトン・クリステンセンが提唱した破壊的イノベーションの普及理論[5]をベースにした筆者の推論である。この推論が正しいかどうかわからないが，事実として，先に紹介した木造軸組み構法のプレカット工作機械や小断面鉄骨の3Dレーザ工作機械の事例で，機械を所有してビジネスを展開している企業は，ゼネコンや住宅メーカーといった請負者でも，大工や鉄骨工場といった既存の施工者でもない。

3.2　部材・部品造形用の3Dモデルを誰が作成すべきか

プリント機械で部材や部品を造形する場合，

① 造形する部材・部品の3Dモデルを正確な形状で作成

② プリンタ制御の情報を加え，造形を行う

流れとなる。後者のデータはプリント機械固有の特性を熟知している必要があるので，機械を所有する企業が担当するのが妥当である。問題は，前者の3Dモデルを誰が作成するべきかである。その過程でミスが生じれば，不良品が造形され，その責任は3Dモデルの作成者が負うことになる。

2次元図面で仕事をする場合，専門工事会社がゼネコンの承認を得た製作図に基づいて部材・部品の加工図を作成する。このプロセスは，責任施工の観点で説明するのが妥当だが，人から人へと情報を伝える図面の作法が組織・集団ごとに異なるため，その作法を共有している同一組織・集団に所属する技術者が作図と制作を分担するのが合理的であると説明することもできる。一方，プリント機械を用いる場合の情報は，3D-CADから機械へとデジタルデータで伝えられ，そこに図面表現的な作法が必要となる場面はない。むしろ，正確な形状の部材・部品の3Dモデルを間違いなく作成するために，それと取り合う他の部材・部品との納まり，それを現場で施工する際の作業方法，仮設部材・補助的加工の有無や形状・位置などを，従来よりも早い段階で確定しなければならない。このような情報を確定できる経験・知識・調整能力を有する企業・集団が，部材・部品の3Dモデルを作成すべきである。

先に紹介したやわらぎの森スタジアムの事例では，ゼネコンの技術者が様々な部材の取り合いを整理したうえで，部材の設計手順を記述したスクリプトを作成して3Dモデルを自動生成した。木造軸組み構法のプレカット工場の中には，現場で発覚した加工ミスを現地で修正する大工を雇用し，彼らが得た経験や知識をCADオペレーターにフィードバックして，不良品の撲滅に

長年かけて取り組んでいる企業がある。どちらの場合も，充分なノウハウを所有し，ノウハウをデジタルで記述したり整理したりできるITのスキルとセンスが高い人材の存在が重要であると考える。

4. BIMと3Dプリンタ

以上，施工模型から実施工に話題を拡張し，プレカットや3Dレーザ加工の事例を交えて分業構造に着目し，3Dプリンタを建築に活用する可能性を検討したが，どのような体制でそれに取り組めば良いか，およそ見当が付く。最後に，BIMがプリント技術を用いた建設プロセスの中核的な情報システムになり得るかについて検討をする。この流れで建築を設計するためには，建築をどのような部材や部品に分割するかをあらかじめ考え，部材・部品の3Dモデルを作成し，それを組み上げた仮想建築で，部材・部品相互の納まりや施工性を検討することが必須となる。このような部材・部品を中心とした考え方が，BIMにおける建築の概念と相性が悪いところに問題がある。

BIMとは，Building Information Modelingの略である。米国の国立建築科学研究所が公開したBIMのガイドライン「National BIM Standard-United States」によれば，BIMとは，施設の物理的・機能的特性をデジタル表現したもので，施設のライフサイクルにおける信頼性のある根拠に基づいた意思決定のための施設に関する情報の知識資源を共有するものである[6]。その知識資源の共有は，IFC（Industry Foundation Classes）のデータ構造で具現化される。BIMデータの共有化・相互運用に取り組んでいる㈳IAI日本の説明によれば，IFCとは「建物を構成する全てのオブジェクト(例えばドア,窓,壁などのような要素)のシステム的な表現方法の仕様を定義」したもので,この定義でドアを表現すると「自分はドアで,どのようなタイプのドアで,どのような材質でつくられ，どのように仕上げられ，どのような操作で，どのような幾何形状で，どこがドアの上枠，縦枠，丁番そして敷居かということを認識」できる[7]。オブジェクトの表現方法が標準化されているからこそIFCに準拠したソフトウエアであれば相互に建物の情報を交換でき，施工や保守管理で設計と異なるソフトウエアを用いても，建物のライフサイクルの各場面で発生する情報の蓄積や利活用が可能になるという考え方である。このような背景があるのでBIMソフトウエアの多くは，IFCに対応したオブジェクトの入力・保持の方法を実装している。

このようなBIMソフトウエアの特徴は，3Dモデルの形状と，柱や壁といった概念上の部位を連動させたオブジェクトの配置方法にある。例えば，2本の角型柱の間に梁を取りつける，直線の壁に窓を配置するといったことである。しかし建築生産の実務において我々が扱うのは部材や部品であり，それらを配置する場所の意味で柱や壁といった部位の名称を使う。**図3**は，CLTを構造体とした集合住宅の施工手順をシミュレーションしたアニメーションの一場面だが，この資料作成に対して建設現場から受けた要求は，製造番号を属性にもつCLTパネルの設置順序を可視化することであった。そのため，BIMソフトウエアでCLTパネルという部材のオブジェクトを作成

図３　CLT集合住宅の施工シミュレーション

し，それを壁や床となる位置に配置して仮想建築を構築した。しかし，それをIFCに準拠したBIMモデルと呼べるかどうかは疑わしい。BIMソフトで入力する壁が持つアセンブリの概念は，軸材・下地材・仕上材という役割が異なる材質の組み合わせを定義するもので，CLTパネルを並べたものが壁であるというような，部品・部材の集合を対象としていない。つまり現状の正当なBIMソフトウエアで構築できるBIMモデルは，機能の点で実物を写像しているが，構成の点で実物を写像していない。本来BIMの概念には，設計用と施工用の2種類があるべきだが，現時点では双方をシームレスにつなぐ考え方が議論されていない。このことは，例えば，巨大3Dプリンタを利用してプレキャストコンクリートをつくるときの3Dモデルを，BIMモデルから直接抽出できないことを意味している。

このような問題は，製造業用3D-CADの特徴である，部材・部品の集合を多段階に管理する考え方で解決できるのだが，それをBIMの概念に導入することが，BIMで生産性を向上させるためにどうしても必要である。

5. まとめ

建設業界における3Dプリンタのインパクトは，それを使えば，誰もがアーキテクトビルダーになれることにある。こうした未来に向けて，海外では巨大3Dプリンタで建築物を建設する事例が出始めている。ただし我が国でそれが産業として定着するために，少なくとも二つの課題がある。一つ目は誰が巨大3Dプリンタを所有するか，二つ目は誰がその3Dモデルを作成するかである。これらはデジタル・マニュファクチャリングに対応した建築生産システムにおける分業構造のあり方という建築業界の将来を問う課題であり，本節では筆者なりの見解を示した。さらに，その製作図・加工図とも言える3Dモデルをつくる仕組みにも目を向ける必要がある。BIMは広義の設計業務を対象に進化・普及が進んだが，3Dプリンタを始めとした建築プリント技術を用いた近未来的な生産システムのイメージを視野に入れておらず，その概念を拡張する必要を指摘した。本節で検討したように，新しい分業構造のあり方とBIMの概念拡張を関連付けて考えることにより，BIMにおける3Dプリンタの活用は，建築生産システムのより本質に近い部分で可能性が広がると考えている。

文　献

1) WinSun Decoration Design Engineering Company HP：3D Printing Construction, http://www.yhbm.com/index.php?m=content&c=index&a=lists&catid=67
2) www.3ders.org：Exclusive：WinSun China builds world's first 3D printed villa and tallest 3D printed apartment building, 3D printer and 3D printing news, http://www.3ders.org/articles/20150118-winsun-builds-world-first-3d-printed-villa-and-tallest-3d-printed-building-in-china.html
3) ヤマザキマザック㈱HP：3D FABRI GEAR 400 II, https://www.mazak.jp/machines/3d-fabri-gear-400-ii/
4) 林瑞樹：設計-生産設計-工場製作-現場施工を通したBIM活用による曲面形状屋根の実践，建築技術2014年5月号「連載　新時代を拓く最新施工技術（第55回）」，56-63,（2014）.
5) クレイトン・クリステンセン（著），玉田俊平田（監修）：イノベーションのジレンマ―技術革新が巨大企業を滅ぼすとき，翔泳社，（2000）.
6) NBIMS：http://www.nationalbimstandard.org/about.php
7) IAI日本：http://www.iai-japan.jp/mission/whats_ifc.html

第4節　実験教材の製作

甲南大学　西方　敬人　　八十島プロシード株式会社　柏崎　寿宣
アトラス株式会社　谷田部　弘　　有限会社ロジック・アンド・システムズ　小林　正浩

1. はじめに

実験教材というと，化学実験で使う分子模型，物理実験で使う放電管などがある。そして身近なものを利用して理科の先生が独自に開発するユニークな教材。例えばペットボトルロケットなども実験教材である。どれも「ものづくり」が活躍し，かつ教育効果も優れている。これらに比し生物学では，生き物の多様性や身体の内部，顕微鏡で見る細胞など，本物を見ることは非常に重要であり，そのための教材は，プレパラートなどの生物標本であったり解剖するためのカエルであったりと「生きもの」が中心となる。一方，小学校の理科準備室に置いてある人体模型。塗料でリアルに彩色され，臓器がとりだせ，パーツに分割できる臓器もあり，臓器の配置やその内部がまさに手に取るように理解できる優れた教材であったと思うが，これはいわゆる「つくりもの」である。

生物学の最先端の分野でも本物を見ることは重要であり，特に特定の分子の局在や挙動を可視化するイメージング技術に対する要求は日々高度化している。共焦点顕微鏡（Confocal Microscopy），多光子顕微鏡（Multiphoton Microscopy），構造化照明顕微鏡（Structured Illumination Microscopy）などの顕微鏡技術と緑色蛍光タンパク質（GFP：Green Fluorescent Protein）や様々な蛍光色素を用いた蛍光イメージングの進歩はめざましい[1]。さらに蛍光イメージングをＺ軸方向に重ねて3Dイメージを構築することは，その情報量の増大が研究者の世界においても有用となっており，ディスプレイ上でレンダリングモデルを描写し，自在に回転させるソフトウエアも普及している。研究者にはディスプレイ上でのレンダリングモデルで充分であり，２次元光学断面画像を見るだけでも３次元構造を想像することができる。しかし，教育現場で生徒や学生に対してそれらの蛍光イメージングの結果を見せるとしたらどうであろう。それを手に取って，自分の手で回転させ，自分の目で裏側を覗くといったことのできる3Dモデルがあれば，どれだけ理解の助けになるであろうか。それも，人体模型のようなつくりものではなく，本物の顕微鏡データを立体模型とできれば，その教育効果は絶大なものとなるであろう。

つまり，3Dプリンタの応用事例として実験教材を考えた際，実験器具やそのパーツ，標本の替わりとしてのフィギュア，複雑な分子模型などさまざまな利用が考えられるが，本節で紹介する「蛍光イメージングにより得られた顕微鏡データを3Dモデル化する実験教材」は，本物のデータを実体化できる点，さらに本来マイクロメートルサイズの細胞等を手にもてる大きさまで拡大できる点，の２点においてこれまでにない実験教材であり，様々な教育効果を期待できる大きな可能性を有している。

2. 顕微鏡データを 3D モデル化するためのパイロットモデル

2.1　ホヤ卵

今回，細胞の中でも最も大きな細胞である「卵」を用いた。ヒトの細胞など一般的な細胞のサイズは直径 10 µm ほどであるが，卵はヒトやウニの卵で直径 100 µm，カエルの卵では直径 1 mm，ニワトリの卵で直径 2.5 cm 程度（タマゴの中の卵細胞は黄身の部分である）と大きい。ただし，カエルやニワトリの卵が大きいのは「卵黄」と呼ばれる栄養となる成分が大量に細胞内に蓄えられているために大きくなっているので，それを除くとヒトやウニの卵とさほど大きく変わらない。今回，ホヤ卵を用いた。ホヤ卵の直径は約 130 µm である[2)]。

ホヤは，脊索動物上門という分類群に含まれる[3)]。この分類群には，ヒトをはじめカエルや鳥類，魚類など，いわゆる脊椎動物全体が含まれており，その意味ではホヤとヒトは同じ仲間ということになる。今回，この卵が 2 細胞に分裂する際に重要な分裂装置と呼ばれる構造を 3D プリンタで再現する。

2.2　蛍光イメージング

分裂装置は，チューブリンと呼ばれるタンパク質がつくる微小管と呼ばれる太さ 25 nm ほどの繊維がつくる構造で，染色体を 2 つの娘細胞に正しく分配したり，細胞の大きさを正確に 2 分するために重要な役割を担っている（**図 1**）。まず，分裂中の卵を 100％メタノールで固定し，抗 α チューブリン抗体（clone DM1A：Sigma, T9026）および蛍光標識二次抗体（Alexa Fluor 488-conjugated goat anti-mouse IgG：Molecular Probes, A11001）を用いて染色した。その卵を脱水処理後，サリチル酸メチルで透明化処理を施し，共焦点顕微鏡（Carl Zeiss, LSM700）を用いて観察した[4)]。共焦点顕微鏡は，ピントの合った z 軸方向のごく薄い平面（光学断面と呼ぶ。

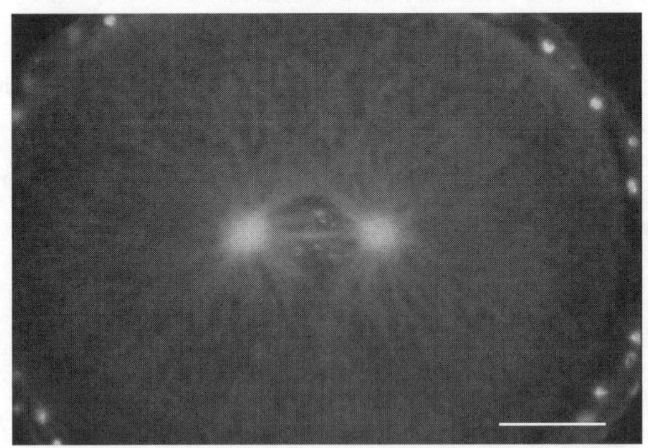

※口絵参照

図 1　ホヤ卵の第一分裂の様子

緑色の細い繊維状の構造が微小管。強く光る 2 つの極から放射状に伸びており，それを星状体と呼ぶ。卵の中央部の水色の点は染色体。両極から染色体に向かっている微小管はラグビーボールのようなまとまりをつくっており，それを紡錘体と呼ぶ。この染色体と星状体，紡錘体をまとめて分裂装置と呼ぶ。卵の周囲にある水色の染色は，卵の周囲にあるテスト細胞の核。スケールバー，20 µm。

通常厚さ1 μm程度）の蛍光を検出し，それを下端から上端まで撮影し，そのデータを積層して立体再構成を行う。

2.3　3Dモデルデータ生成

上記共焦点顕微鏡のデータは，顕微鏡付属ソフトウエア専用のデータフォーマットをもっており，そのままでは利用できないが，ソフトウエアから8 bitあるいは16 bitのTIF画像としてエクスポートが可能である（**図2**）。そのTIFデータをボリュームレンダリングソフトウエア上で2値化し，さらにノイズを手作業で除去し，STL形式の3Dモデルデータを生成させた。今回，微小管構造が密集しており，内部までの観察が効果的に行えなかったことから，卵をパーツに分離できるモデルとした（**図3**）。そのために，最も効果的と思われる断面の選択などを行い，最終的に卵の赤道面およびそれと平行なもう一つの面で切り分けた3つのパーツに分けることとした。それに伴い，パーツをつなぐためのピンを入れることとし，そのピンを入れる位置とその大きさ，形状などを検討し，あらかじめレンダリングモデルの中に書き加えた。

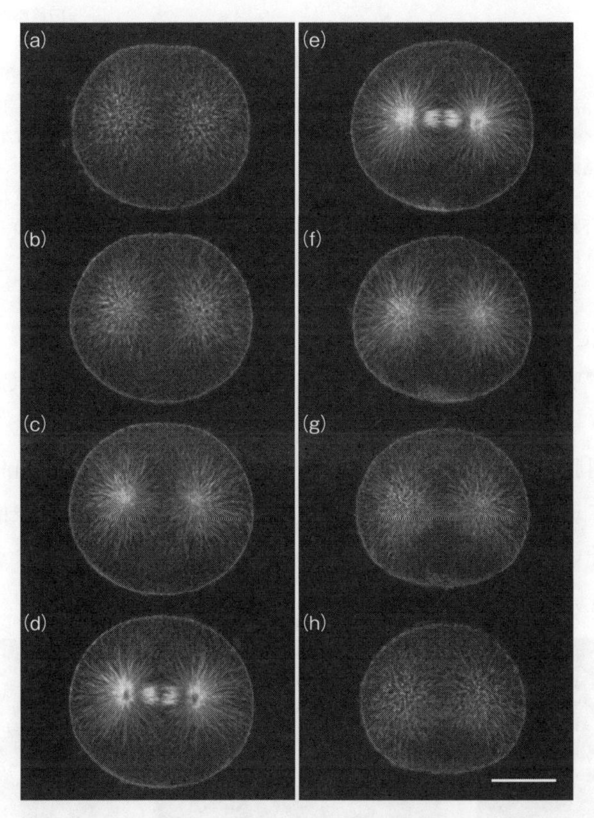

図2　ホヤ卵の第一分裂の様子を共焦点顕微鏡で撮影した光学断面の一部

(a)～(h) 動物極側から植物極側に向かって約7 μmごとの光学断面。図の上側が卵の前側。(d) がほぼ赤道面の断面。植物極半球では，後ろ側表層にも微小管の白い集積が見られる。3Dモデル作製に用いたデータは，約1.4 μmの間隔で卵全体を100枚の光学断面として撮影した。スケールバー，50 μm。

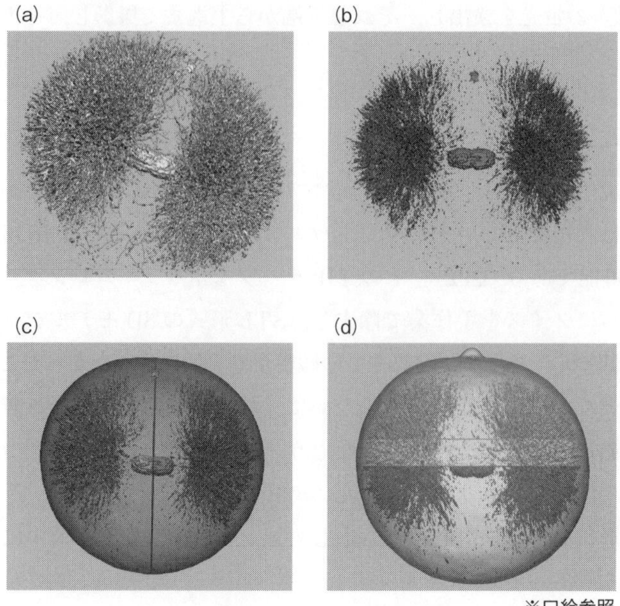

※口絵参照

図３　共焦点顕微鏡データからの3Dモデルの作製

(a) 卵表層まで広がった微小管の様子が分かるようにボリュームレンダリングを行ったもの。(b)～(d) 星状体の中心部付近まで透けて見えるように閾値を設定して２値化を行ったボリュームレンダリングモデル。(c)，(d) は，卵の表面の輪郭を別途抽出し，それと重ね合わせてある。また，内部を観察しやすいようにするためにどのようにパーツ分けするかを検討した際のパーツを色分けしている。

2.4　3Dプリンタによる3Dモデルの造形

ボリュームレンダリングモデルのデータを3Dプリンタ（Stratasys社，Connex3 object 500）に移植して印刷を行った。この機種の解像度はx-y方向600 dpi，z方向3/100 mmである。今回，卵全体を透明樹脂（Veroclear）で，微小管構造を白色の樹脂（Verowhite）で造形した。三つのパーツは別々に造形を行った。印刷後，サポート樹脂を除いた後の表面は磨りガラス状で中の様子が見えにくいことから，バフ研磨を行い内部がクリアに見えるようにした（**図４**）。

図４　3Dプリンタによる3Dモデルの作製

(a) 全体像。(b) パーツを分離する様子。中央部の紡錘体の中に，パーツを固定するためのピンを入れるくぼみが見える。(c) パーツを分けて並べたところ。模型の横に置いてあるのは，標準的な1.5 mLのマイクロチューブである。

3. 試作品とその問題点

これまで，肉眼で見る卵は白っぽい点でしかなかった。双眼実体顕微鏡下で卵を２つに切り分ける顕微手術なども行ってきたが，接眼レンズの遙か向こうにある異次元の卵を操作している感覚であった。共焦点顕微鏡データのレンダリングモデルを，モニタ上でマウスを使って回転させながら観察することもあるが，やはりバーチャルな卵であった。今回作製した卵の3Dモデルは，直径約８cmの球体であり，その中に共焦点顕微鏡のデータとして捉えた分裂装置がくっきりと埋め込まれ，それを手に取ることができ，たった２面だけであるが，分割して中を覗き見ることができるのである。研究活動をこれまで何十年も行ってきたが，これは初めての感覚であった。勿論，再現できた分裂装置はモニタ上でバーチャルと感じた同じものであるが，画面から飛び出してきて，実体として手の中にあるものは，なぜか大きく異なった印象であった。この点で，実験教材としての教育効果の高さは実感された。

一方で，通常の顕微鏡写真は科学論文のFigureとして用いられているが，同様にこの3Dモデルが科学的データとして利用できるかといえば，否である。以下，いくつかの問題点を指摘する。

3.1　z軸方向の解像度

近年の顕微鏡カメラの解像度は通常，１画面につき数メガピクセルの解像度である。つまり，卵の直径が百数十μmとして，卵１個を撮影した図２のような写真において，一つのピクセルが表示する実際の大きさは，0.1 μm^2 程度ということになる。一方，z軸方向の解像度は共焦点顕微鏡で撮影した際のz-スタックの枚数で決まる。今回のサンプルデータでは100枚だったので，x-y平面での解像度の1/10程度となり，その結果3Dモデルのボクセルがz軸方向に長いものとなり，粗さが目立ってしまった。共焦点顕微鏡の光学断面データは厚みのない平面のデータであるが，その実，共焦点面の前後の蛍光が励起された「ボケ」の情報も含んでおり，無制限に枚数を増やしてもあまり意味がないと言われている。さらに，撮影時には蛍光の退色が生じることから，z-スタック撮影枚数は，自ずと限られてくる。撮影条件や撮影対象にもよるが，0.5μm間隔で200枚程度のz-スタックを撮影するのが適切なところであろう。

3.2　２値化の問題点

図２の共焦点顕微鏡写真と図３のレンダリングモデルの写真を見比べて，細部のディテイルがなくなっていることにお気づきだろう。これは，現在の3Dプリンタの限界であるが，各ボクセルに対して樹脂を置くか置かないかの１bitの情報しかないからである。一方，一般的な写真は８bitの情報をもち，１ピクセルで256階調の明るさの違いを表現でき，微妙な中間階調を表すことで，スムーズな表現が可能である。3Dプリンタでも，ひとつのボクセル内に２色（今回のモデルであれば透明樹脂と白色樹脂）を256階調で微妙に混ぜ合わせることができれば，写真の白黒のディテイルそのままの3Dモデルができあがるはずである。ただ，樹脂の混合が，ピクセルの明るさの中間階調と同様の視覚的効果を生み出すかどうか，簡単には言い切れない面もあるであろう。

3.3　3D モデルの意味

3D モデルが，単に野球のボールを再現して，表面の縫い目や革の質感などを表現するだけであれば，不透明な樹脂を用いて成形し，表面を彩色するといった方法で簡単に 3D モデルとなる。まさに前述の人体模型そのものである。しかし，今回の例のように，内部の情報を覗き見られるように全体を透明化し，その中に目的の構造物をつくるという模型は，好きな角度から覗き見られるという点で，そのリアルさは格段のものとなる。今回の模型は，比較的うまく内部が透けて見えるような 3D モデルとなっているが，不透明な樹脂で構造物を成型する限り，構造物そのものが影をつくり，その中を見えなくさせてしまう。今回，図 3 (a) で示したレンダリングモデルで模型を成型した際，微小管が大きな塊となってしまい，中が透けて見えるといった感じの模型にはならなかった。そこで，微小管の先端のディテイルは犠牲にして，微小管の根元まである程度表面から透けて見えるように 2 値化の閾値を設定した (図 3 (b)，(d))。将来的には，透明のアクリル樹脂のような素材で，いくつかの色を付けて造形できるようになれば，構造物の内部もさらに観察できるような模型がつくれると期待している。

4. 改善の試み

上記 [3.2]，[3.3] の改善は，今後の 3D プリンタ技術の発展に期待するとして，おもに [3.1] の改善を試みた。

近年，CLAHE (Contrast Limited Adaptive Histogram Equalization) と呼ばれる一連の画像鮮明化アルゴリズムが進歩し，防犯カメラの性能向上などへ盛んに応用されている[5]。今回，CLAHE を基本として，微細な微小管繊維が直線的につながっている画像への応用と，3D モデル作製のための 2 値化を行った後でもその繊維構造がつぶれてしまわないように最適化できるフレキシビリティーを持たせたソフトウエアの開発を行った[6][7]。その効果は，**図 5** に示すように各光学断面で新たな繊維状の構造を見いだすことが可能となり，2 値化においてもより細かな繊維までも閾値内に含めることが可能となった。さらに，バイリニア法やバイキュービック法といった 2 次元の画像ピ

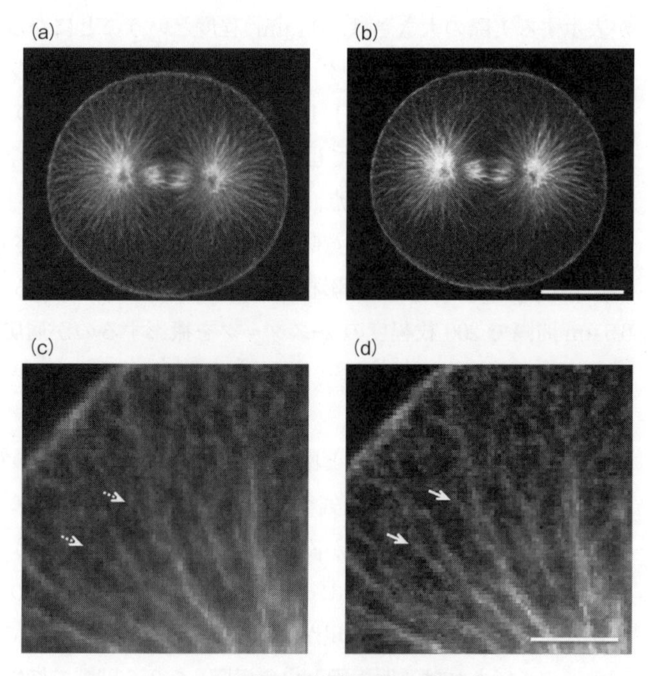

図 5　共焦点顕微鏡画像の鮮明化

(a) 図 2 と同じ条件で撮影した共焦点顕微鏡画像。(b) 今回開発したソフトウエアを用いて (a) の写真に精細化処理を行った画像。(b)，(d) はそれぞれ (a)，(c) の拡大画像。(c) で不明瞭だった微小管の繊維 (点線矢印) が，(d) では明確な繊維として見えている (実線矢印)。(b) のスケールバー，50 µm。(d) のスケールバー，10 µm。

クセルの補間アルゴリズムを３次元に展開し，z-スタックの各断面画像の間に３枚の補間画像を生成させるアルゴリズムを付加した。補間画像によりｚ軸方向の解像度を４倍上げることができ，3D モデルのスムーズさが際立ってきた。

5. もう一件の試作品とその問題点

上記分裂装置が，微細な繊維状の構造であったため，透明の卵の中に白い構造として模型を制作したが，もっとバルキーな構造を含む模型を制作した例を示す（**図 6**）。これは，ホヤ卵母細胞のステージ４と呼ばれる時期の構造で，卵母細胞の表面にテスト細胞と呼ばれる体細胞が複数埋まり込んでおり，ポケット構造と名付けられている[8]。この埋まり込んだ部分は，光学断面では丸いくぼみのように見えるが（図６(a)），3D モデルでみると不定型な溝のような構造であることがわかる（図６(b)，(c)）。今回の 3D モデルでは，卵全体を透明樹脂（Veroclear）で，アクチンの示す卵表面の部分を薄青色樹脂（Veroblue）で，そしてトリッキーであるが点状に散在するテスト細胞をサポート樹脂（白）で造形した。Veroblue とサポート樹脂の色の違いが明瞭にならなかったが，卵表面の溝が卵全体を覆う様子やテスト細胞の重なり具合などが実にリアルに見えている（図６(d)，(e)）。しかし，不透明な樹脂が表面構造として成形されていることから，卵内部が見えていない。ポケット構造だけの奥行きは再現されたことになっている

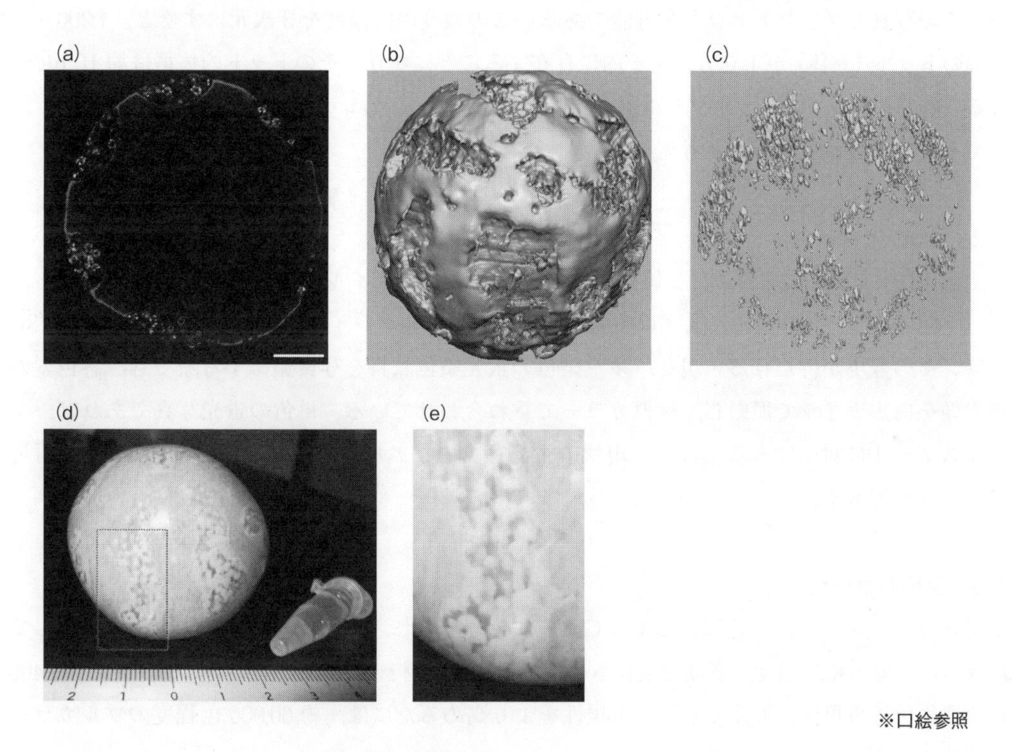

※口絵参照

図６　卵母細胞ステージ４のポケット構造

(a) 共焦点顕微鏡の光学断面。テスト細胞（緑）がアクチン染色（赤）で示された卵母細胞表面の細胞膜が落ち込んだ部分に詰まっている様子（ポケット構造）が観察される。(b)，(c) それぞれアクチン染色およびテスト細胞のボリュームレンダリングモデル。(d) 3D プリンタにより成形した 3D モデル。(e)，(d) の点線で囲った部分の拡大。ポケット構造は溝のような構造で，そこにテスト細胞が埋まっている様子がよく分かる。(a) のスケールバー，20 μm。

が，透明な色つきの樹脂で卵の裏側にあるポケット構造が透けて見えるようにつくることができれば，さらに奥行き感が増してくるであろう。

6. 3D プリンタの進歩と今後への期待

3D プリンタは近年実用化が進み，急速な進歩を見せている。しかし，インクジェット方式や粉末固着方式における紫外線やレーザの照射にしろ，熱溶解積層法における樹脂を溶かす作業にしろ，on/off の 1 bit の情報を積層していくに過ぎない。その意味で通常のプリンタの歴史になぞらえれば，8 ピンのドットインパクトプリンタといったところだろうか。1 文字につき割り当てられた 8 つのドットの一つひとつが見える粗い文字で，今のようなフォントのバリエーションもなかった。そこからフィルム写真をすっかり凌駕してしまうほどに変貌した現在のプリンタに至る進化過程と同様に，3D プリンタも今後どんどん進化していくものと期待する。実験教材の作製という観点，特に顕微鏡データをリアルに再現するという観点から以下の 4 点の進歩を特に期待している。

6.1 高解像度化

市販されているレーザプリンタは，1,200 dpi 程度の解像度をもっており，少々粗い感じがするものの写真のプリントアウトも可能である。この程度の解像度を 3 次元にすると，1,200 の 3 乗個のドット（立体）が 1 立方インチ内に存在することになり，そのドットの体積は約 10 pL となる。通常のインクジェットプリンタのインク量は，数 pL のレベルで調整されているので，決して不可能な数値ではないと考えている。

6.2 8 bit 化

上記［3.2］で記したように，2 値化画像では微妙なディテイルの再現ができないのは明らかで，下記のカラー化の前に，まずは中間階調を表現できるグレイスケール画像に対応できる 3D プリンタの登場が待たれる。現在，多重染色の蛍光染色試料を写真撮影する際でも，各色素の蛍光像を白黒カメラで撮影し，疑似カラーで重ね合わせている。単色の蛍光写真であれば，グレイスケールに対応できるだけで，現状の蛍光写真のリアルさをそのままに 3D モデルを再現できるはずである。

6.3 フルカラー化

通常のプリンタでは，各ピクセルは CMY に色分解され，それぞれのインクの量を調節して混ぜることで色相，明度，彩度を変化させている。樹脂材料を用いた 3D プリンタでは，約 400 色程度の色の再現性が可能である。再現性をより高めるたには，約 60,000 色程度のフルカラーが期待される。

6.4 樹脂の透明化

現状では，3D プリンタで利用されている透明樹脂は 1 種類である。透明で色の付く樹脂を用いて造形できるようになれば，バルキーな構造の内部も透けて見通せるはずであり，様々な生き物の内部をリアルに表現できると期待されるが，着色した樹脂は色が濃くなると透明性が失われる傾向にあるため，難しい面も多いと考えられる。

7. おわりに

[6] で記した今後の期待でもわかるとおり，顕微鏡データを 3D モデルとして造形する際，通常のプリンタの高品位フォトモデルといったクオリティーで 3D モデルの造形が可能になることを目指すというのがわかりやすい目標であろう。その過程は，これまでの２次元プリンタがたどってきた過程をお手本とすることで，急速に進歩していくのではないだろうか。ただ，金属や石膏などの素材がこの目的に全く適合できないのは明らかであり，可能性は新しい樹脂素材の開発にかかっているのかも知れない。その意味で，3D プリンタ開発は，機械メーカーの貢献もさることながら，化学業界の貢献度が大きくなるのかも知れない。これまでのプリンタの場合でも，インクジェットのノズルを詰まらせにくいインクの開発なども大きく貢献していたであろうことを考えると，ここにもお手本となる事例が見いだせるはずである。本節で示した「顕微鏡データを 3D モデル化する」という使用事例が，3D プリンタのさらなる進化を促進するアイディアを提供できることを願っている。

謝　辞

本稿で紹介した画像精細化と補間画像生成のソフトウエアは，2014 年度池田泉州銀行コンソーシアム研究開発助成金の助成を受け開発致しました。この場をお借りしてお礼申し上げます。

文　献

1) 原口徳子，木村宏，平岡泰編：生細胞蛍光イメージング，共立出版，10-20 (2007).
2) N. Satoh：Developmental Genomics of Ascidians, Wiley-Blackwell：NJ, 9-18 (2014).
3) N. Satoh, D. Rokhsar and T. Nishikawa：Proc. Biol. Sci., **281**, 20141729 (2014).
4) H. Ishii, T. Shirai, C. Makino and T. Nishikata：*Devl. Growth Differ.*, **56**, 175-188 (2014).
5) K. Zuiderveld：Contrast limited adaptive histogram equalization, *Graphics gems* Ⅳ, Academic Press Professional：CA, 474-485 (1994).
6) 小林正浩：画像処理装置，特開 2010-183409 (2010).
7) 小林正浩：画像処理方法，特開 2014-048995 (2014).
8) K. Shimai, H. Ishii and T. Nishikata：Mem. Konan Univ., Sci. Eng. Ser. **56**, 31-41 (2009).

第1節　3D プリンタ活用によるインプラント治療向け器具の作製

九州大学　住田　知樹

1. 緒　言

近年では「口腔インプラント」が登場したように，歯科医療の世界では何年かに一度，大きなイノベーションが起こるものである。インプラントだけでなく治療に用いる様々な器具も開発，改良され，どんどん治療の効率化や簡素化が図られている。

ここ数年のイノベーションを例にとるとやはり CAD (Computer aided design) /CAM (Computer aided manufacturing) や３次元 (以下 3D) スキャナなどが挙げられよう。そして何より忘れてならないのが，「3D プリンタ」の登場であろう。3D プリンタの各種産業への応用はめざましく，毎日のように，テレビや新聞などマスコミを賑わせている。工業分野への応用が多く紹介されているが，近年，医療の分野にも大きく進出している[1)2)]。中でも歯科領域は CT などの撮像範囲の大きさから応用がしやすく，治療の効率化，安全性の確保に寄与している。

CAD/CAM は大きな金属のインゴットからデザインしたものを削り出す。特定の部位で保険適応ともなり歯科分野での発展はめざましいものがある。一方，3D プリンタは，元々形があるものを加工するわけではない。現在の造形法の主流は，使用する材質によって異なるものの，積層タイプや光硬化型，また，今回，筆者らが用いた選択的レーザ溶融法 (Selective Laser Melting (SLM) 法) などである[3)]。特にこの SLM 法は同じ金属を主に扱う CAD/CAM と比較し，より複雑な形状を造形可能である。

一般に，このような造形法を Rapid Prototyping (RP) と呼ぶが，造形精度が上がるにつれ，造形物をそのまま製品として使用する場合も多くなってきたため，Rapid Manufacturing (RM) とも呼ばれ始めた[4)]。それだけ，でき上がった製品のクオリティの高さがうかがえる表現だ。

今回は，CAD/CAM 工法では作製することのできない歯科材料として，骨造成の際の遮蔽膜に使用するチタンメッシュを CAD 技術を用いてカスタムメイドでデザインし，純チタンを用いた SLM 法による RP で，患者個人の顎堤欠損に合わせたメッシュを作製し，臨床応用した。

2. CAD によるカスタムメイドデバイス設計

歯科領域における CAD の出発点は多くは CT 撮影から得られる Digital Imaging and Communications in Medicine (DICOM) データである。造骨予定部位の CT 撮影が終わるとこの DICOM 形式データを PC に取り込む。ここで画像処理や CAD が可能なソフトウェアが必要となる。筆者らは BioNa® (和田精密歯研㈱製) インプラントシミュレーションソフト，及び Geomagic®Freeform® (3D Systems 社製) CAD ソフトウェアを使用している。両者は非常に相性もよく，カスタムメイドのつくりたい形を容易にデザインすることができる。

3. カスタムメイドデバイスの作製

前述したソフトウェアは治療計画立案やモデル造形に関して様々な優れた特徴を有している。これらのソフトウェアと，**図１**の（a）～（b）のように，和田精密歯研㈱の保有する特許技術による石膏模型合成を行うことでアーチファクトをきれいに除去でき，これは後のシミュレーションにも大いに有利に働く。また，軟組織まで考慮したシミュレーションが可能であり，図１（c）のように下顎管の描出や周囲組織や上部構造を考慮したインプラントシミュレーションができることは非常に有利である。図１（d）のように補綴学的にも対合歯を意識した歯冠形態とそれに対応するインプラント埋入計画が立てられる。そして，図１（d）で露出しているインプラントスレッドを覆い隠すための造骨域を図１（e）の黒矢印で示す部分で表しているが，このような操作は，特殊な３次元マウスを使って図１（f），（g）のように自由自在に行えるCADでデザインが決定したら，次はいよいよ造形である。今回は，生体内に一定期間（造骨までの期間）留置する必要があるため，生体親和性はもちろんのこと，スペースメイキングのためにある程度の強度をもった材料が必要である。材料の選択において我々に迷いはなく，すぐに純チタンを使うことで意見が一致した。上記に示した条件を満たすとともに，0.3～0.5 mmで設計すればある程度の屈曲も可能となる強度であるからである。よって純チタン粉末を使ってSLM法にて，カスタムメイドメッシュを作成することとした。

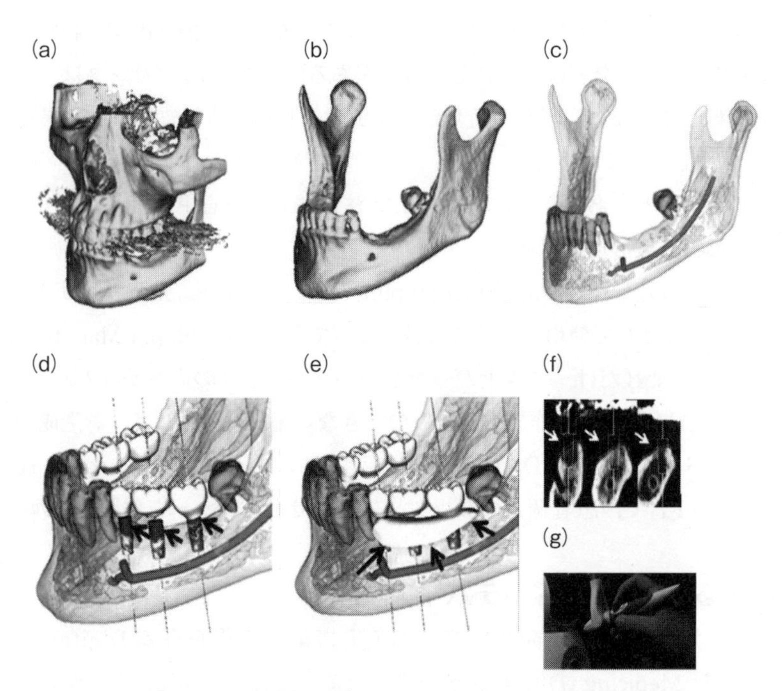

図１　CT-DICOMデータからのデバイスデザイン

（a）シミュレーションソフトウェアBioNa® にデータを取り込み，３次元顎骨のイメージを作る。（b）メタルが装着されている場合，それによるアーチファクトの除去も行える。（c）CT値の違いから残存歯や下顎管なども描出可能である。（d）ソフト上でインプラント埋入をシミュレーションすると矢印の部分に骨が足りないことが分かる。（e）Dを参考にしてインプラントが全て骨に覆われるよう造骨域を設定する（黒矢印）。（f）CT冠状断と，（g）デザインに使用した３次元マウス

図 1 (e) の造骨域を覆うメッシュをこれも CAD 上で**図 2** (a) のごとく設計し，下顎管などの解剖学的に重要な構造物を避ける設計を行った。図 2 (b) に示すごとくメッシュを保持するスクリューの設計も自由にでき，実際の手術のやりやすさを考慮した設計が容易である。

この時点でデータはまだ，造形のための準備はできておらず，CAD データを stereolithography (STL) ファイルフォーマットに変換する必要がある。これも Geomagic®Freeform® などを使うことにより，容易に可能である。STL ファイルに変換された CAD データは，いよいよ SLM マシンに送られ，造形が始まるわけである。

今回，筆者らが用いた Selective Laser Melting-rapid Prototypig Molding Machine は Eosint M 270® というドイツ製の SLM マシン (図 2 (c)) であり，厚さ 30 μm に純チタンパウダーを敷き詰め，そこにレーザを照射することにより，チタン粉末を焼結させ，その工程を繰り返すことにより，30 μm ごとの層で目標物が造形されていく。図 2 (d) は図 2 (b) を忠実に再現し，その他にも，図 2 (e) に示すように自由自在に，欠損部を覆う造骨のためのカスタムメイドメッシュを作成することができる。

CAD から SLM の流れを簡単に示したのが**図 3** である。実際の Eosint M 270® のスペックは laser power = 117 W，scanning speed = 225 mm/s，hatch spacing = 90 μm，hatch offset = 20 μm

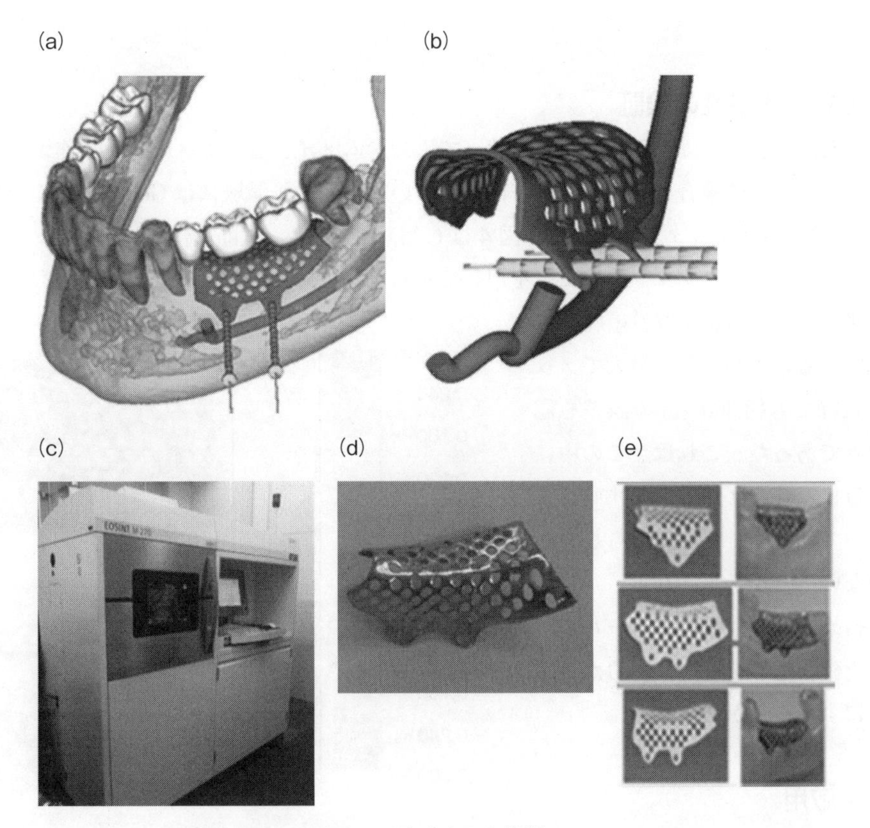

図 2　デバイスの作製

(a)，(b) 図 1 で設定した造骨域を覆うチタンデバイスを同じくソフトウェア上で作製。(c) 今回デバイス作製に使用した選択的レーザ溶融法による 3 次元プリンタ (Eosint M 270®, Electro Optical Systems 社製)。(d) 本ケースのチタンデバイス。(e) 自由自在に造形可能である

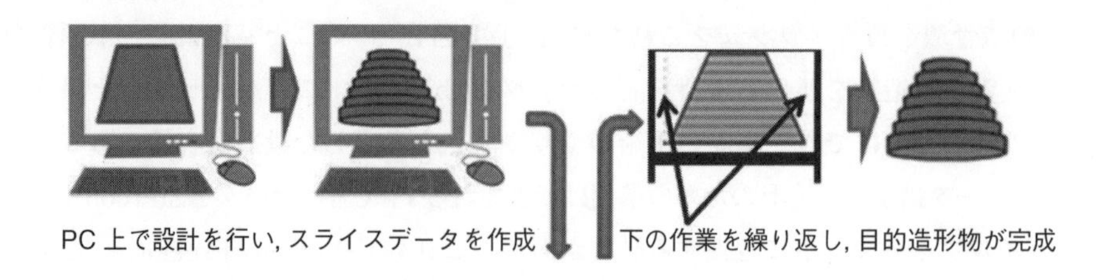

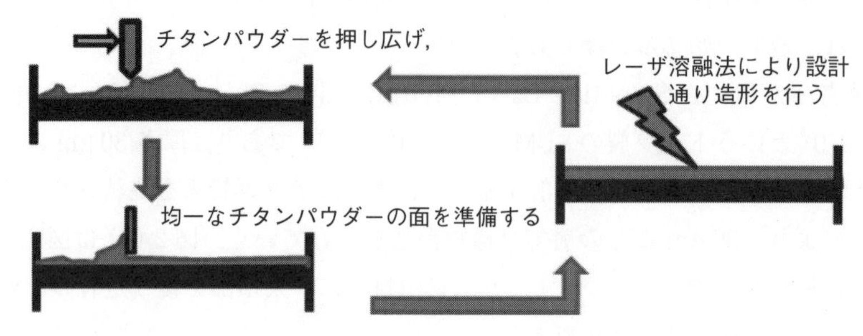

図３　選択的レーザ溶融法によるデバイスの作製のシェーマ

であった。材料は先にも述べたが，純チタンパウダー：Bionic Titan®（和田精密歯研㈱製）を使用した。

4.　造形物の正確性の検証

今回，SLM 法により，3D プリンタを使ってカスタムメイドチタンメッシュを作製したわけであるが，こちらの適合も確認しなければならない。精度検証試験には Geomagic XOM®（3D systems 社製）ソフトウェアを用いた。**図４**は CAD データと，実際に作成したカスタムメイドメッシュをコンピュータソフトウェアを用いて重ね合わせ，カラーマッピングしたものであるが，結果，ほぼ 200 μm の誤差範囲に収まっているのがわかる。最大でメッシュの辺縁でも約 300 μm の誤差を認めたのみであった。これは，この中に填入する自家骨などが漏れ出すレベルのエラーではなく，実臨床にもまず，問題のないことが予想される。

この結果から，本プロトコールが，いかに正確な造形を可能にするか目の当たりにすることができる。

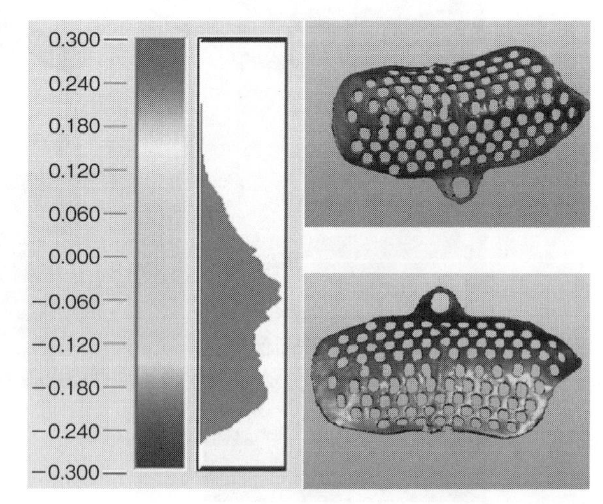

※口絵参照

図４　デザインしたデータと，作成物をスキャンしたデータを重ね合わせての精度の検証

一番大きな誤差でも 300 μm（青のエリア）以下であり自裁の骨造成には十分な精度であった

5.　臨床応用

図１，２で示した症例の実際の術式を**図５**に示す。これはシミュレーションしたインプラント埋入位置，あるいは造骨部，そして CAD/RP-SLM に

て造形した，カスタムメイドチタンメッシュを用いた１例である。基本的に手術は局所麻酔で行い，造骨部位に近い下顎枝前縁や，上顎結節部などから自家骨を採取し，骨造成に用いた。

図５(a) は図１(b) の CAD イメージに相当する萎縮した顎骨である。被覆粘膜骨膜弁を剥離し，骨面をしっかり露出した後，図５(b) の様に骨面に試適を行った。この際，顎骨実態模型に試適した際と，同じ感覚であった。この症例では簡易ステントも兼ねた構造にしてあるため，インプラント３本分の穴が開いており，それを基準に埋入を行った (図５(c)，(d))。

図５(e) で示す状態が，図５(f) の CAD イメージで示したものとほぼ同じ埋入状態となり，シミュレーションの正しさが証明された。図５(g) は血流確保のための骨穿孔を示す。やはり，血流は良質な骨を得るためには欠かせないファクターである。次いでインプラントを覆うように充分な骨を填入した上からメッシュを圧接しスクリューにて固定している (図５(h))。チタンメッシュは図５(i) の如くよく研磨されていなければ，待機期間の間にメッシュと造成骨の間にインテグレーションが生じるため注意が必要である。

約６ヶ月の待機期間の後，粘膜を切開し，メッシュ除去を行う。

チタンは丹念に研磨されており，骨から容易にはがすことができる。これは細かいことではあるが，その後の補綴を進めていく上で重要なことである。こうして，入念に骨造成のために

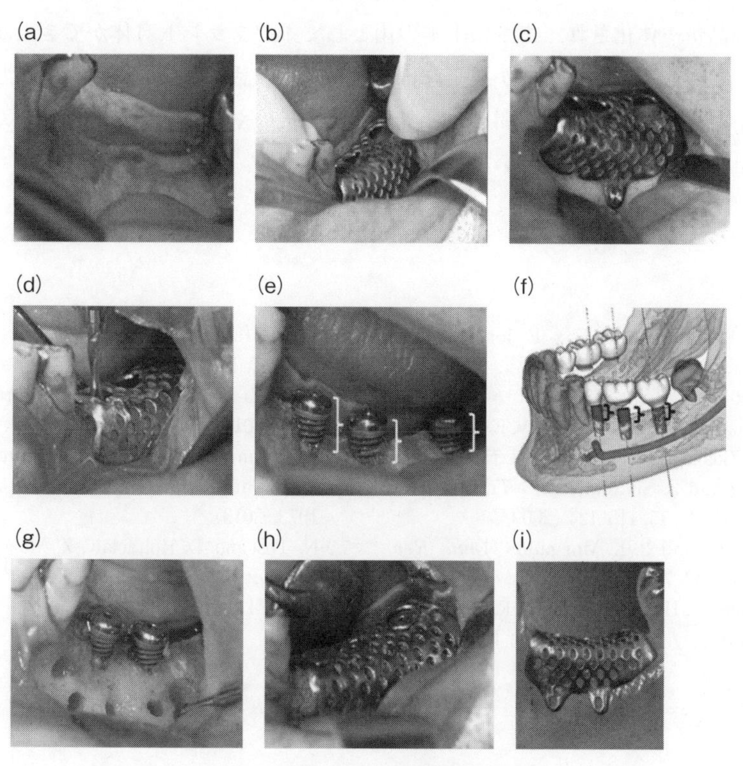

図５　GBR による骨造成の実際

(a) インプラント埋入に不十分な，吸収した歯槽骨。(b) デバイスの適合具合の確認。(c) 仮固定。(d) 埋入位置の指標のために簡易ステントとしても用いることが出来る。(e)，(f) シミュレーション画像 (f) と同様の埋入位置となった。(g) 血流確保は皮質骨穿孔にて行った。(h) 自家骨を下顎枝外側より採取しチタンメッシュで覆った。(i) 当初トラブルに対処するために２穴のデザインとしていた

設計され，つくられたチタンメッシュは役目を終える訳である。他の金属や，チタン合金でのメッシュ作成も考えられるがやはり，圧倒的な生体親和性と適度な強度などを考えると，やはり今回選んだ純チタン粉末によるCAD/RP-SLMシステムは最適の方法といえるのではないだろうか。他にも，GoreTex® メンブレン[5)]，各種吸収性メンブレン[6)7)]等が有り有用性が報告されているものもあるが，やはり，垂直的な骨造成ではこの方法が優れているのではないか。

6. 最後に

近年のコンピュータの進化，3Dプリンタの低価格化とともに歯科医療とCAD/RP技術の関係はどんどん密接になっている。現在，補綴の主流となりつつあるジルコニアなども同じようなシステムを使用している。これまではミリング分野にて技工サイドで主に利用されていたCADであったが，3Dプリンタの登場により，CAD/RPという流れを通じて3Dテクノロジーがより身近になってきている。

今後は，インプラント体そのものもカスタムメイドになり，個人個人の顎骨形態に最適なインプラントの作製が可能になるかもしれない。さらにCAD/RPの技術を磨き，これを応用することにより，自身の手でカスタムアバットメントから上部構造まで，インプラントに必要な一連の部品すべてをカスタムメイドで作製可能になるかもしれない。また，今はばらばらであるこれらの部品が一体化され，まさに１本の歯としてインプラント自体ができ上がってくるかもしれない。どんどん夢は膨らむが，それほど遠い未来の話ではないような気がしている。この新しい技術と，チタンという人間にとってきわめて扱いやすい金属が，こうしたことを実現可能にする日もすぐそこまで来ているのではないだろうか。

文　献

1）L. Mullen, R. C. Stamp, P. Fox, E. Jones, C. Ngo and C. J. Sutcliffe：*J. Biomed. Mater. Res. B.*, **92**, 178-188 (2010).

2）P. H. Warnke, T. Douglas, P. Wollny, E. Sherry, M. Steiner, S. Galonska, S. T. Becker, I. N. Springer, J. Wiltfang and S. Sivananthan：*Tissue. Eng. Part. C. Methods.*, **15**, 115-124 (2009).

3）A. D. Lantada and P. L. Morgado：*Annu. Rev. Biomed. Eng.*, **14**, 73-96 (2012).

4）E. S. Schrank, L. Hitch, K. Wallace, R. Moore and S. J. Stanhope：*J. Biomech. Eng.*, **135**, 101011-101017 (2013).

5）P. Gentile, V. Chiono, C. Tonda-Turo, A. M. Ferreira and G. Ciardelli：*Biotechnol. J.*, **6**, 1187-1197 (2011).

6）R. E. Jung, N. Fenner, C. H. Hämmerle and N. U. Zitzmann：*Clin. Oral. Implants Res.*, **24**, 1065-1073 (2013).

7）N. Toscano, D. Holtzclaw, Z. Mazor, P. Rosen, R. Horowitz and M. Toffler：*J. Oral Implantol.*, **36**, 467-474 (2010).

第2節　3D 造形機による臓器モデルの作成と医療現場での利用

名古屋市立大学　國本　桂史

1. 3D ラピッドプロトタイピングについて

現在，様々な手法によるラピッドプロトタイピングの技術利用が進められている。その手法により様々な呼び方や名称がある。

1.1　光造形機

主に紫外線レーザ光を利用して液状樹脂または粉体樹脂を硬化させながら積層構造をつくる手法で造形。

1.2　3D プリンタ

樹脂を利用するものと金属を利用するものの大きく分類して２種類がある。一つは，熱で溶融した樹脂をインクジェットのノズルから出すように射出して硬化させながら積層していく手法。

もう一つは，チタン合金などの金属の粉体を電磁ビームやレーザを利用して溶融し積層していく手法がある。

1.3　CNC 工作機等を利用して切削により造形していく手法

この手法の弱点として造形物の内部構造を作成することができなかったが，現在はレーザ光や電磁ビームを使用してチタン合金などの粉体金属を溶融して，ミクロン単位で３次元プリンティングと切削を交互に行い，いままでの CNC 工作機では不可能な中空構造を造形できる金属光造形複合加工機が使われるようになってきた。

2. 医療における支援システムとしての臓器モデル

臓器は同じような機能があったり全体として機能を担うなど，器官系でまとめて考えたりするので造形するためには，臓器全体の関係を考慮しなければならない。医療においては，様々な直接目視できない臓器の可視化と，その形状に直接触れるようにするということは永年，医療現場では求められてきた課題である。

次にあげる３項目の解決が，より具体的な医療行為への支援になると考える。

- ●構造が複雑すぎて２次元の DICOM データや CT データでは容易に確認しづらい。
- ●点群データの DICOM ビューアーでの３次元認識が難しい。
- ●臓器の３次元形状を直接的に目視が望まれる。

3. 3D 臓器モデルについて

現在，世界において医療領域では医療機器，医用機器，ヘルスケア機器，介護ロボット，介助ロボット，手術室の設計・計画などあらゆる方向へと 3D モデルの利用が進められている。その中でも大きな期待をもたれているのが，手術の術前シミュレーションに利用される臓器モデルである。臓器の中でも，骨や心臓，肺臓，腎臓，肝臓，膵臓などというあらゆる内蔵とその疾患部の正確な造形手法と利用は日進月歩のスピードで進化している。

3D 臓器モデルの医療領域における利用には，大別して 3 種類の利用方法がある。その利用方法により，制作方法も異なる。

① 正確な形状，重量，内部構造そして表面の微細形状再現ができている 3D 臓器モデル

② 人体臓器と同等の柔らかさがある 3D 臓器モデル。動きを伴うものも考えられ制作研究が進められている。拍動を伴う可動 3D 臓器モデル

③ 筋肉の組成構造を作成して，よりリアルな手術シミュレーションができる 3D 臓器モデル。電気メスで切ることもできるモデルを検討

④ 体に最適化した新しいチタン合金の粉体を利用して電磁ビーム，またはレーザビームを使用して作成される骨格組織の 3D 臓器モデル。

グラビティ（重力）と，様々な応力データにより，骨組織の中空ポーラス構造の自動設計システムにより，人体と同等の重量分布もつくり出せる。股関節，膝関節などの関節の最適化設計と制作される 3D モデルを作成することで，再生から再現への新しい方法を利用できる。

4. 臓器モデルの制作プロセス

4.1 3D 臓器モデルの制作プロセス（図 1）

MRI（magnetic resonance imaging，核磁気共鳴画像法）や CT（Computed Tomography，コンピュータ断層撮影）などの機器を使用して，人体内部の医用画像を取得し，医用機器からは画像統一規格：DICOM データが出力される。

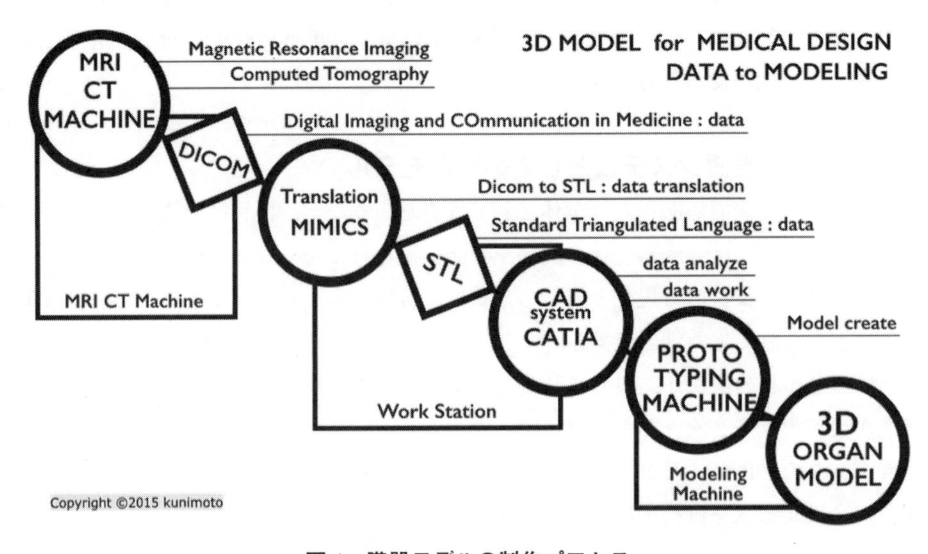

図１　臓器モデルの制作プロセス

4.2　DICOM データ

ワークステーションで変換ソフトウェアを利用して DICOM 形式から STL 形式に変換される。この際，生体データの解析と微細な閾値調整などの作業を行い，CAD system の中で正しく扱えるようにする。

4.3　STL 形式のデータ

CAD system で形状が正確になるように画像処理し，臓器モデルの造形に使用するモデリング素材用に，最適化されたモデリングデータを作成する。

この 3D 臓器モデル制作プロセスの流れのなかで，検査時の造影剤などの条件差異の影響や，生体の動きにより発生したデータ精度の誤差や，同じ条件でのデータ取りが行えないため等でのデータのばらつきなどを STL 形式データにおいて修正処理を行う。

4.4　処理された適切なモデリングデータ

3D 造形機におくり 3D 臓器モデルの作成を行う。

5.　臓器モデルの 3D 造形例

5.1　肺モデルの造形へ

5.1.1　呼吸器系器官の 3D モデル化のためのアプローチ

新型ネビュライザー開発のために，肺構造の詳細な理解のため，また肺の中での空気の流れを見える化するために，正確な肺構造，気道系の構造の解析を行った。この数値流体解析のための肺 3D 臓器モデルが，その後の臓器モデルを作成するためのノウハウのベースとなった。

精度よく呼吸器系の形状が再現されているようにみえるが，細部にわたって確認すると，肺の内部組織として気管支のみではなく血管も同時に抽出されている。これは，気管支と血管の内壁組織の CT 値が近似しているためであるとともに，X 線 -CT 撮影時の生体の動きによる測定誤差が原因とみられる近傍内壁の結合が確認できる（図 2，図 3）。

この再現手法では，呼吸器系の形状

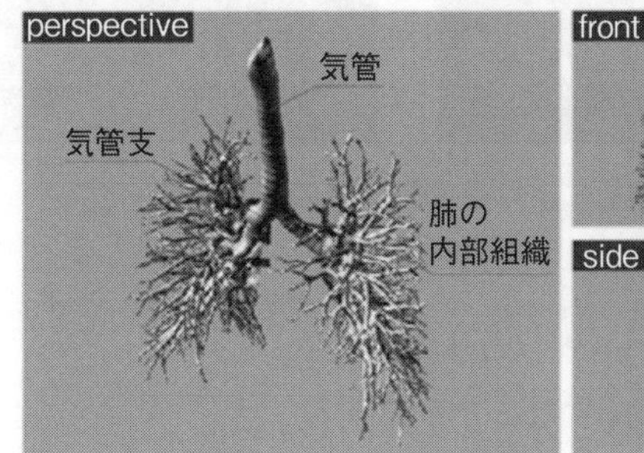

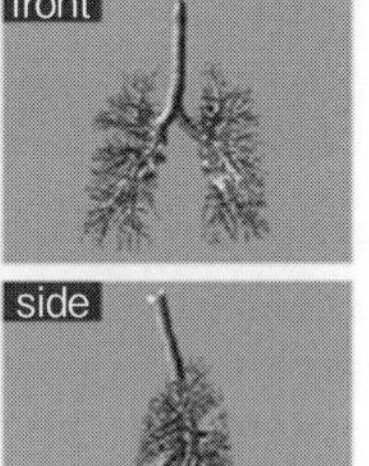

▲CT 値（−700〜−200）で抽出した皮膚組織

図 2　呼吸器系器官の 3 次元画像

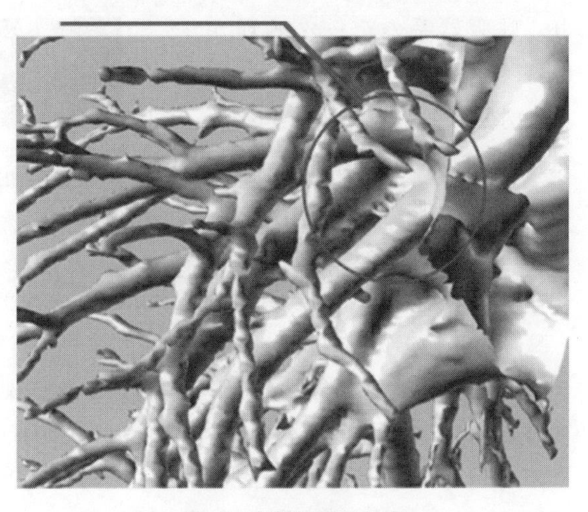

図 3　内部組織の結合

のみの再現は困難であると判断し，別の再現手法を試みた。呼吸器系組織を抽出するため，DICOM データから抽出する CT 値を皮膚組織として一般的な（－700～－200）とし，さらに目的の呼吸器系以外の組織を削除し呼吸器系の組織のみの再現を試みた。

私たちの身体の中には多くの流れがある。これらの「流れ」を充分に解析することにより，人間の身体内の流体特性や圧力などの影響を，今まで見てこなかった視点からの研究が可能になる。

5.1.2　数値流体解析モデルの作成

抽出された呼吸器系を解析し，呼吸時に近い状態の数値流体解析モデルを作成（**図４，図５**）。

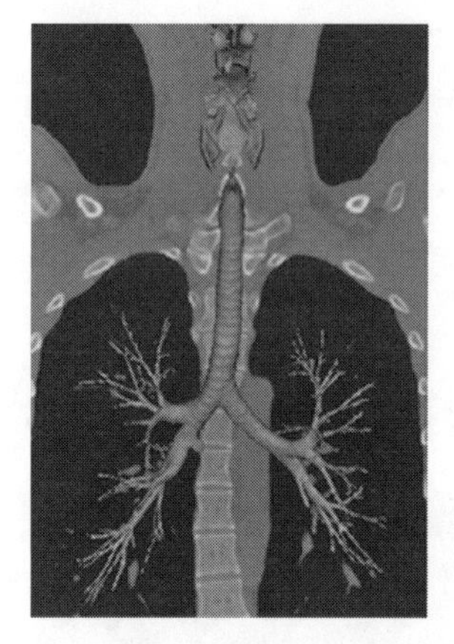

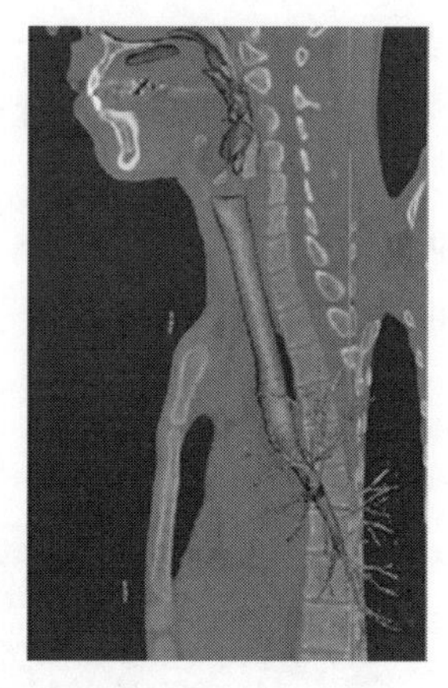

図４　解析により生成した肺の３次元データ

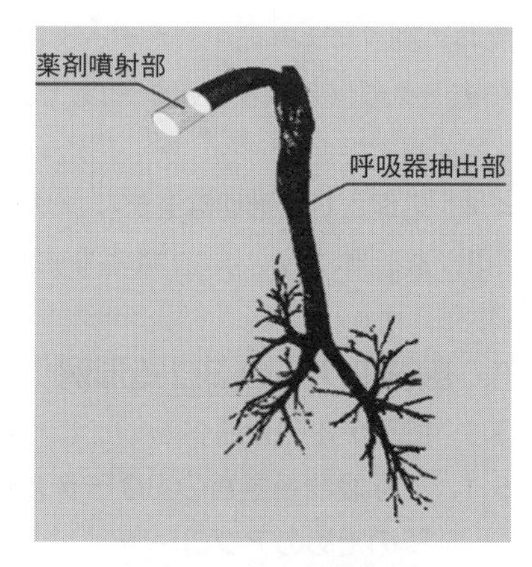

図５　数値流体解析モデル

これにより，生体の内部での「流れを見える化」することができる（**図６**）。

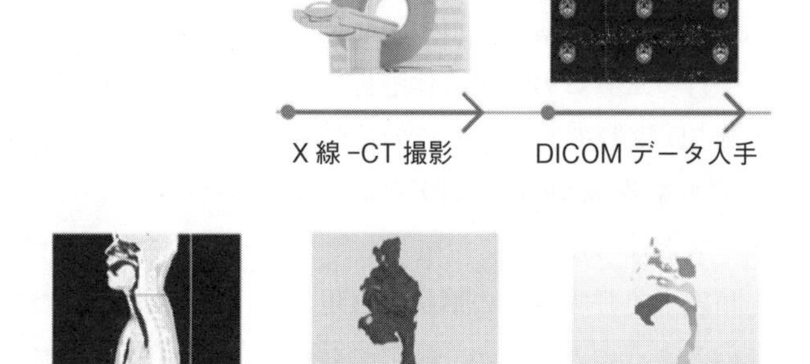

図６　数値流体解析モデルの作成プロセス

呼吸器系モデルの血管と気管の分離解析と気管部分の抽出により，呼吸器系のデータ処理が CAD system［CATIA V6］で行え，副鼻腔，鼻腔，口腔，声帯，気管，気管支の正確なデータ化と共に，３次元形状を書き出すことができた（**図７，図８**）。

これにより Rapid Prototyping Machine：レーザ光・光造形機：［Viper］での造形を行う。

臓器モデルの作成には様々な特性をもつ多種な材料を使用することが必要であるが，グラビティの影響を受ける臓器材質・形状や構造を造形出力するためには，グラビティの影響による変形をさけるために硬質素材の材料を使用した形状確認モデルを作成する。

ここでは，正確な構造形状を確保するために ABS ライクの樹脂材料を使用し，紫外線レーザ光による 3D 造形を行う（**図９**）。

(a)　副鼻腔

(b)　鼻腔

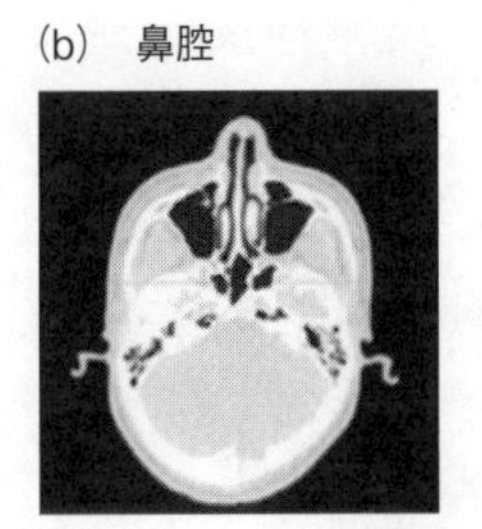

(c)　口腔

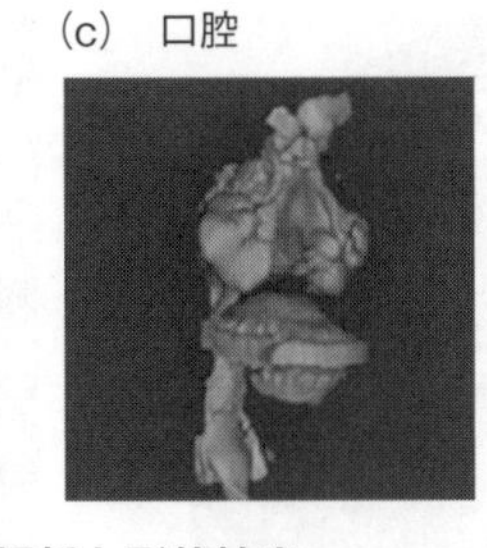

(d)　声帯上部

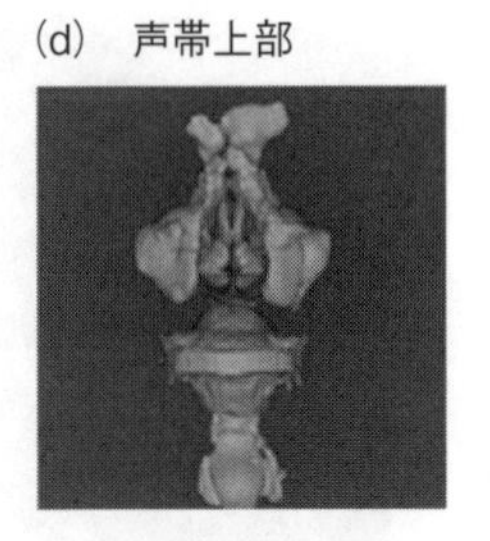

図７　各部の解析と形状抽出

数値流体解析用呼吸器モデルの作成

鼻孔：流出口
口：流入口
壁面
気管支末端：流出口

図８　数値流体解析呼吸器系モデル

図９　呼吸器系全体モデル：ABSlike

6.　生体間移植手術のための術前シミュレーションで使用する肺モデルのデータ作成

造影剤使用でデータ取得した DICOM データ（レシピエントの肺疾患部位と，ドナーの肺移植部位）の解析と CAD system で利用するために DICOM 形式から STL 形式へ変換したデータを作成。

レシピエントの肺の DICOM データを解析し，CAD system CATIA：V6 で構造解析ができるように STL 形式のデータに変換し，CAD system で外科医チームと検討を行う（**図 10**）。

この DICOM データはスライスピッチが粗いため階段状の形状になっているが，医療で利用する場合に絶対に行っていけないのは，造形形状にスムージングをかけることである。手動でも自動でも，段差のあるデータにスムージング処理で行うことで，元の人体の臓器や構造とは

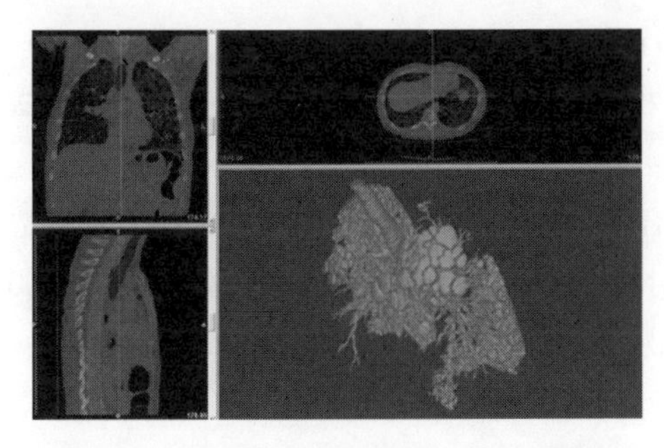

図 10　DICOM データ分析とデータ変換

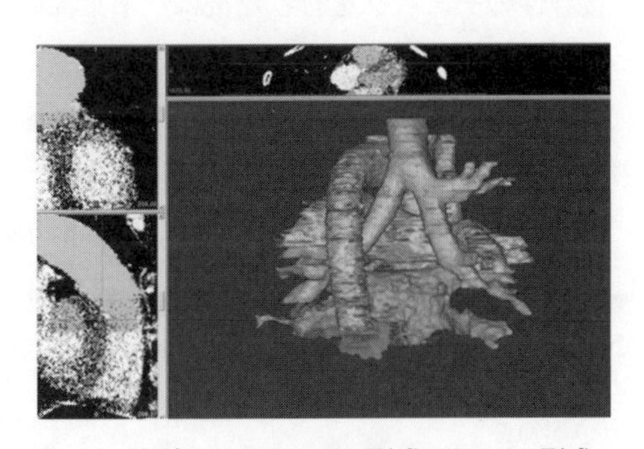

図 11　肺データの DICOM 形式から STL 形式へ

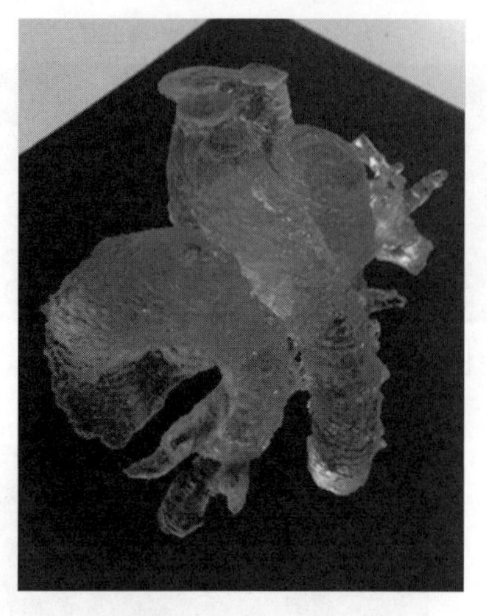

図 12　肺上部ソリッド構造モデル：ABSlike

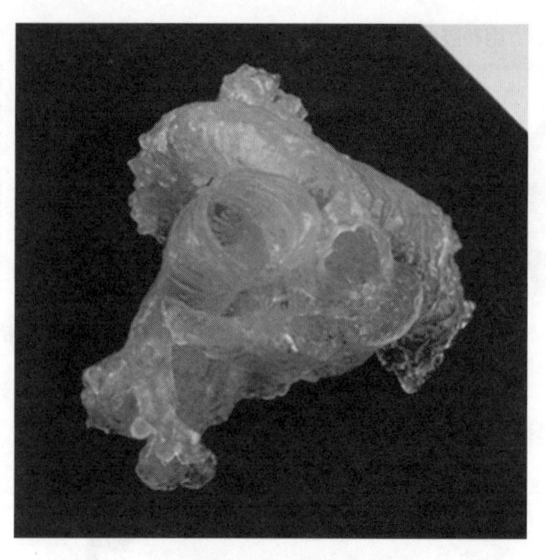

図 13　肺上部・中空構造モデル：ABSlike

似て非なる形状になることを理解しておかなければならない（図 11）。

まずは，造形する部分の形状とボリュームを把握するために，最初に造形するのは，ソリッドモデルである（図 12）。

第２ステップでは，臓器形状の場合中空組織になっているので，中空部を内包したモデルを造形する。この場合，内包されているのが気体（空気）であるか，液体（血液，体液など）であるかにより，解析のパラメータや処理が異なる（図 13）。

切断したりするなどのシミュレーションを行うためのモデルでは Nylon66 などの切削加工が可能な材料での造形が必要である（図 14）。

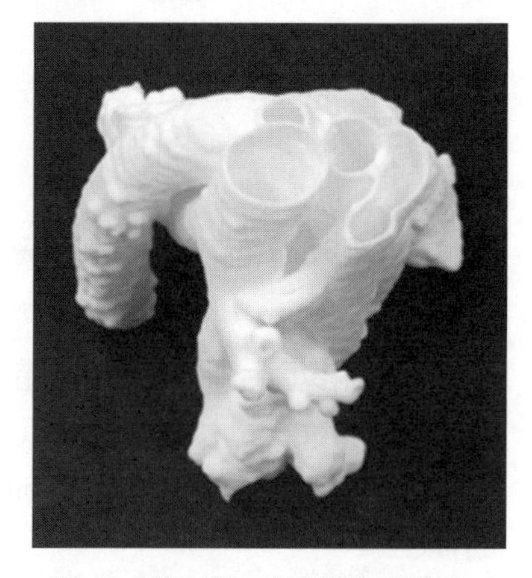

図 14　肺上部・中空構造モデル：Nylon66（切断加工可能）

このデータは，生体移植するドナー側の肺構造である。下葉部の移植する部分の精細な解析を行いレシピエントの肺上部との接合性のチェックを行う（図 15）。

接合性のチェックを行った後に，下葉部の移植する部分の正確な 3D モデルを作成してレシピエントの肺上部との接合性の具体的チェックを行う（図 16）。

レシピエント側の肺上部と，ドナー側の下葉部の相対する状況は，生体間移植で重要であるので，特に精細に行う（図 17）。

実際の肺の生体間移植手術では，生体相互の整合性が重要であるが，空気が除かれた肺構造は元の形状を維持できない。そのため縫合部の相対関係部分を正確に確認するために，nylon66 で作成されたモデルを切ることで，精度の高い手術シミュレーションが可能になる（図 18）。

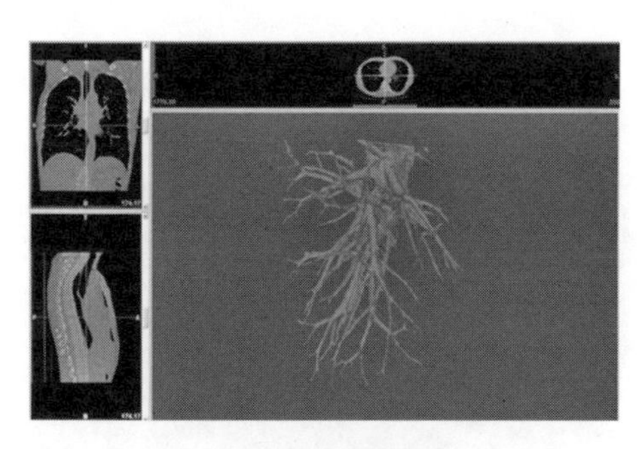

図 15　ドナーの肺下葉部の解析とデータの作成

図 16　下葉部・中空構造モデル：ABSlike

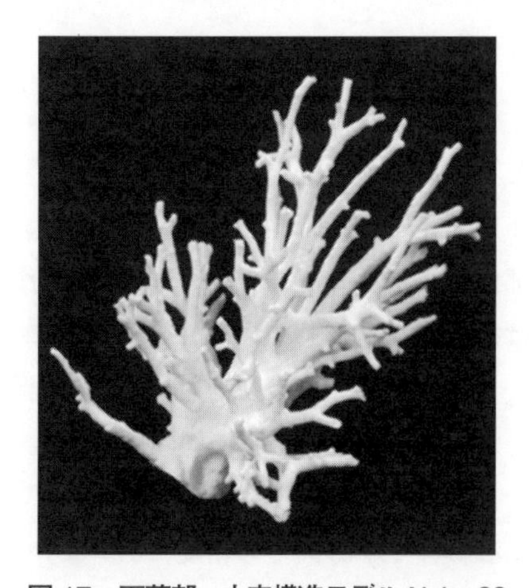

図 17　下葉部・中空構造モデル Nylon66

図 18　肺上部と下葉部をモデルでの接合確認

7. ダ・ビンチ利用の腫瘍切除手術の術前シミュレーションで利用する 3D 腎臓モデルの作成

レシピエントの腎臓の DICOM データを解析し STL データへの変換を行い CAD system で 3 次元画像化する。腫瘍部分の状況を確認し，3 次元画像により担当医師とともに 3D モデル化へ詳細部分を解析・検討を行う（**図 19**）。

腎臓の腫瘍部分形状（腎細胞癌）を軟質素材を使用した 3 次元積層方法（3D プリンティング）により正確に造形する。腫瘍を DICOM データによる画像，3D 腎臓モデルによる解析診断を行い腎部分切除を行う。軟質素材での腎臓モデルでの腫瘍切除の術前シミュレーションを行う（**図 20**）。

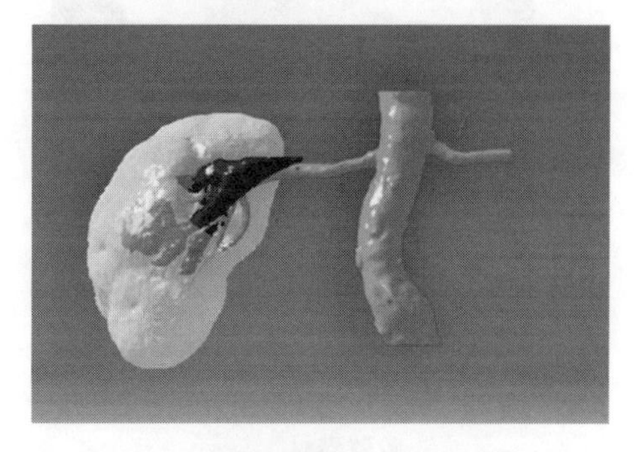

図 19　腎臓腫瘍部位の画像解析

腎臓の内部形状，状態の確認を行うために断面モデルを作成。内部の形状を高い精度での再現（**図 21**）。

腎臓と腫瘍との位置関係を明確にするための

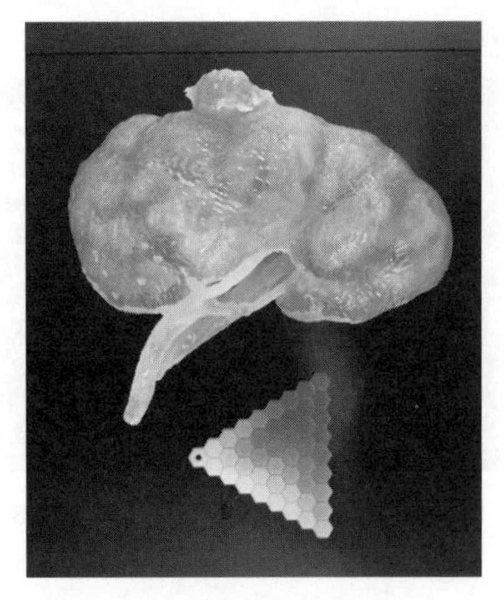

図 20　腎臓・腫瘍の 3D 軟質モデル
：軟質素材

図 21　腎臓の軟質カットモデル
：軟質素材

スライスカットモデルを作成。腎臓における腫瘍の位置と正確な形状を把握する（**図 22**）。

ダ・ビンチ（da・vinchi）を使用して術前シミュレーションを行った軟質素材での腎臓モデル。術前に 2 回にわたる術前シミュレーションが行え，腫瘍部位へのアプローチの綿密な検討も行える。この腎臓モデルでは，腎臓を覆っている脂肪部分は排除して造形している。術前シミュレーション時には腎臓モデルを実際の臓器の硬さに調整して，ダ・ビンチでの切除を行う（**図 23**）。

軟質腎臓モデルを使用してのダ・ビンチによる術前シミュレーションでの腫瘍切除（**図 24**）。

術前シミュレーションでの腫瘍切除（**図 25**）。

柔らかい軟質 3D 臓器モデルの場合は，グラビティによる影響で y 方向での精度にあいまいさがあるため，サイズでの精度を上げるためにレーザ光造形システムで作成された ABAlike の

図 22　腫瘍形状確認用カットモデル
：軟質素材

図 23　腎臓術前シミュレーションモデル
：軟質モデル

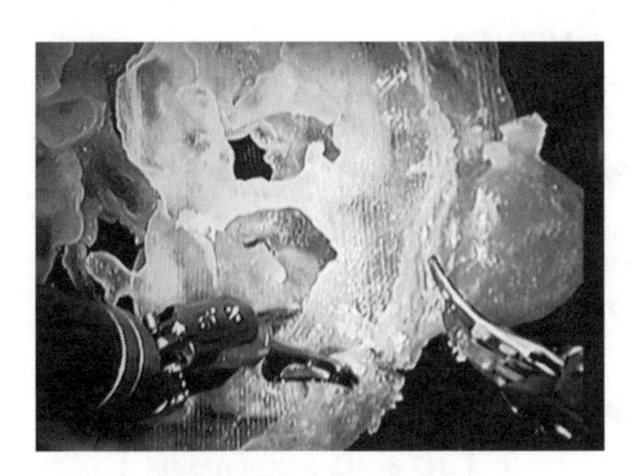

図 24　腫瘍切除の術前シミュレーション
：軟質モデル

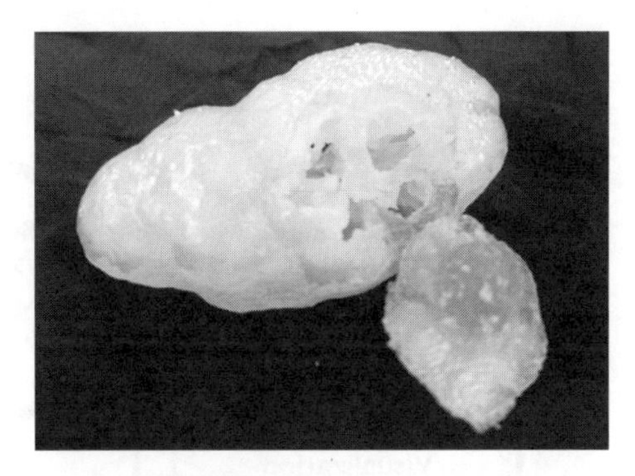

図 25　腫瘍切除シミュレーションモデル
：軟質モデル

3D 臓器モデルを使用し，エコー画像との比較を行い腫瘍の詳細なサイズを確認（図 26）。

図 26　高精細度の 3D 臓器モデル ABSlike

8. これからの 3D 臓器モデル利用の展開について

8.1　3D 臓器モデル

患者からデータを抽出し作成した臓器モデルを使用することで，臓器の詳細な構造や状況を確認できる。2D の画像での判断や，3D 画像でも視覚ディスプレイ・モニターで視認するときは 2 次元になってしまうため，経験による差異が出やすい。3 次元臓器モデルでのあらゆる方向からの同時確認が行えることにより，医療従事者の高レベルな情報共有化が進み，診断がより確実なものになる。

8.2　3D 臓器モデルの軟質素材利用

3D 臓器モデルの軟質素材利用による生体ライクな検討ができるとともに，実際にスカルペル（scalpel）鋏（scissors for surgery）を使用して切ることができる。ダ・ビンチ（da・vinchi）などのロボット・サージェリック機器を使用しての術前シミュレーションが可能になる。また，軟質なゲル素材に導電性をもたせたものを使用することより，実際の手術と同じような感触で電気メスを使用しての手術シミュレーションが可能になる。

8.3　4D 臓器モデル（3D＋Time Axis）

3D 臓器モデルに時間軸（time-axis）をもたせることにより，生体と同じような動きを与えることも可能になる。そして拍動する心臓の 4D 臓器モデルも作成可能になる。

また，生体材料を使用した 3 次元造形により，生体への埋め込みが可能な 3D 臓器モデルへの展開が考えられる（図 27）。

軟質素材を使用して脳の構造や部位ごとの硬度や組織を再現し，拍動する 3D 脳モデルへ展

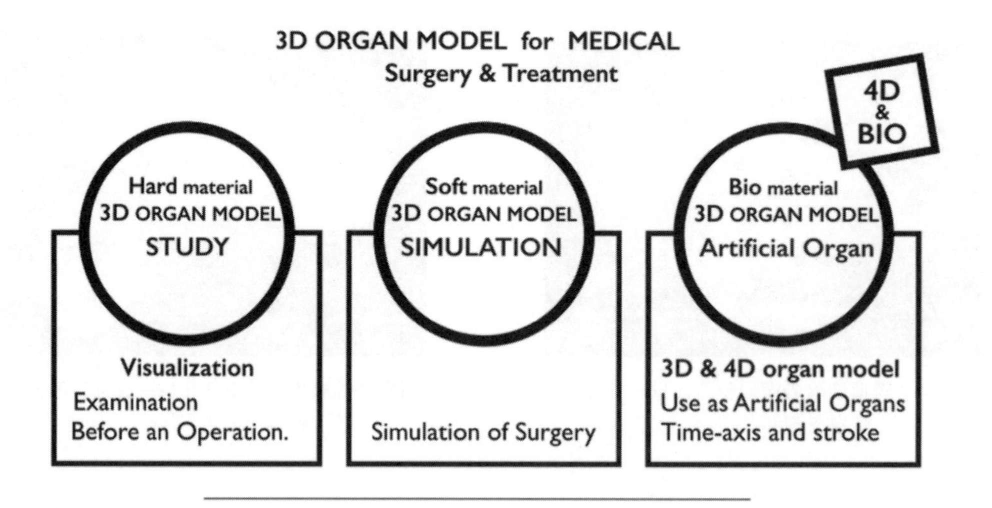

図 27　これからの臓器モデルの展開

開が期待できる（図 28）。

医療従事者が新しい臓器モデルを利用して医療行為に関わっていくシステムの概念が Medical Reverse Designing である（図 29）。

図 28　脳の軟質モデル：拍動検討モデル

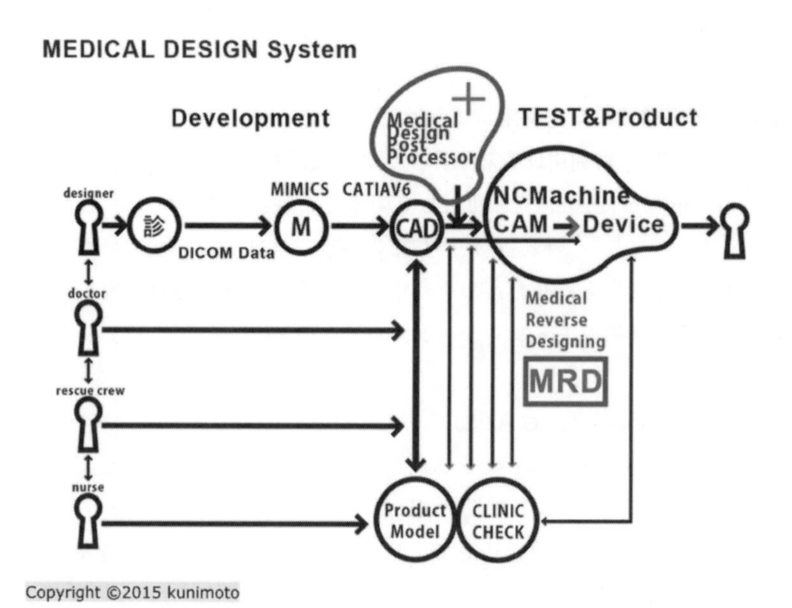

図 29　MRD : Medical Reverse Designing

第3節　3D プリンタ活用による医療機器開発

株式会社石澤製作所　小山　克生

1. 開発経緯

本件開発の経緯は，㈳山形県産業技術振興機構主催の医療機器産業参入セミナーへ参加していた関係で 2013 年 5 月に耳鼻咽喉科の医療機器製造販売会社である第一医科㈱（通称：First）の紹介を受ける（**図 1**）。

1.1　開発依頼内容

長年，一般医療機器である耳用診察器（商品名：オトスコープ）を海外から輸入販売しているがデザイン，性能を含めたモデルチェンジを行い国産製品として拡販したいとの依頼があった（**図 2**）。

1.2　オトスコープの機能，特長

オトスコープは耳鼻科，小児科，内科などで診察初期に患者の外耳から細いロート状の管を入れキセノン電球の明かりで外耳道及び中耳内患部の観察のみならず治療のために器具の使用も可能な医療機器である（**図 3**）。

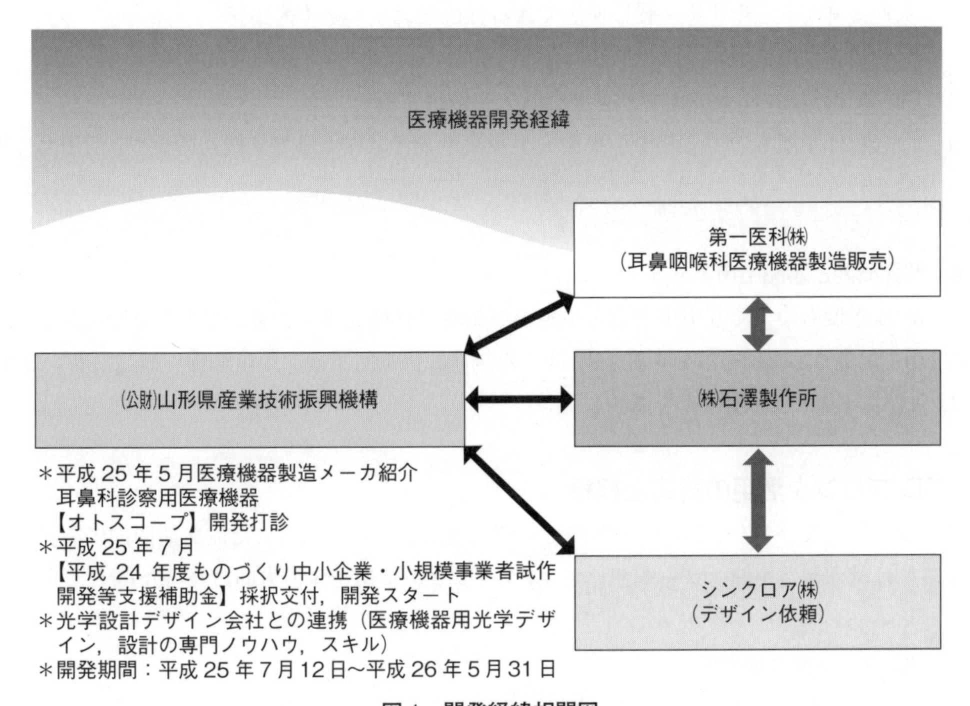

図 1　開発経緯相関図

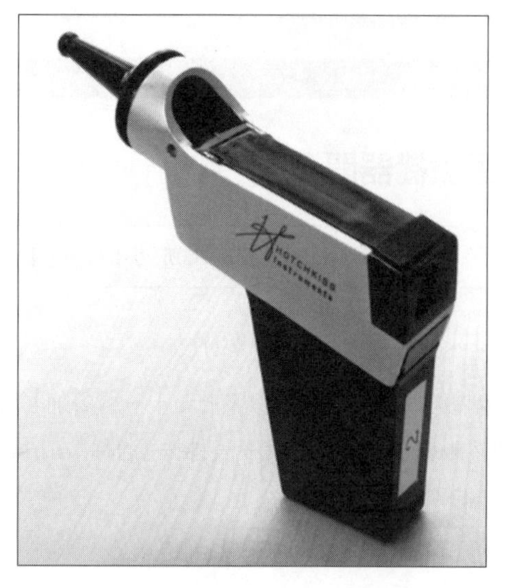

図２　海外製オトスコープ外観

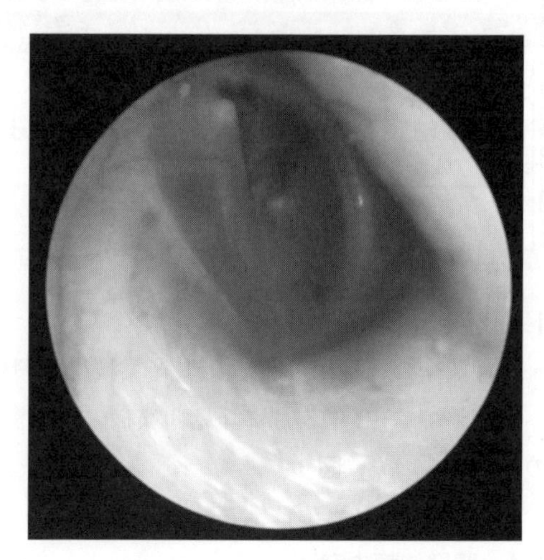

図３　中耳内部の観察画像

1.3　開発コンセプト

① 他社にない観察と処置が同時にできる機能
② 光源であるキセノン電球は寿命や電池消費量軽減のため LED 採用
③ 電源は単三電池から単四電池へサイズダウンし軽量化を図る
④ ファインダー接眼部（覗く部位）の視認性が良くないため改良し観察しやすく
⑤ オプションとして CCD カメラ，スマートフォンとの接続でモニターでの画像観察，記録保存（スマートメディア，PC 等）の拡張
⑥ 女性医師がもちやすく手軽に使用できる軽快なデザインイメージ
⑦ デザインは医療機器，医療照明関係を手掛けるシンクロア㈱へ委託する
⑧ 開発期間短縮のため 3D プリンタを購入，活用する
⑨ 「平成 24 年度ものづくり中小企業・小規模事業者試作開発等支援補助金」を活用して開発を行う

1.4　開発概要と製品上市

「平成 24 年度ものづくり中小企業・小規模事業者試作開発等支援補助金」の交付決定を受け期間 2013 年 7 月 18 日～2014 年 5 月 31 日での試作評価を完了後，量産準備，製造を行い 2014 年 12 月から First が国内販売を開始した。

2.　3D プリンタ活用の背景と経緯

補助金の活用及び First からの短期間での開発要請もあり，限られた開発期間内に開発を完了するには試作製造短縮のツールとして 3D プリンタの活用をする方向になった。

2.1　3D プリンタ機種選定

展示会見学や販売会社の PR で国内製は少なく海外製が主流で販売されている状況で，今回の開発事情からすぐ購入する必要もあり性能，価格（予算）をメーンに数社から選定を行った。

2.2　選定機種仕様（基準）

①　価格（予算）：400～500 万円

②　性能：積層ピッチ 30 µm 程度

造型サイズ：（X）250 mm×（Y）200 mm×（Z）150 mm 相当

精度：± 0.1 mm 以内

大きさ，重量：（W）1,000 mm×（D）800 mm×（H）800 mm 以内，100 kg 以内

2.3　選定結果

特長として積層ピッチが 28 µm と細かく，製品外観，嵌合部寸法などが保持しやすいことに加えて予算の関係上，米国 Stratasys 社製：OBJET24（**図 4**，**図 5**）に決定し購入した。

図 4　OBJET24 外観

図 5　アッパーカバーを開けた状態

2.4　開発への投入（3D プリンタの稼働手順）

開発工程への投入だが，動作させ製品にするにはまず 3DCAD データが必要である。当社（㈱石澤製作所）設計課で使用している 3DCAD ソフトウェアは SOLIDWORKS であるが，デザイン依頼先から 3D データを供給して貰いそれを 3D プリンタへ入力する。

データ投入後，製品に使用する材料（主剤：アクリル系樹脂，補助剤）を投入しスタートすれば製品づくりを開始する（**図 6**）。

材料が 2 種類なのは製品が形成されるのが主剤，穴やスキマなどの空間部はジェル状の補助剤が充填され製品の形となる。

製品完成後の仕上げとして空間部の補助剤を除去する必要があり，高圧洗浄機などで除去，水洗後，乾燥させる一連の流れで完成となる。

図 6　3D プリンタ稼働状態

3. 開発工程での活用内容

3.1　開発スケジュール

開発スケジュールは，**表１**のとおり（試作開発 11 か月＋量産５か月）である（**図７〜14**）。

表１　開発スケジュール

開発工程	【2013年】7月	8月	9月	10月	11月	12月	【2014年】1月	2月	3月	4月	5月	6〜11月	12月
市場調査	→	→											
４者会合	◎	◎	◎										
スペック確認	→												
デザイン案		→											
光学設計仕様		→	→										
開発計画		→	→										
第一次デザイン		→	→										
モデル試作●（図７, 図８）			→	→	→								
４者会合評価				◎									
モデル改良				→									
改良試作●					→								
学会展示会、評価確認						★							
第二次デザイン						→	→						
４者会合評価							◎						
モデル試作●（図９, 図10）							→						
モデル評価									◎				
第二次モデル改良●									→				
スペック変更（４者会合）										◎			
第三次デザイン										→			
モデル試作●（図11, 図12）										→			
第三次モデル評価（４者会合）											◎		
周辺装置試作●（図13, 図14）								→		→			
量産準備（７月〜11月）												→	
薬事法申請												☆	
医療機器製造許可申請												☆	
【発売】													→

※●印は工程の中での 3D プリンタ活用

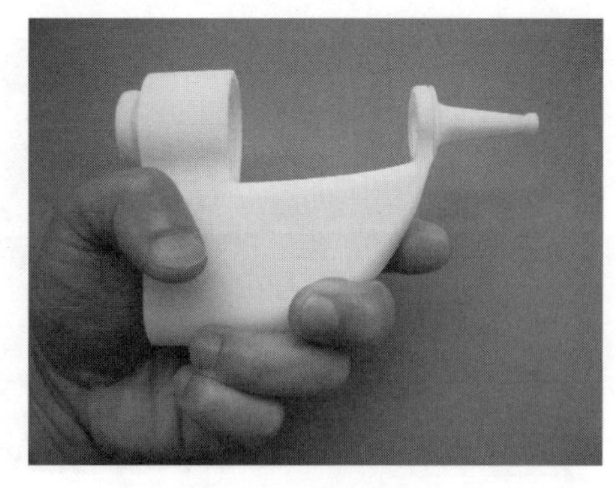
図７　第一次モデル①

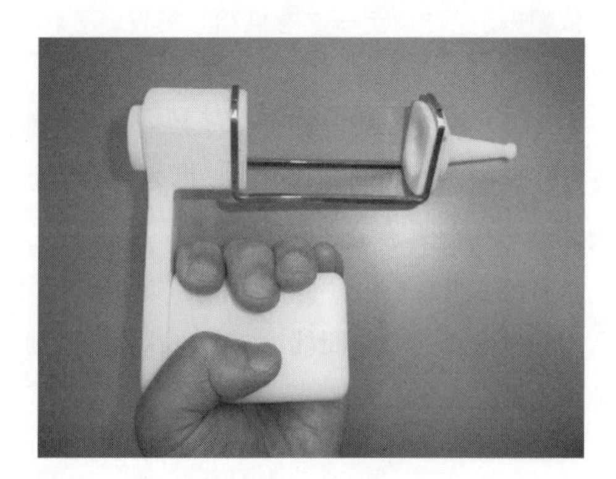
図８　第一次モデル②

図９　第二次モデル①

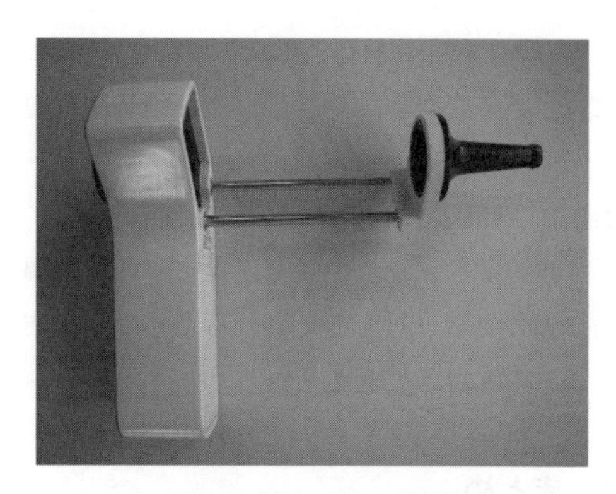

図 10　第二次モデル②

図 11　第三次モデル

図 12　第三次モデル（LED 点灯時）

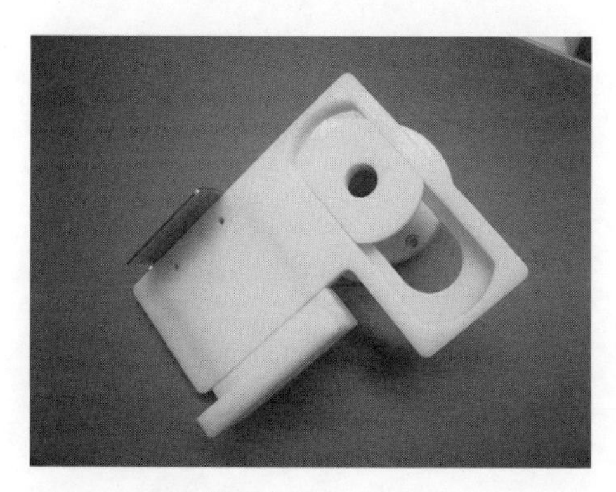

図 13　周辺装置（スマートフォンホルダ）

図 14　スマートフォン取付け時

3.2　3D プリンタ活用効果

3.2.1　試作期間の短縮

従来，社内または外注手配期間：15 日〜30 日⇒１日〜2 日になった。

極端な話，簡単な形状であれば設計担当者が 3D データを作成し，帰宅時 3D プリンタへセッティングすれば翌朝でき上がっているのである。

3.2.2　試作モデル確認と改良が容易

図面上で得られないモデル外観の触感が直に得られ評価しやすい。評価後改良項目があれば，すぐに3Dデータを修正しセッティングすれば短時間で製作できる。デザイン上，複数案評価に対し短時間で作成できるため評価時間も短縮できる。

3.2.3　3Dプリンタ活用の有効性

上述のように従来の開発工程において大幅な工数短縮ができることは短納期対応が可能となり，顧客要望に対し応えられるため中小企業の製品開発にとって，今後増々重要なツールのひとつに成り得ると考えられる。

4. まとめ

ランニングコストに関しては，当社で使用する機種は低価格でもあり，樹脂材料もアクリル系1種類しか使用できないが一般のプリンタでインクが高価なのと同様に樹脂材料が高価である。参考に主剤，サポート剤4kg入りで19万2,000円で従来加工品等と比較すればコスト増になる。しかし，先にも述べたように製品開発期間短縮を図る，また特に外観デザインを要求される製品開発に使用するには最適なツールであると感じた次第である。

第4節　3D プリンタ活用によるカスタムメイド型人工骨の製作

東京大学 高戸　毅　東京大学 藤原　夕子　東京大学 菅野　勇樹
東京大学 西條　英人　東京大学 鄭　雄一　東京大学 星　和人

1. はじめに

近年，比較的安価で操作性にも優れた３次元（3D）プリンタ装置の開発が進み，製造業や建築などの領域で普及している。医療の分野においても，核磁気共鳴イメージング（Magnetic Resonance Imaging；MRI）やコンピュータ断層撮影（Computed Tomography；CT）などの 3D データをもとに 3D プリンタを活用し，立体構造体を作製するような技術開発が進められている。

顎顔面領域においては，腫瘍や先天異常，外傷などにより骨欠損を生じるが，従来から行われている自家骨移植による再建は侵襲性が高く，審美的にも納得を得ることが困難な症例も多い。そこで筆者らは，低侵襲を実現しうる新たな治療法として，再生医療を応用した治療法の導入に積極的に取り組んできた。その一つが 3D プリンタを用いた人工骨の開発であり，患者の欠損部に適合する形態と，骨再生に有利な内部構造を有し，将来的には自己組織に置換するようなカスタムメイド型人工骨（CT-Bone）の作製を目指してきた。

本節では，顎顔面領域における骨再建の現状を概説すると共に，筆者らが開発に携わってきた CT-Bone の研究過程や臨床応用の症例を供覧する。

2. 顎顔面領域における骨再建

腫瘍切除手術や外傷などにより，上顎骨や下顎骨などの顎顔面領域の骨が欠損すると，咀嚼機能が障害されるばかりでなく顔貌も変形し，患者の生活の質（Quality of Life；QOL）は著しく低下する。従来から，形態的・機能的に優れた再建を行うため，遊離骨移植や血管柄付き骨移植など様々な手術術式が報告されてきた。しかし，複雑な形状を有する顎顔面領域において，移植部に適した形態にするために術中に移植骨の整形が必要となることも多く，審美的にも十分に満足がいく再建を行うことは難しい。また，採骨部にメスを入れるために侵襲性が高い手技であり，採取可能な量と形状にも制約がある。

そのため近年，腸骨から採取した骨髄海綿骨（Particulate Cancellous Bone and Marrow；PCBM）とチタンメッシュトレーによる骨再建法が多用されている[1)]。この方法では，トレーを適切に整形することにより，より自然な形態修復が可能であり，義歯やインプラントなどを併用した良好な咬合回復も期待できる。PCBM に含まれる未分化間葉系由来の細胞による新生骨形成，それに引き続く骨吸収，骨形成により，周囲の母床骨に対応した骨改造が誘導される。従って PCBM は，生体が有する骨再生能を引き出す *in situ* tissue engineering（体内へ移植後に組織再生が促進されるため，*in vivo* tissue engineering とも言われる）であると考えられている。その他，顎顔面領域で *in situ* tissue engineering に基づく治療法としては，小下顎症の治療で用いられる骨延長術があげられる。これは，骨切り部が治癒する過程で生じる仮骨を，ゆっくりと牽引することにより骨形成を誘導する治療法である。

足場素材（スカフォールド）に細胞を播種し，成長因子の存在下で組織形成を誘導するという tissue engineering（組織工学）の概念が，ハーバード大学 Dr. J P. Vacanti とマサチューセッツ工科大学の Dr. R. Langer により提唱されたのは，1993 年のことである[2]。当時，彼らが報告したマウスの背中に乗ったヒトの耳の写真は，世界のマスコミで広く取り上げられ，再生医療を一躍有名にした。その後，再生医療分野における研究の発展は著しく，近年，本邦においても人工多能性幹細胞や再生医療の動向に注目が集まっている。しかし，上述の PCBM とチタンメッシュトレーによる骨再建法や骨延長術などのように，従来から行われている治療にも再生医療の概念を利用した治療法が散見され，再生医療は必ずしも目新しい治療ではないことがわかる。

3. CT-Bone の研究開発

自家骨移植では採骨部への侵襲は避けられず，採取量にも限界があるため，米国を中心とした諸外国では，死体から採取した凍結保存の他家骨移植が盛んに行われている。他家骨では，採取する骨の量や形態は問題とならず，移植予定の患者も，採骨が不要となるため負担が軽減する。凍結により細胞は死に，基質内の成長因子の活性も低下してはいるものの，やはり天然の骨であり機能的には優れている。しかし，感染の懸念や倫理的な問題のため，本邦ではリン酸カルシウムをベースとした人工骨の使用が盛んである[3]。リン酸カルシウムが頻用される理由としては，骨の一成分であるため生体適合性，生体安全性に優れていること，また，石灰岩とリン鉱石から合成されるため，供給量に制限がないことなどがあげられる。形状としては，通常，緻密体や多孔性のブロック，顆粒，ペーストなどが使用される。顆粒とペーストに関しては，形状の保持を単独で行うことができないため，閉鎖腔の充填に用いられている。一方，緻密体や多孔性ブロックを用いれば形状の保持は可能となるが，術者が形態を切削する必要があるため，操作性や精度に課題が残る。特にセラミック製人工骨は，硬いために削合は困難であり，また母床骨と癒合しないために顎顔面領域ではしばしば露出を経験する。したがって，現段階の人工骨は，強度，形状，操作性，分解吸収，再生誘導能などの機能面において自家骨には及ばず，これらの課題を克服する新たな人工骨の開発が求められている。

われわれは，生体が元来有している骨形成能を最大限に引き出せるようなスカフォールド，すなわち，自己の骨に置換するような人工骨の開発を検討してきた[4]。CT 画像から骨欠損・変形部位に適合するカスタムメイド型の人工骨（CT-Bone）を作製して移植する技術を確立し，複雑な顎顔面形態も容易に再現可能となった[3]。CT-Bone の作製手順としては，まず，患者の 3D 石膏モデル上で，ワックスを用いて人工骨のデザインを形成する。次いで CT を撮影し，形成したワックス部分の形状を DICOM データとして取り込んだ後，3D インクジェットプリンタを用いた粉体積層造形法で作製する（**図 1**）[5]。3D インクジェットプリンタを用いた粉体積層造形法では，α リン酸三カルシウム粉体の薄層（0.1 mm）をつくり，その上から硬化液をプリントするという過程を繰り返すことにより，外部形状のみならず，内部構造も自由に制御可能な人工骨を作製することが可能である（**図 2**）[6]。

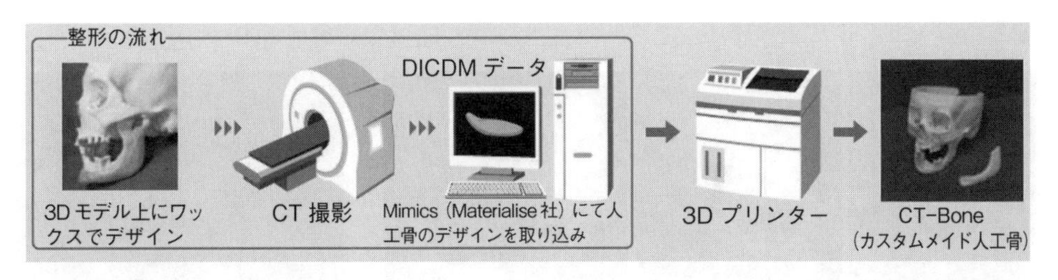

（文献 5）より引用）

図１　カスタムメイド型人工骨（CT-Bone）の作製過程

患者の欠損部に適合する人工骨を作製するため，まず，それぞれの患者の 3D 石膏モデル上で，ワックスを用いて人工骨のデザインを形成する。CT を撮影し，形成したワックス部分の形状を DICOM データとして取り込み，3D インクジェットプリンタを用いて CT-Bone を作製する

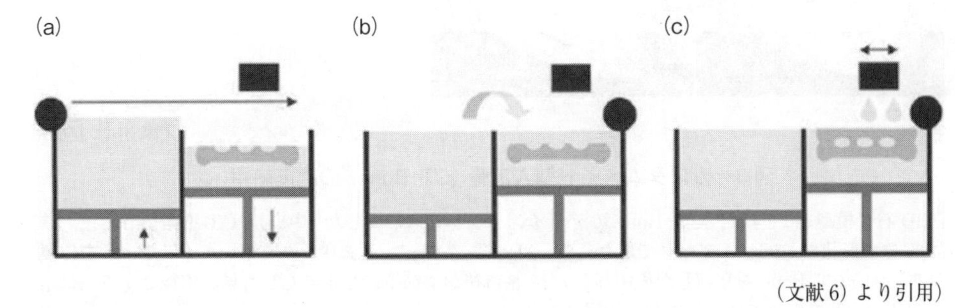

（文献 6）より引用）

図２　３次元インクジェットプリンタを用いたカスタムメイド型人工骨（CT-Bone）の作製

DICOM データを利用し，３次元インクジェットプリンタを用いて CT-Bone を作製する。(a) 左側の材料供給源のテーブルが上がり，右側の造形エリアのテーブルが下がる。(b) 材料供給エリアから，一層分の α リン酸三カルシウム粉末を，ローラーで造形エリアへ運ぶ。(c) インクヘッドが造形エリアを通過する際に硬化液を噴射する。α リン酸三カルシウム粉体の表面に硬化液を噴射する過程を繰り返すことにより，望みの形状を有する CT-Bone が作製される

4. カスタムメイド型人工骨（CT-Bone）の臨床応用

大型実験動物を用いた前臨床研究を経て，先天異常，外傷，腫瘍切除などにより非荷重部位に顎顔面陥凹変形を有する患者を対象に，2006 年３月から７月に CT-Bone の臨床研究を 10 例，2008 年 10 月から 2009 年９月に治験を約 20 例行った（**図３，図４**）[3)7)]。患者の CT 画像をもとに人工骨を作製するため，患部への適合も良好で，術者による形状調整がほぼ不要であった。また，造形後の焼結を行うことなく，十分に手術に耐えられる強度（20 MPa）を有しているため，優れた操作性を示すことも明らかとなった。これまでのところ安全面での問題はなく，人工骨と母骨との癒合も速やかに起こっていることが確認されている。

使用において注意すべき点としては，移植時点では異物であるという点においては他の人工骨と差はなく，放射線照射野や感染部位に移植することは避けるべきであることも判明した。また，CT-Bone は強度の点で課題があり，母床骨の陥凹変形に対する augmentation 目的での利用が妥当であり，下顎骨の区域切除後の再建等には使用することは困難である。こうした骨再建に対しては新たな骨再生法の検討が必要であると考える。

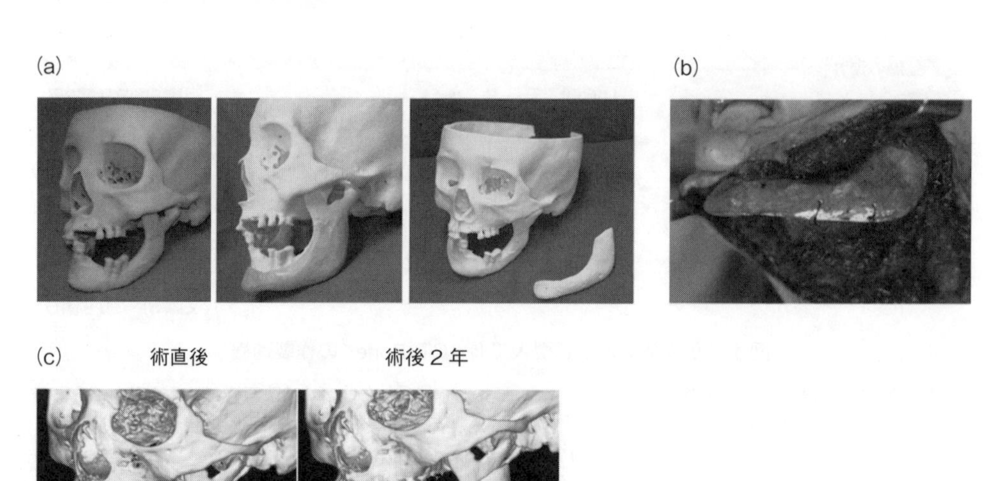

（文献 3）より引用）

図３　カスタムメイド型人工骨（CT-Bone）の臨床応用①

(a) 3D 石膏模型上（左）で，CT-Bone のデザインをワックス形成した（中央）。CT を撮影した後，ワックス部分の形状を DICOM データで取り込み，3D インクジェットプリンタを用いて CT-Bone を作製した（右）。(b) CT-Bone を移植した術中写真。(c) 術直後および術後２年の CT 所見。術後２年で，母床骨と CT-Bone との界面では，骨癒合が観察された。

臨床研究と治験で CT-Bone の有効性と安全性を確認した後，2014 年４月に㈱医薬品医療機器総合機構（PMDA）への薬事承認申請を行った。自家骨採取は成長障害へのリスクも高く，先天異常などで顔面変形などを有する小児患者への自家骨移植も，成人になるまで待って行われることが多い。変形を抱えたまま思春期を過ごさざるを得なくなっている患者に対し，人工骨による修正術が非常に有効になると期待されている。今回の薬事承認申請では，治療対象を 20 歳以上としているが，将来的には小児への適用拡大も目指していきたい。

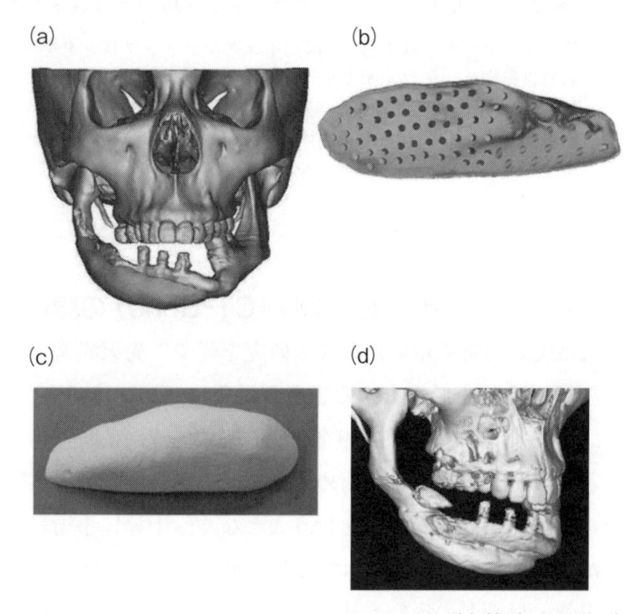

（文献 7）より引用）

図４　カスタムメイド型人工骨（CT-Bone）の臨床応用②

(a) 3D 石膏模型上で欠損部の形態をワックスで復元し，CT を撮影した後，CT bone のデザインを DICOM データで取り込んだ。(b) 最終的な CT-Bone のデザイン。骨に接する面は，気孔を有する構造となっている。(c) 3D インクジェットプリンタを用いて作製した CT-Bone。(d) 術後１年の CT 所見

5. おわりに

本節では，筆者らが開発してきたカスタムメイド型人工骨について，基礎検討と臨床応用を概説した。今後は荷重部への適応拡大にむけて，金属など他材料とのハイブリッド化や，骨誘導シグナルとの融合などによる高機能化人工骨の開発を行っていく予定である。医療において個別化，低侵襲化へのトレンドが進むなか，3D プリンタは，その発展や導入がますます有用となることが期待される。

文　献

1）M. Iino et al.：*Oral Surg. Oral Med. Oral Pathol. Oral Radiol. Endod.*, **107**, e1-8 (2009).
2）R. Langer et al.：*Science*, **260**, 920-926 (1993).
3）H. Saijo et al.：*J. Artif. Organs.*, **12**, 200-205 (2009).
4）T. Takato et al.：*Oral Sci. Int.*, **11**, 45-51 (2014).
5）高戸毅：日本口腔科学会雑誌, **63**, 207-215 (2014).
6）K. Igawa et al.：*J. Artif. Organs.*, **9**, 234-240 (2006).
7）H. Saijo et al.：*Int. J. Oral Maxillofac. Surg.*, **40**, 955-960 (2011).

第5節　3D プリンタ活用による骨代替材料の開発

神戸大学 池尾　直子

1. はじめに

無機物であるアパタイトとタンパク質のコラーゲンを主成分とする生体骨は，人体を支える優れた強度と靭性を具有している。こうした生体骨組織が事故や疾患などにより失われた場合には，ヒトの身体を支えうる高強度を有する金属製材料が使用されてきた。しかしながら，ヤング率をはじめとする，生体骨組織と骨代替材料の力学的機能の不一致により，応力遮蔽効果が生じ，骨代替材料周囲の骨量および骨質の低下が生じることが明らかとなっている。

近年，応力遮蔽効果が低減可能な骨代替材料として，ポーラス化など構造制御を通じたヤング率の低減が試みられている。これまで，スペースホルダー法，放電加工焼結法，燃焼合成法，連続帯溶融法など様々な方法によるポーラス化が実施されてきたが，気孔径，気孔率および気孔位置の精密制御による力学機能の精密な制御は難しい。そこで，本節では3D プリンティング法の一種である電子ビーム積層造形法[1]を用いた，骨の力学機能を模倣したポーラス化骨代替材料の創製について紹介する。

2. 骨類似の異方性を有するポーラス化骨代替材料の創製

2.1 生体骨組織の異方性

生体内で荷重支持や臓器の保護といった機能を発揮する生体骨組織は，ヒトの身体を支えるため，もしくは臓器を保護するために，部位に応じて，異なる力を受ける。このような複雑な応力分布に対応するため，骨組織中のコラーゲン線維は荷重方向へ伸長するとともに，コラーゲン線維と平行に，アパタイトナノ結晶が配向することが明らかとなっている[2]。例えば，腕や足に存在する長管骨では，コラーゲン線維の伸長方向および，骨中のアパタイトナノ結晶のc軸は骨組織の長軸方向と平行である。

このような，生体骨組織の異方性は，生体骨組織への密着性に対して大きく影響を及ぼし，骨代替材料周囲での骨新生過程にも影響を与える。長管骨に対して一方向性孔を有する材料を埋入した石本らの研究では，気孔の伸展方向とアパタイトの配向方向に依存して，石灰化新生骨の形成量が変化することが明らかとなっている。特に，両方向が平行な場合には，効果的に新生骨が誘導された[3][4]。したがって，骨の力学機能を模倣した骨代替材料の創製にあたっては，埋入される骨組織の異方性に合わせた形状を有する気孔の導入が重要となる。本項では，電子ビーム積層造形法を用いた，長管骨同様の一軸異方性を有するポーラス構造体について述べる[5]。

2.2 一方向性ポーラス構造体の創製

$10 \times 10 \times 10\ mm^3$ の立方体のCADデータを元に，電子ビーム積層造形装置（Arcam12,

Arcam 社製）を用いて，種々の走査間隔により作製された３次元多孔質構造体の外観を**図１**に示す。また，μCT により得られた６個の構造体の非破壊観察結果を**図２**に示す。電子ビーム照射径よりも走査間隔が小さい場合には（図１(a)，(b)），明瞭な一方向性孔は導入されない。また，両構造体の μCT 写真から，粉末の溶融凝固により生じたポーラス構造体の壁部に相当する白色領域の中に，空隙部に該当する円状の黒色部分がランダムに存在していることがわかる。造形方向に平行な断面においても，気孔の造形方向への伸展や連結が認められず，走査間隔が狭い場合には意図した一方向性孔ではなくランダムに分散した球状の気孔が導入される。一方，電子ビーム径よりも走査間隔が大きい場合には，図１(c)～(f) および図２(c)～(f) に示すように，積層方向に伸張した四角柱状の一方向性孔の導入が可能となる。さらに，気孔径は走査間隔から電子ビーム径を差し引いた大きさとなるよう，走査間隔によって制御可能である。

図１　３次元多孔質構造体の外観[5)]

以上の一方向性ポーラス体の気孔率と走査間隔の関係を**図３**に示す。作製したポーラス構造体の外寸法，質量より算出した本ポーラス材料の気孔率は，造形方向と垂直な断面の空隙率とよく一致することから，スキャン間隔の制御により材料の気孔率が制御可能であることが明らかである。

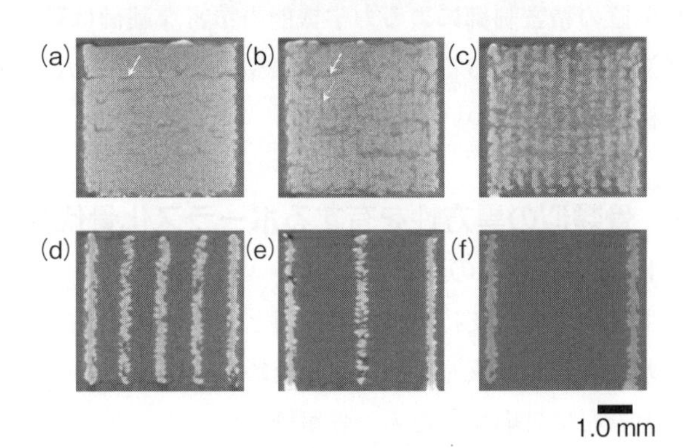

図２　構造体の非破壊観察結果[5)]

このような，ポーラス構造体の圧縮変形挙動を**図４**に示す。走査間隔の増

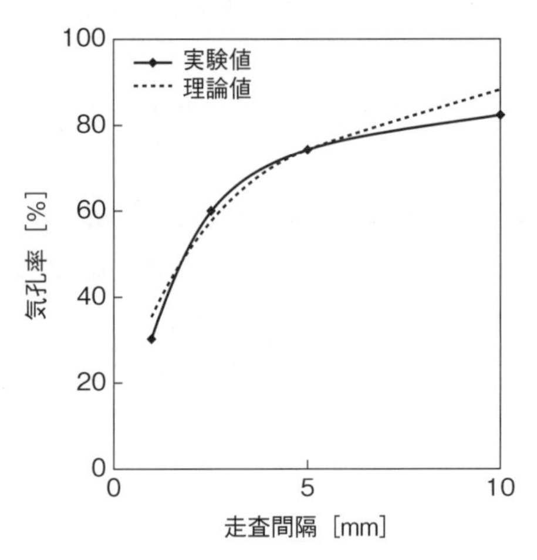

図３　ポーラス体の気孔率と走査間隔[5)]

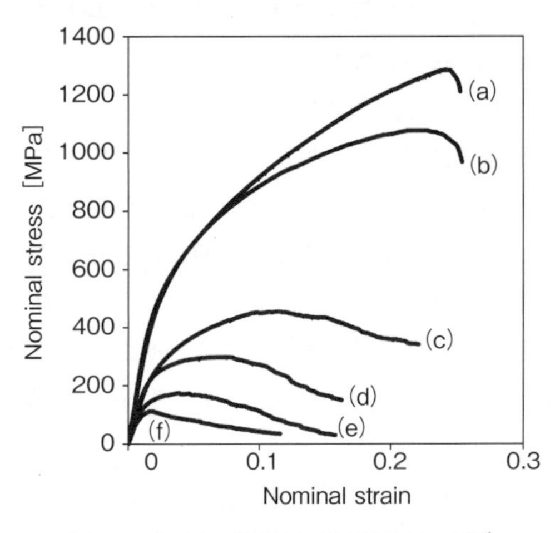

図４　ポーラス構造体の圧縮変形挙動[5)]

加にともない，圧縮強度の低下が認められるものの，圧縮変形挙動の初期に見られる弾性変形領域の傾きが減少しており，気孔の導入によるヤング率の低下が示唆される。そこで，ひずみゲージを用いて精密測定した一方向性ポーラス材のヤング率と気孔率の関係を**図5**に示す。気孔率が 60% 以上のポーラス構造体のヤング率は 10～30 GPa 程度となっており，ヒトの皮質骨に極めて近い値を示した。したがって，電子ビーム積層造形法を用いて作製した一方向性ポーラス構造体は，骨類似のヤング率を発揮可能であることが明らかである。

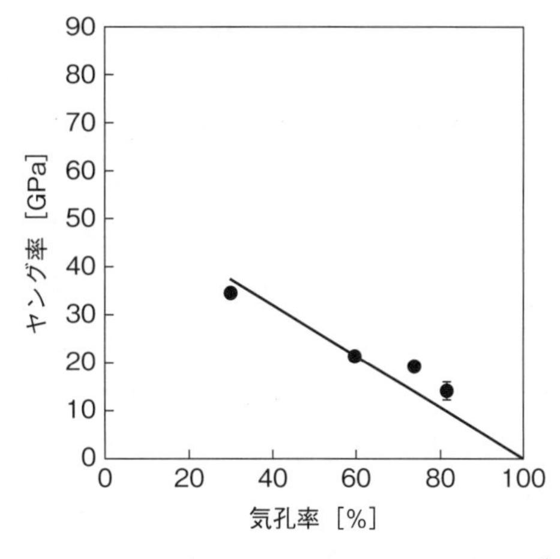

図5　ポーラス材のヤング率と気孔率の関係[5)]

また，この図から，気孔率が 20%以上，すなわち一方向性ポーラスが導入された構造体のヤング率は気孔率と比例関係にあることがわかる。ロータス金属などの，荷重軸方向と平行な方向に進展した一方向性孔が存在する場合には，応力集中が発生せず，材料の力学機能は，材料の有効断面積率に比例する。すなわち，一方向性ポーラス体の有効断面積率と気孔率はほぼ一致することから，断面積の制御すなわち，走査間隔の制御により，ヤング率は自由自在に制御可能であることを示唆する。

3. 骨力学機能を模倣したパウダー/ソリッド複合構造型骨代替材料の創製

3.1　階層構造を有する生体骨組織

生体骨組織は，マクロスケールにて観察すると，骨皮質と骨梁という二種類の構造を有する。両構造ともに，その内部には，マイクロメートルスケールのオステオンを有する。さらにナノスケールにて観察すると，ヒドロキシアパタイトとコラーゲン線維の配列が認められる。このように，生体骨組織では，骨梁構造などのマクロスケールから，アパタイトナノ結晶といったナノスケールに至るまでの複層の階層構造が協調的に機能することで，優れた衝撃吸収性を発揮している。

前項で述べたように，デバイス周囲の骨組織の劣化を抑制するためには，周囲の骨組織への正常な応力伝達を実現することが必須である。したがって，インプラント周囲での健全な骨組織の維持には，従来注目されていた，骨類似の低ヤング率だけではなく，高い衝撃吸収性を発揮させ，あたかも生体骨として力学的な機能を発揮する骨代替材料の開発が求められる。一方，従来の方法によるポーラス化では，その多くがマクロスケールのみにおける構造制御に終始しており，結果として，ヤング率の低減にともなう衝撃吸収性の低下が認められる。そこで，本項では，電子ビーム積層造形法を利用した，低ヤング率および衝撃吸収性を併せ持つ新規複合構造体化された骨代替材料の創製について紹介する[7)]。

3.2　パウダー/ソリッド複合構造型骨代替材料の創製

電子ビーム積層造形法をはじめとする選択的材料固体化方式による3Dプリンティングでは，マクロスケールの3次元構造体作製後は，周囲に残存する出発材料の除去が行われている(**図6**[7])。衝撃吸収性の付与を目的として創製されたのが，**図7**(a)に示した複合構造体である[7]。前項で述べた一方向性ポーラス構造体の造形時に，上下面に緻密材を同時に作製することで，あえて一方向性孔の内部に粉末を残存させた。図7(b)には，μCTにより得られた複合構造体の内部構造を示す。図2(d)と図7(b)を比較すると，一方向性ポーラス構造体中の気孔部に該当する領域が，大気を意味する黒色から，金属粉末の存在を示す灰色へと変化しており，一方向性孔の内部に粉末粒子を残存させることが可能となったことが確認できる。造形方向と平行な断面に粉末残存部においては，コントラストが存在しないことから，空孔部の形成や，重力により偏心することなく，均一に行われたことが明らかである。一方向性孔を形成するソリッドな部分とパウダー（粒径が約100 μm粉末粒子）からなることから，以降は，本構造体をパウダー/ソリッド複合構造体と呼称する。

パウダー/ソリッド複合構造体の圧縮変形挙動を**図8**に示す。本構造体は，走査間隔の制御により導入された一方向性孔の存在により，低ヤング率が実現可能となる。しかしながら，造形直後では（図8(a)），図4で示した圧縮変形挙動と同様であり，衝撃吸収性の付与が十分で

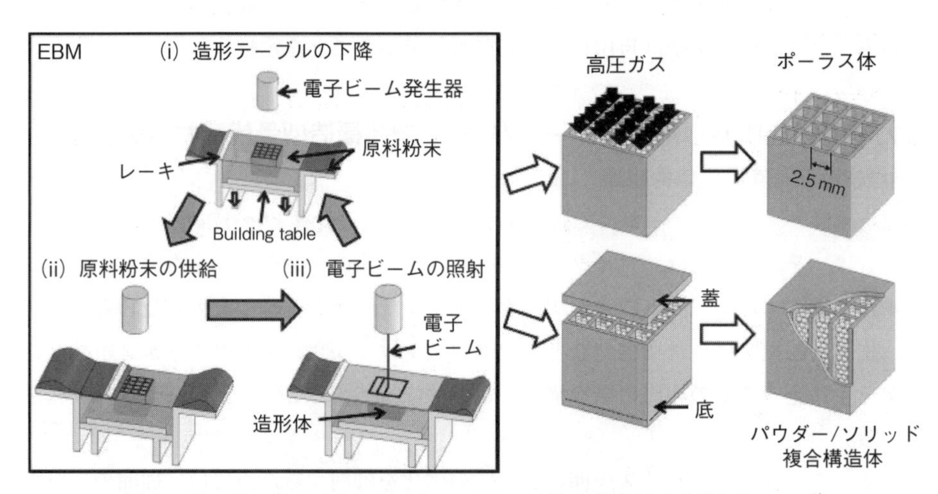

図6　ポーラス体およびパウダー/ソリッド複合構造体の創製プロセス[7]

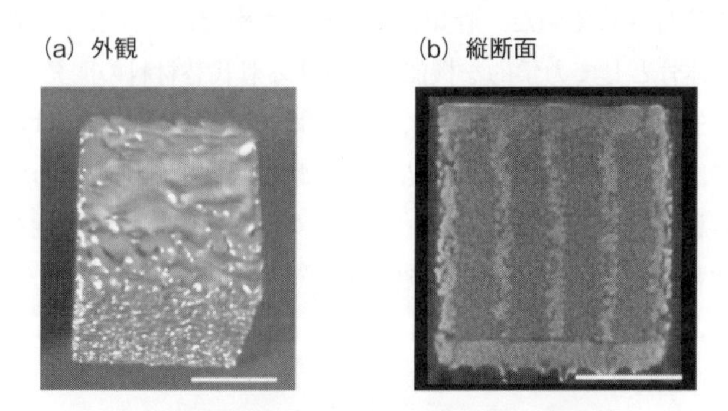

図7　内部に粉末を残存させた複合構造体[7]

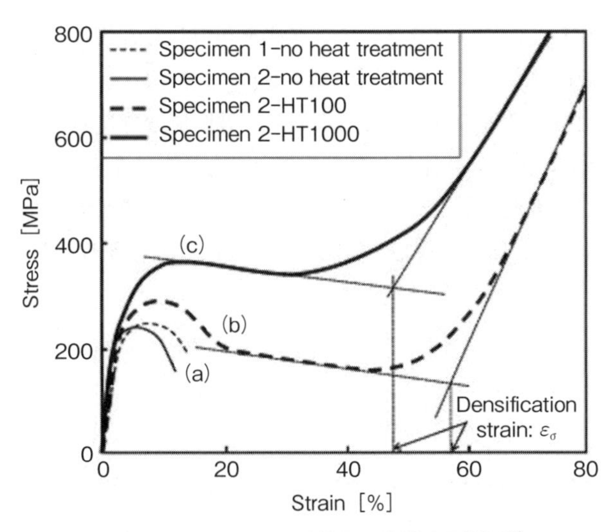

図８　ネットワーク形成後の圧縮変形挙動[7)]

表１　電子ビーム積層造形体の機械的性質[7)]

	ヤング率 ［GPa］	降伏応力 ［MPa］	プラトー応力 ［MPa］	Toughness ［J/m^3］
造形直後	20.5 ± 0.2	178 ± 18	−	16.8 ± 4.3
熱処理後	25.6 ± 1.1	184 ± 5	181 ± 0	137 ± 2

はない。これは，造形直後のパウダー/ソリッド複合構造体中の粉末とポーラス構造体間での応力伝達が行われないためである。そこで，熱処理を実施し，粉末粒子間でのネットワーク形成を実施した後の複合構造体の圧縮変形挙動を同様に図８の (b) および (c) として示す。ネットワーク形成後は，降伏後にプラトー領域の発現が認められ，マクロスケールの一方向性ポーラス構造体とマイクロメートルスケールのパウダー構造体の複合化により，高い衝撃吸収性を示す。また，熱処理条件を制御しネットワーク構造を変化させれば，図８(b) および (c) のように，衝撃吸収性をコントロール可能である。複合構造体の機械的性質を**表１**に示す。ネットワーク化にともなう衝撃吸収性の大幅な増加が認められると同時に，ヤング率は複合化後も皮質骨と同程度の結果を示す。以上の結果は，3D プリンティング法であるからこそ可能な材料の階層構造化により，骨類似の低ヤング率および高い衝撃吸収性を併せ持つ材料の開発を示す。

4. おわりに

3D プリンティング法であれば，本節で紹介した，自由自在な金属のポーラス化およびパウダー/ソリッド複合構造体化による力学機能の精密制御と同時に，材料の外形状の付与を可能とする。したがって，3D プリンティングの活用により骨代替材料使用者の骨格形状および日常生活における運動強度に対応した，テーラーメイド型骨代替材料の創製が可能となる。また，電子ビーム造形法による，インプラント材の表面粗度の上昇は骨組織との良好な接着性をもたらす。人工関節の表面への，主応力方向を考慮した外形状の制御は，人工関節周囲での骨質の低下を抑制する[5)]。したがって，3D プリンティング法を利用した骨代替材料の創製は生体組織に対する密着性の向上をももたらすものと期待できる。

近年，骨疾患を抱えた高齢者の増加にともない，介護医療分野において様々な問題が噴出している。3D プリンティングにより作製された骨類似の力学機能を有する骨代替材料の開発は，骨代替材料の長寿命化をもたらし，デバイス使用者の運動を可能とするなど，骨代替材料使用者の QOL を改善するとともに，こうした諸問題の解決に貢献しうると期待している。

文　献

1）赤野恒夫，萩原正志：素形材，**48**，18.（2007）.
2）T. Nakano, K. Kaibara and Y. Tabata, N Nagata, S. Enomoto, E. Marukawa and Y. Umakoshi：*Bone*, **31**, 479 (2002).
3）石本卓也，中野貴由，寒知子，大橋芳夫，藤谷渉，馬越佑吉，服部友一，樋口裕一，多根正和，中嶋英雄：日本金属学会誌，**71**，432，(2007).
4）T. Ishimoto, T. Nakano. Y. Umakoshi, M. Yamamoto and Y. Tabata：*J. Bone Miner. Res.*, **28**, 1170, (2013)
5）N. Ikeo, A. Serizawa, T. Ishimoto and T. Nakano：*Metallurgical and Materials Transactions A*, **45**, 4293 (2014).
6）L. J. Gibson and M.F. Ashby：Cellular solids, Pergamon Press (1988).
7）N. Ikeo, T. Ishimoto and T. Nakano：*Journal of Alloys and Compounds*, **639**, 336-340, (2015).
8）Y. Noyama, T. Miura, T. Ishimoto, T. Itaya, M. Niinomi and T. Nakano：*Bone*, **52**, 69, (2012).

第1節　タービン製造における3Dプリンタの活用

三菱重工業株式会社　原口　英剛

1. 概　要

福島第一原発事故以来，電力の安定供給・環境負荷低減の観点から高効率ガスタービンへの期待が高まっている。当社（三菱重工業㈱）ではガスタービンの大容量・高効率化，高信頼性化を目的とした技術開発を進め，タービン入口温度1,600℃級でガスタービンコンバインドサイクル効率61.5％以上も達成可能となるM501J形を2011年に開発し，更なる高効率化を目指し研究開発を行っている。

当社では産業用ガスタービンの開発・製造において2000年から3Dプリンタを活用しており，本節では当社における3Dプリンタの活用の取組みを紹介する。なお，3Dプリンタは付加製造（Additive Manufacturing）技術と国際的には呼ばれているが，ここでは敢えて3Dプリンタと表記する。

2. 三菱ガスタービンの開発経緯

ガスタービンコンバインドサイクルの高効率化にはガスタービンの高温化が重要な役割を果たしている。当社は，1984年にタービン入口温度1,100℃級M701D形ガスタービンを開発して以来，GTCCプラントの大容量・高効率化，高信頼性化を目的とした技術開発を進め，タービン入口温度1,600℃級でGTCC熱効率61.5％以上も達成可能となるM501J形を2011年に開発した（**図1**）。

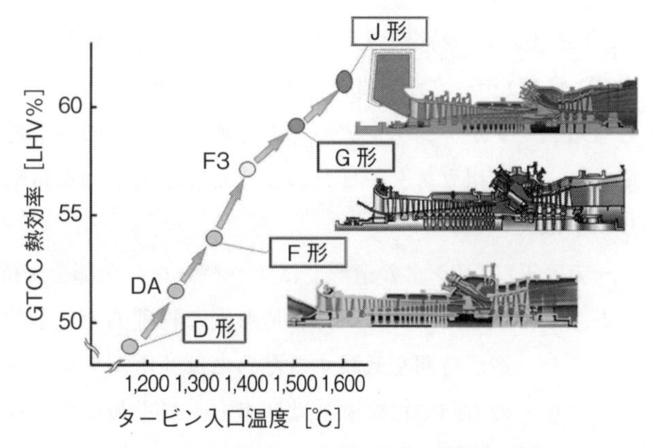

図1　三菱ガスタービン機種開発の変遷

ガスタービンの高温化にはタービン翼や燃焼器などいわゆる高温部品の性能や信頼性の向上が必須であり，ガスタービンの高温化を実現するためにはメタル温度を制限値内に抑える必要があり，ガスタービンの高温化に伴い高温部品の構造は複雑化してきている（**図2，図3**）[1)2)]。

3. 3Dプリンタの原理と当社での工夫

3Dプリンタは，3D-CADデータから2Dスライスデータを作成し，造形機にて1層1層造形し3D-CADデータの形状を成形する造形技術である。

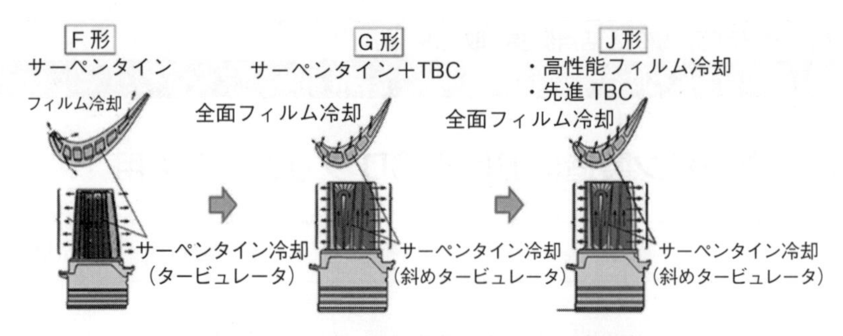

図２　タービン冷却構造の変遷（１段動翼）

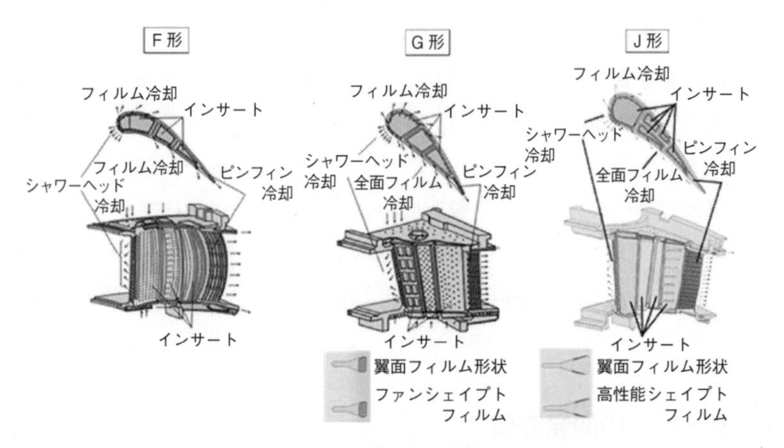

図３　タービン冷却構造の変遷（１段静翼）

3D プリンタの特徴として，金型・治具・CAM での加工プログラム作成・実加工を必要とせず 3D-CAD データから直接造形できるため，早く形にできるメリットがある。またインプットとなるデータがデジタルデータのため，実寸での造形だけでなく縮小・拡大しての造形が容易であり，産業用ガスタービンのような大型構造物を造形する場合に縮尺を容易に変更できるメリットは大きい。

一方，3D プリンタの造形ではオーバーハング部を支持するためにサポート材を付加する必要があり，付加したサポート材を造形後に物理的・化学的手法により除去する後処理が必要となる。また，造形時間を低減するためにはサポート材の体積を低減する必要があるが，3D-CAD データをどの方向で積層すればサポート材を最小化できるのか，サポート材を最小化した場合にモデル材を支持できる強度は確保できるのか，といった造形時間の短縮を図る一方で，造形方向によっては形状や造形品質に影響があるためサポート材を犠牲にして製品品質を確保するといった検討を造形前に実施する必要がある。

また，熱可塑性樹脂で造形する Dimension SST1200 と FORTUS900mc のサポート材はソリュブルサポート方式を採用しておりアルカリ溶液で溶かし出すことが可能である。このサポート方式を採用することによりタービン内部の複雑な冷却構造が造形可能となった。一方で，アルカリ溶液での作業は，環境への影響もさることながらモデル内部にまでアルカリ溶液が浸透するため，アルカリ溶液をいかに効率よくすすぎ洗い（**図４**），落すかも重要で造形作業工程に

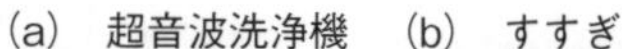

図４　アルカリ処理状況

占めるアルカリ溶液によるサポート材除去時間・すすぎ時間・乾燥時間も考慮する必要がある。

タービンの部品は大きいものは直径５m を超える部品も珍しくない。大きい部品も活用目的に応じては実寸大で製作する部品もあるが，デザインレビューなどを目的とした場合は，縮尺モデルで造形することが多い。その場合，一部分で板厚が薄かったりすると縮尺によりモデルが一部造形できないケースがあるため，縮小したモデルの板厚をあらかじめチェックし，必要に応じて板厚を増加するなどの工夫が必要である。

4. 当社での 3D プリンタの導入

ガスタービンの開発・製造に対して，当社では 2000 年から 3D プリンタの活用を開始した。活用当初は造形メーカーに 3D-CAD データを送付し光硬化性樹脂で造形していたが (**図 5**)，造形コストが高く，依頼してから納品までに時間がかかるという課題があり，そのため造形対象を最小限に抑える必要があった。

社内で 3D プリンタの活用が進みその有意性が確認されるにつれて，より低コスト・短納期で造形したいというニーズが増加したため，2007 年に熱可塑性樹脂で造形する Stratasys 社（米国）の Dimension SST1200 を導入した。熱可塑性樹脂で造形する Dimension SST1200 を選定した理由として，精度では光硬化性樹脂よりも劣るが熱可塑性樹脂でも要求値を満たせること，熱可塑性樹脂の方が強度では優位であり活用範囲を広げることができること，造形物の重量が光硬化性樹脂より軽くハンドリング性が良いこと，装置の導入コスト・運用コスト・造形コストが光硬化性樹脂より優位であったことなどが挙げられる。

設計者が 3D プリンタでつくりたいモデルは，開発品であり機密性が非常に高く社外に CAD データを提出すること自体を嫌う。社内に装置を導入したことによりデータや造形品のやり取りが全て社内で完結できるため，情報セキュリティーの確保が容易になった。設計者が気軽に 3D プリンタを活用し始め，社内で爆発的に活用が広がった結果，装置の増設，燃焼器部品などの複雑な溶接構造物を部品ごとに色分けして造形したい，また更に精度良く薄物を造形したいという単色造形の熱可塑性樹脂では実現できないフルカラーの造形ニーズが高まった。そこで石膏粉末材料をバインダで固めて造形する 3D Systems 社（米国）の ZPrinter650 を導入した。

一方，Dimension SST1200 では造形サイズが小さく，ガスタービン部品を実寸で造形するには限界があり，大型造形物を造形する際は複数に分割して造形したものを接合する必要があり，精度の低下を招いていた。性能試験などの用途で精度良く一体で大型造形物を造形したいというニーズに対応するため，Stratasys 社の FORTUS900mc を導入した。

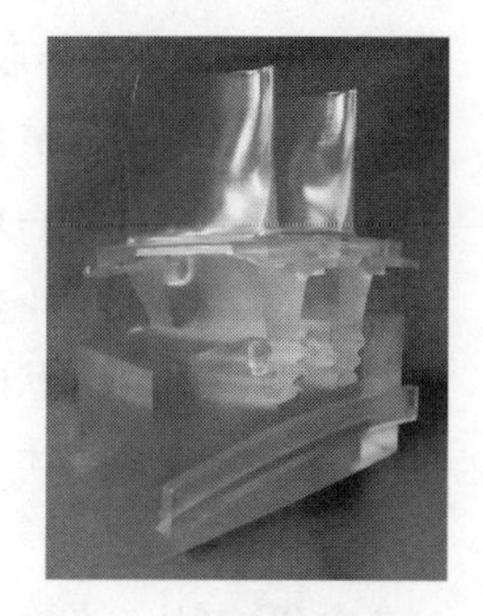

図５　光硬化樹脂を用いた造形模型

表１　当社導入の 3D プリンタ

機種	Dimension SST1200	ZPrinter650	FORTUS 900MC
外観			
造形分類	材料押出し	粉末床溶融結合	材料押出し
造形サイズ X×Y×Z [mm]	254×254×305	254×381×203	914×609×914
造形材料	ABS 樹脂	石膏	ABS 樹脂，PC 等
特徴	・小型の造形機 ・産業用途では廉価に導入可能	・フルカラー造形 ・高解像度により微細な構造も造形可能	・造形サイズが大 ・多種の材料で造形可能

注）造形分類は ASTM International の定義による[3)]

5. 3D プリンタの活用

前項に記載の通り 3D プリンタは 3D-CAD データから直接成形可能な技術であり，産業用ガスタービンにおける用途として開発リードタイム短縮・開発コスト低減，製造現場での治具としての利用，教育・プレゼン品質の向上が挙げられる。

5.1　開発リードタイム短縮・開発コスト低減

ガスタービン開発における 3D プリンタの利点として，設計形状を早く・正確に製造で確認できる点が挙げられる。製造現場では 3D-CAD データに対して馴染みが薄く，これまでは設計が 3D-CAD データから図面を作成した後に設計形状を確認できていたのに対し，3D プリンタを用いることで設計が 3D-CAD データを作成した翌日にはモデルを直接手に取って確認することが可能となる。タービン翼のような複雑な内部構造もモデルを分割し造形することで，製造での形状確認が容易となり早期に製造性を検討することが可能となる（**図 6**）。

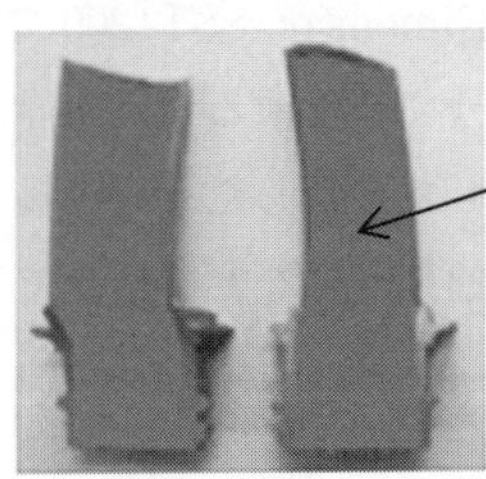

図 6　タービン動翼の造形モデル

また 3D プリンタでは造形物の縮尺を容易に変更できることから，実物は数メートルもある車室の加工性を机上で検討し，加工上の懸念事項があれば設計と協議することで早期に課題を解決することが可能となる（**図7**）。このようにガスタービンの開発で3Dプリンタを用いることで，設計・製造がコンカレントにガスタービンを開発することができ，これにより開発期間の短縮と開発時点からの製品品質のつくり込みが可能になる。

新設計時の性能試験においても同様に3Dプリンタを用いることで開発期間が短縮可能となる。燃焼器の開発において性能試験の一つとして気流・流量試験を実施するが，試験では製品同等の強度や耐久性は要求されずボルト等で締結可能な強度があれば十分試験に使用することができる（**図8**）。これまでは3D-CADデータから図面を作成し，金型製作やCAMで加工プログラムを作成してから試験用部品を製作する必要があったが，3Dプリンタを用いることで金型・加工プログラム作成や加工が不要となり，開発コストの低減や開発期間を短縮することが可能となる。

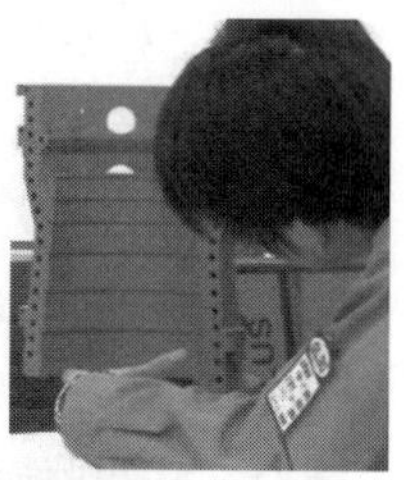

図7　車室の加工性検証

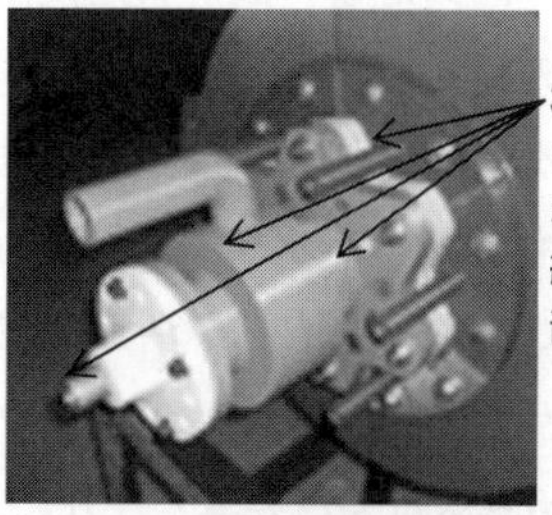

図8　燃焼器部品の性能試験

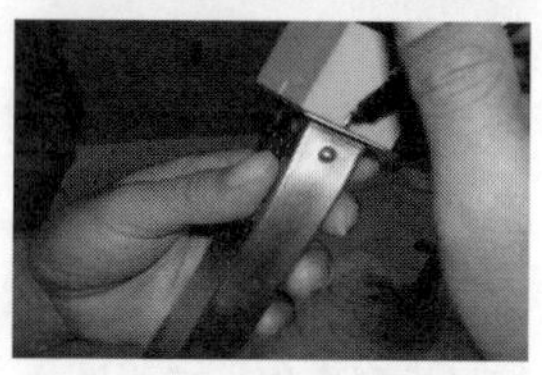

図9　タービン静翼インサート溶接の罫書き治具

5.2　製造現場での治具としての活用

試験用部品と同様に，3Dプリンタ造形物を治具に適用することにより製品の3D-CADデータに基づく正確な治具を早く・安く製造現場へ提供可能になる。現状の3Dプリンタの能力では機械加工で要求される精度を実現することは困難で強度や耐熱性に制限はあるが，用途を選定すれば充分に治具としての活用が可能である。当社では，タービン静翼のインサート溶接の罫書き治具（**図9**），放電加工の水受け治具（**図10**），ロボットの教示治具，計測点の位置決め治具などで3Dプリンタで造形した治具を製作している。熱可塑性樹脂で造形するABS樹脂はプラモデルと同等の強度をもっているため，現場の作業者が少々手荒に扱って

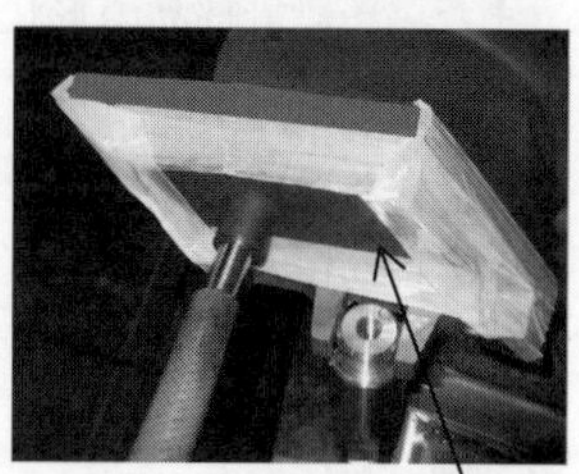

図10　タービン静翼の放電加工の水受け用治具

も壊れることがない。作業者が普段使っている工具や溶接ガン等を使って干渉チェックや作業性・作業手順を確認できる。デジタルには比較的弱い現場作業者も3Dプリンタで造形したモデルは，軽くて扱いやすいと好評である。

また，製造設備及びハンドリング性を検討するため，実寸大でのタービン翼（**図11**）を3Dプリンタで造形している。図面がない設計初期段階から設備計画・製造方案の検討が可能となった。

当社ではガスタービン部品の製造を中国やタイなどの海外拠点でも実施しており，海外拠点においても3Dプリンタで造形した治具を活用している。グローバルで同じ品質を確保するには製造プロセスは当然のことだが治具も重要な要素となり，3Dプリンタで造形した治具を必要な時に必要な拠点に早く供給することで，グローバルでの品質の確保に寄与している。

図11　タービン翼（実寸サイズ）

図12　ガスタービン模型（M701F形）

5.3　教育・プレゼン品質の向上

当社では新入社員へのガスタービンの構造説明用や海外パートナーのメンテナンス教育用に3Dプリンタで造形した模型を用いている（**図12**，**図13**，**図14**）。ガスタービンのような複雑な構造を図面や文章のみで理解することは難しく，ガスタービンの縮尺模型を用いて説明することで構造の理解が容易となる。

また，新設計部品の形状・構造説明を3Dプリンタ造形物を用いて実施することで形状や構造の理解が容易となるため，当社ではプレゼン品質の向上においても活用している。

図13　ガスタービン模型（M501J形）

6. 結　言

本節では三菱重工業㈱のタービン開発・製造における3Dプリンタの活用事例を紹介した。

本技術は，取り扱う製品が大きい重工業の分野では利用が難しいと思われがちであるが本事例が日本の重工業業界における3Dプリンタの活用の参考になれば有難い。

図14　蒸気タービン模型（SRT50）

技術研究組合次世代3D積層造形技術総合開発機構（TRAFAM）が昨年度に発足し国産3Dプリンタの装置開発が国家プロジェクトで進められていることから，今後3Dプリンタは益々発展していくことと予想される[4)]。

文　献

1）由里雅則ほか：1600℃級J形技術を適応した発電用高効率ガスタービンの開発，三菱重工技報，**50**(3)．2-10 (2013)．
2）安威俊重ほか：J形ガスタービン技術を適用した高効率／高運用性ガスタービンM701F5形の開発，三菱重工技報，**51**(1)，2-10 (2014)．
3）新野俊樹：付加製造（Additive Manufacturing）技術の概要，プラスチック成形加工学会誌，**26**(4)，142-147 (2014)．
4）経済産業省　新ものづくり研究会　報告書 (2014)
5）小牧孝直ほか：日本ガスタービン学会誌，**42**(5)，439 (2014)．
6）原口英剛：日本機械学会誌，**118** (1154)，40 (2015)．

第2節　宇宙開発における3Dプリンタの活用取組み

国立研究開発法人宇宙航空研究開発機構　堀　秀輔

1. はじめに

3D金属積層造形技術（AM：Additive Manufacturing，本節では以下，3Dプリンタと呼ぶ）は，特に少量多品種生産を特徴とする航空宇宙産業において，ニーズへの素早い対応，低コスト化，高付加価値化等の面で，ものづくりを革新する技術である。欧米諸国が凌ぎを削る中，わが国の産業が今後のグローバル化の中で競争力を持続していくためにも，製造装置開発及び実用化の両面において世界を上回る技術を速やかに習得し，新たな産業構造への対応を図ることが不可欠である。

本節では，航空宇宙産業における製品への実用化状況について世界とのベンチマークを踏まえ，わが国の航空宇宙分野における今後の展開について述べる。

2. 航空宇宙分野における3Dプリンタへの取組みの必要性

航空宇宙産業は現在，航空機・人工衛星・ロケットいずれの分野においても世界的に供給過多の状況にあり，持続的に競争力を確保するためには，工期短縮や低コスト化の不断の努力が欠かせない。しかし，航空宇宙分野のものづくりは「少量多品種生産」「極限までの軽量化要求」「高い信頼性要求」で特徴づけられるとおり，一般的な大量生産向けの手法を用いるだけでは，必ずしも低コスト化や納期短縮等の効果が得られない難しさがある。各国の航空宇宙メーカーにおいても，既存プロセスの工夫による低コスト化は限界に近づいている[8]。

ところが，近年の電子ビーム溶融法（EBM：Electron Beam Melting）や選択的レーザ溶融法（SLM：Selective Laser Melting）による汎用3Dプリンタの登場により，品質の高い造形が容易に行えるようになったことで，航空宇宙産業のものづくりに以下の様な変革が起きはじめている[1)4)7)8)]。

① 多数部品から成る複雑コンポーネントを一体物とすることによる少量多品種生産の短納期化・低コスト化
② 従来は製造できなかった形状による格段の性能向上・軽量化
③ CADからプリントするため金型等の設備が不要になり，特定メーカーへの依存からの脱却（参入障壁の低下）

この様に3Dプリンタは，航空宇宙用部品の納期，コスト，重量を低減し，付加価値を高めるポテンシャルを有するだけでなく，コスト構造やサプライチェーンを含む製造業全体の構造を変革しうる技術である。航空宇宙産業が今後グローバルな競争の中で競争力を持続していくためには，3Dプリンタ技術を速やかに習得し，新たな産業構造への対応を図ることが不可欠である[8]。

図１　現地材料を使用した3Dプリンタによる月面基地建設の想像図（©ESA/Foster＋Partners）[9]

なお，人類の知・活動領域の拡大を目的とする宇宙探査分野では，究極的なニーズとして，当技術を発展させることで，宇宙空間での製造（Space-based Manufacturing）や探査先の材料を使った基地の建設等が実現できる可能性がある（**図１**）ことも付記しておく[2)3)9)]。

3.　世界情勢

3.1　欧　州

3Dプリンタの装置開発を牽引してきたのは欧州である。欧州では早い段階から航空宇宙への適用を目指し，Arcam社（電子ビーム溶融），EOS社，Concept Laser社，SLM Solutions社（レーザ溶融）等，現在流通している汎用造形装置の主要メーカーが育ってきた。欧州宇宙機関（ESA：European Space Agency）では，高品質，低コスト，軽量な複雑部品の製造に3Dプリンタを活用する活動を進めており，EADS社による航空機エンジンのナセル部品や，人工衛星のアンテナ用部品，スラスタ部品等に3Dプリンタで製造した部品を適用し，いち早く2011年に打上げが行われた[1)]。現在，ESAが主催するAMAZEプロジェクト（Additive Manufacturing Aiming towards Zero Waste and Efficient Production）では，産業界のパートナーを含むコンソーシアムを構築し，2017年までに5年計画で，欧州連合（EU）の中に自立したサプライチェーンを確立するとしている[2)]。ただし，設計，製造，品質保証（非破壊検査）の3分野が大きな課題としており[3)]，上記の事例を超える様な成果の報告例は多くない。

3.2　米　国

米国では，製造装置，設計，製造プロセス，品質保証，実製品への適用，標準化に至る包括的な取組みが，America Makes（NAMII：National Additive Manufacturing Innovation Institute）を中心として行われている[4)]。実用化例としては，GE社によるジェットエンジンの燃料噴射ノズル（チタン合金），CRP Technology社によるキューブサット構造，SpaceX社によるロケットエンジン部品（ニッケル合金）への実適用等が既に行われ，いずれも飛行実証済である[3)]。ただし，米国全体としてみると，構造強度を受けもつ様なクリティカル部品へ3Dプリンタを適用し重量低減や低コスト化等のメリットまでを実現した例は限定的である。これは，欧州同様，産業界全体としては品質保証（特に非破壊検査技術）までを含めた成熟度には達していないためである[3]。

3.3 日　本

3D プリンタの先進国に対し，わが国のものづくりが自律性をもち競争力を持続していくためには，製造装置開発と実用化の両輪を進める必要がある。このうち製造装置開発は，技術研究組合次世代 3D 積層造形技術総合開発機構（TRAFAM）が中心となり進められている。もう一方の実用化は，現状の事例は少ないが，世界的に上述の状況であることを考慮すると，重量低減や低コスト化等，3D プリンタの真価を発揮するような実績や成功事例をインパクトのある分野で重ね，わが国の得意技術である「信頼性」に裏付けられた技術として世界に発信することが効果的であろう[8]。

4. 解決すべき課題

3D プリンタにおいて解決すべき技術課題（Technology Gap）として，以下が挙げられる[5]。本項では，今後航空宇宙分野への適用を拡大していくための視点として，②及び③を中心に，特筆すべき事項と対応策を述べる。

①　製造プロセスと装置
②　材料
③　品質保証方法，特に横断的に必要な技術として，非破壊検査手法（NDE：Nondestructive Evaluation）
④　標準化
⑤　モデル及びシミュレーション

4.1 材料特性及びそのばらつき

3D プリンタ素材は，凝固方向がほぼ一定であることから柱状組織に近い様相となり欠陥も含まれる。この様な材料について，材料データベースや故障に関するナレッジが，産業界全体として充分には構築・共有されていない。このため，早期に，材料特性のばらつきとその支配因子を把握する必要がある。その一つとして，表面粗さと疲労強度の関係についても充分な理解が必要である。なお，特に航空宇宙では，極低温から高温までの広い温度範囲で材料特性の確認が必要である[8]。

4.2 粉末 / レシピ / ポストプロセス

実績の少ない材料を使用する場合，様々な製造条件が強度等へ与える影響の感度が明らかになるまでは，コントロールを厳しくする必要がある。スペックが厳しくコントロールされた粉末で最適なレシピ及びポストプロセス（熱処理，HIP 処理（Hot Isostatic Pressing）等）を確立し，その組合せにおいて，充分なばらつきデータを整備する必要がある。上記案件を効率的に行うには，シミュレーションが有効な手段となる。なお，プロセス確立に際しては，表面粗さ，寸法再現性，清浄度等も，重要な評価項目の一つである[8]。

4.3 欠　陥

3D プリンタでは，ガスアトマイズ法に由来する粉末内の小さな球状欠陥が最終形状の各所に残存して含まれるため，欠陥サイズ，位置の分布を把握し，破壊靭性値やき裂進展解析等の破壊力学的評価を行う必要がある。航空宇宙分野では通常，検査等でスクリーニングできない欠陥を含む材料について有限のミッション時間・回数の健全性を保証する「損傷許容設計」を実施している。ただし，従来の損傷許容設計では主として溶接部の欠陥を対象としていたのに対し，3D プリンタ素材では微細な欠陥が体積全体に含まれている点に差異があり，この様な材料を対象とした設計技術，信頼性評価技術を早期に構築し，高い信頼性を確保しなければならない。非破壊検査や切断検査には，より細かい検出精度で，体積全体を確認できる手法が必要となる[8)]。

4.4 雰囲気影響（水素脆性等）

3D プリンタ素材に対する雰囲気影響は充分に評価が行われていない。ロケットエンジンや水素関連機器で使用する場合は特に，表面粗さや欠陥に起因する各種応力集中条件のもと，水素環境下での広い温度・圧力範囲において，強度特性，疲労特性，破壊靭性，き裂進展特性等に対する影響を確認する必要がある[8)]。

4.5 品質保証（NDE 含む）

様々な試作品に対し，硬さ計測，欠陥サイズの統計分布等を取得し，上記 [4.1]～[4.4] の検討で得られた強度等との関連を調査する必要がある。これらは，材料試験で確認されたばらつきの裏付けや，最悪値の推定・評価等に使用する。以上の活動を通じ，許容できる欠陥サイズ・分布等を見極め，適切なプロセスコントロールまたはスクリーニング（NDE 等）を設定する必要がある[8)]。

5. 今後の展開

わが国においては，JAXA を中心として，次世代の航空機，人工衛星，ロケットについての研究開発が行われている。3D プリンタに関しても，次世代機での実用化を目標として，上述の基盤的な検討を含む研究開発が実施されており，具体的な活動例を紹介する。

5.1 航空機

JAXA 航空技術部門では，次世代ファン・タービン技術実証プロジェクトを推進しており，軽量化によるジェットエンジンの高効率化を実現するための技術開発（**図 2**）の一環として，3D プリンタに関する次の活動を行っている。

ファンや低圧圧縮機は，従来チタン合金が使用されており，近年は徐々に複合材化が進んでいる。更に将来の技術として，3D プリンタによる中空部構造を利用した，複合材よりも軽量な構造を検討している。

高圧タービン翼は，冷却のために内部に複雑な冷却構造を有し，精密鋳造により製造される。3D プリンタを使用すれば，従来製造法では実現できなかった冷却効果の高い内部構造も可能となることから，材料や構造に関する基礎的な研究開発を行っている。

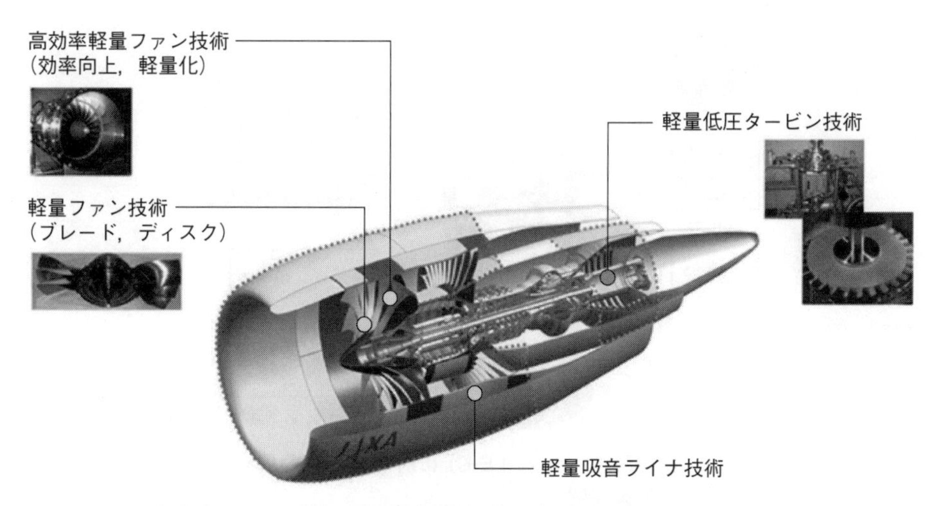

図２　JAXA 次世代ファン・タービン技術実証プロジェクトにおける軽量化・高効率化技術開発

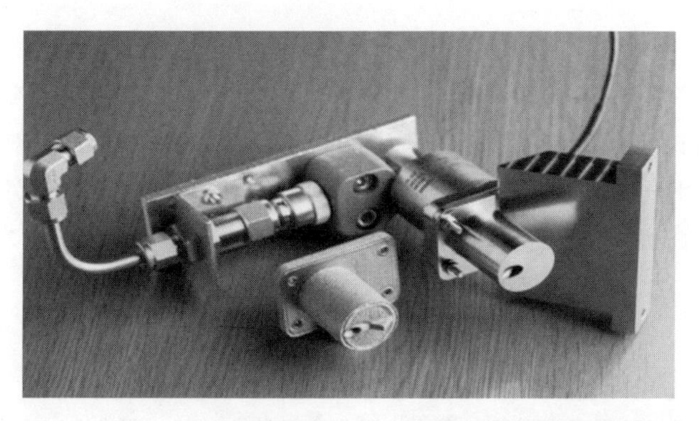

図３　JAXA における 3D プリンタを使用した次世代宇宙機用スラスタの研究開発例

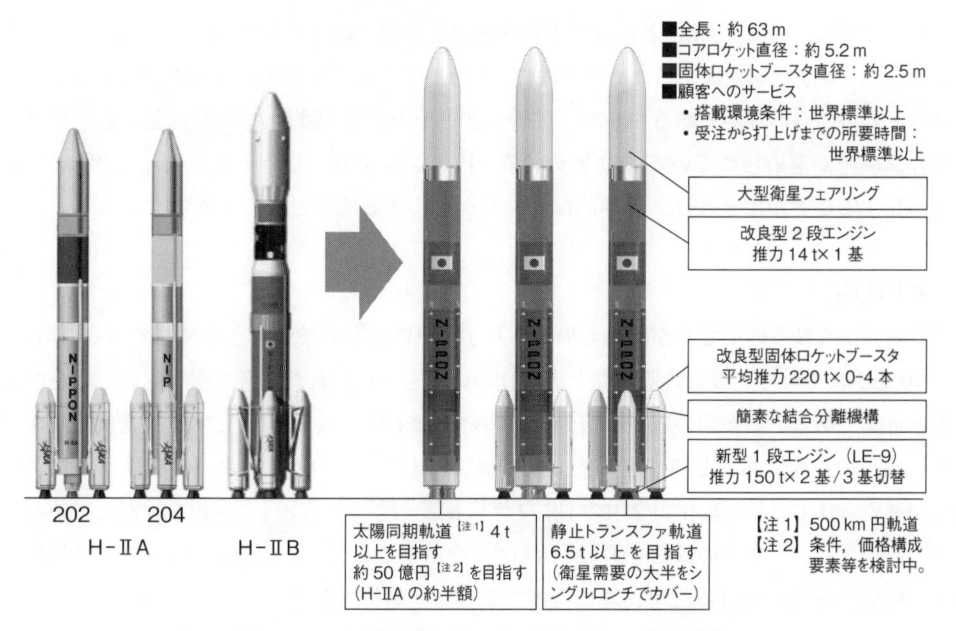

図４　JAXA が開発している H3 ロケットの概要[6)]

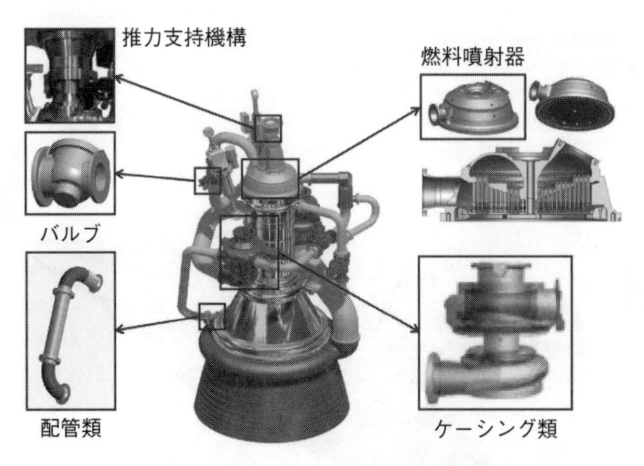

図５　第一段エンジン（LE-9）に対する3Dプリンタの適用候補例[8)]

5.2　人工衛星

人工衛星に多用されるスラスタ等のコンポーネントに対し，3Dプリンタを使用して高機能化や低コスト化を図る研究開発を行っている（**図３**）。JAXAの小型実証衛星や次世代衛星等においてこれらのコンポーネントの有効性・信頼性が実証され実績を示すことができれば，人工衛星の競争力確保に貢献するとともに，コンポーネントレベルでも世界市場に売れるなど，宇宙機器産業の振興につながることが期待される。

5.3　ロケット

宇宙輸送の自律性の確保及び国際競争力の確保を目的として，現在JAXAにおいて新型基幹ロケット（H3ロケット）の開発が進められており，2020年度に試験機１号機の打上げが予定されている[6)]（**図４**）。高い信頼性と低コスト化を両立した第一段エンジン（LE-9）はそのキー技術であり，低コスト化を達成するための手段の一つとして3Dプリンタの適用を検討している。特にコスト効果の高い部品であるバルブ，配管，ケーシング等（**図５**）を候補部品とし，材料評価や試作試験等が進められている。ロケット第一段エンジンのクリティカル部品に3Dプリンタを実用化することができれば，世界的にインパクトのある成果となるであろう。

6. おわりに

グローバルな競争の中でわが国のものづくりが自律性をもち競争力を持続していくためには，3Dプリンタについて，製造装置開発と実用化の両輪を進め，新たな産業構造への対応を図ることが不可欠である。わが国の航空宇宙分野においてはJAXAを中心として，次世代の航空宇宙産業に必須の技術であるとの理解の下，航空機・人工衛星・ロケット等への3Dプリンタの実用化が進められており，現在開発中のH3ロケット第一段エンジンへの適用も検討している。これらの大型プロジェクトの成功を通じ「信頼性」を示すことで，わが国の3Dプリンタ技術の発展や，幅広い分野における活用促進に貢献することが期待される。

文　献

1) Ghidini, T.：“An Overview of Current AM Activities at the European Space Agency. 3D Printing & Additive Manufacturing”, *Industrial Applications Global Summit*, London, UK, (2011).
2) European Space Agency,“Applying a Long-Term Perspective：Laurent Pambaquian Interview”, *ESA homepage*, (2014).
3) Jess, M., Waller, Bradford, H., Parker, Kenneth, L., Hodges, Eric, R., Burke, and James, L., Walker：“Nondestructive Evaluation of Additive Manufacturing State-of-the-Discipline Report”, *NASA/TM-2014-218560*, (2014).
4) Macy, B.：“America Makes National Additive Manufacturing Innovation Institute”, *TTCP TP1-5 Joint Workshop*, slides 9-13. (2014),
5) Jeff, Haynes：“Additive Manufacturing Development Methodology for Liquid Rocket Engines”, *National Space and Missiles Materials Symposium (2015)*, Space Access & Propulsion, Aerojet Rocketdyne Slides.
6) JAXA, “新型基幹ロケットの開発状況について”, JAXA 報告資料，科学技術・学術審議会　研究計画・評価分科会　宇宙開発利用部会（第 22 回）(2015).
7) 京極秀樹：“「次世代型産業用 3D プリンタ技術開発」プロジェクトの目指すもの”，日本機会学会 2015 年度年次大会講演論文集，F042001 (2015)。
8) 堀秀輔：“JAXA における航空宇宙分野への新たな展開”，日本機会学会 2015 年度年次大会講演論文集，F042008 (2015).
9) ESA, “Building a Lunar Base with 3D Printing”, *ESA homepage*, (2013).

第3節　複雑形状製品への 3D プリンタの活用

株式会社リコー　山口　清　　株式会社リコー　飯塚　厚史

1. 複雑形状のメリット

本節では，3D プリンタで最終製品の部品製造を行う観点から，従来工法と比較しての有用性や具体的な設計手法の紹介を実例に基づきながら行っていく。3D プリンタを部品製造に用いる際の最大のメリットは，複雑な形状の製作が容易に可能な点である。金型を用いた成形や切削など従来の加工方法では，様々な形状の制約があった。3D プリンタでの造形はそのような形状の制約がほとんど無く，装置が造形可能な寸法でサポート材が除去可能な形状であれば，ほとんどの場合造形が可能である。

例えば**図 1** に同じ外径の 2 つのギアの例を示すが，図 1 (a) は通常の射出成形などを想定した単純な形状である。一方図 1 (b) は 3D プリンタでの製作を前提として内部をスポーク状にした。3D プリンタでは従来の切削や射出成形にはあったアンダーカット部などの形状制約がなく，このような複雑な形状を造形することが可能である。このような高い形状設計自由度を活かして，軽量化という新たな価値を部品に付加出来る。実際に図 1 の例では，形状を変更することで重量・慣性モーメントともに 40% 程度改善ができており，軽量もしくは高速応答性が要求されるアプリケーションに有効である。

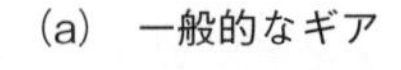
(a)　一般的なギア

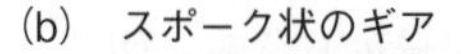
(b)　スポーク状のギア

図 1　同外径のギア例

3D プリンタで部品製造を行う場合，従来と同じ形状ではコストメリットが発生しないことが多い。しかし，従来の加工方法では実現不可能な形状でもほぼ同等のコストのまま生産することが可能であり，この形状自体が軽量化などの機能を生む場合には製品の高付加価値化が可能となる。

2. 適用事例

図 2 に大型プリンタの組立工場で実際に使用されている FA カメラへ，3D プリンタを適用した例を示す。この FA カメラはプリンタの外装に貼られた電源仕様などのシールをチェックするためのもので，内容や言語に応じた正しいシールが貼られているか画像認識により確認する。工程作業者はこの FA カメラを持ち歩いて作業するため，作業負荷の観点から軽量であることが望ましい。図 2 (a) は従来使用されていたものである。コストを抑えるため，平板の樹

脂や板金を組み合わせて製作されており，重量が500 g以上あった。図2 (b) はほぼ同じ設計のまま部品を3Dプリンタで製作したものである。金属部品を樹脂化することで重量を350 gまで軽量化できているが，部品点数がまだ多く，軽量化の効果は限定的である。図2 (c) は3Dプリンタで製作することを前提にデザインを見直したものである。付勢バネやクランプなどの機能を1部品に集約することで部品点数を大幅に削減し，従来の1/2以下まで軽量化を実現した。3Dプリンタの特徴である設計自由度の高さを有効に活用することで，大幅な軽量化が実現できた好例である。

図3に組立工場のサブアッセンブリーラインで使用する配膳トレイの例を示す。多品種少量生産のサブアッセンブリーラインでは，工程毎に必要な部品を事前に配膳トレイに取り分けてユニットの組み立てを行う。トレイに部品を取り分ける配膳の作業では，膨大な種類の部品の中から部番などを頼りに適切な部品をピックアップする必要があり，取り間違いや取り忘れなどが発生しうる。図3 (b) は3Dプリンタで製作した配膳トレイである。トレイ形状を部品に合わせることで，間違えた部品が入らないように工夫されている。また部品の個数も一目で確認でき，取り忘れを防止できる。さらに部品配列を組み立て順にすることで，組み立て工程のミス防止にも繋がっている。このようなアイデアは決して新しいものではないが，トレイの設計・製作にかけられるコストや時間の制約から実現が難しかった。3Dプリンタでの製作であれば，色々な工夫をふんだんに盛り込んでもコスト増がほとんど無い。また早い段階から部品設計側の3Dデータを入手することでトレイの設計・製作に掛かる時間も削減できており，生産準備期間の短縮も同時に実現できる。3Dプリンタを活用することで，このような工程改善が効率的に実現可能となっている。

(a)　FAカメラ改善前

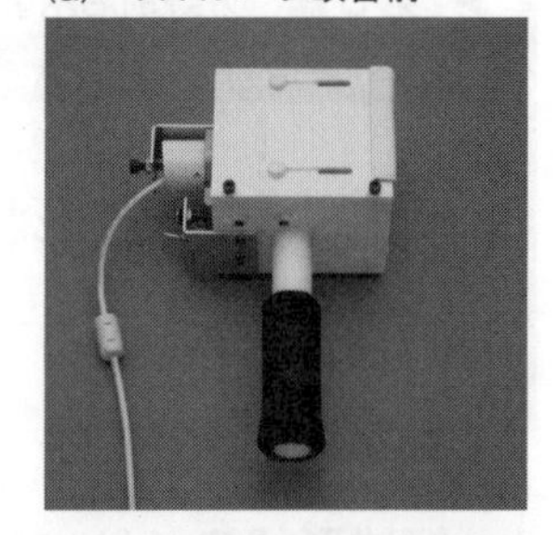

(b)　FAカメラ単純置き換え

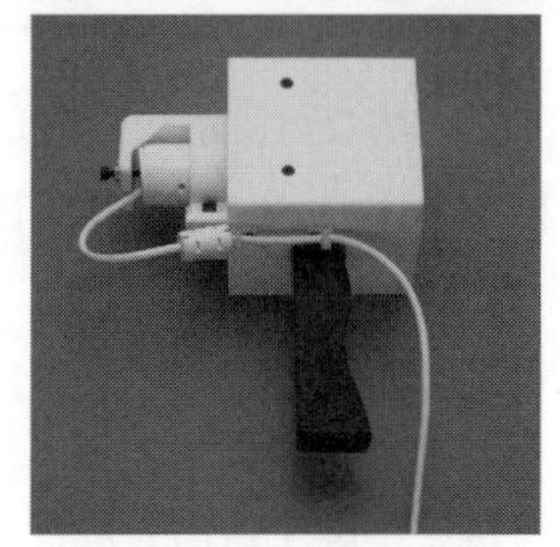

(c)　FAカメラ3Dプリンタならではの形状

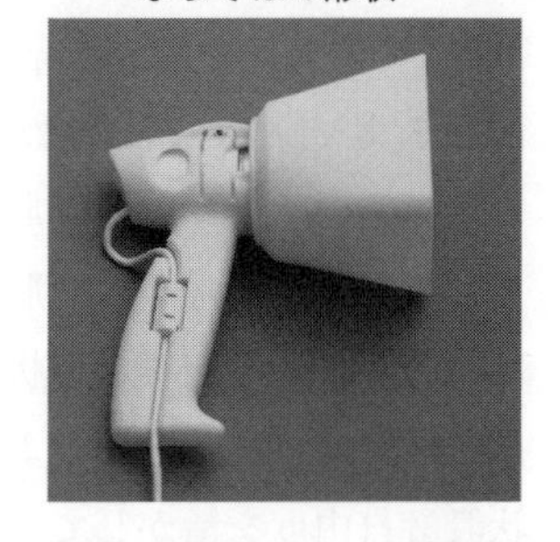

図2　FAカメラへの適用例

(a)　従来

(b)　3Dプリンタで製作

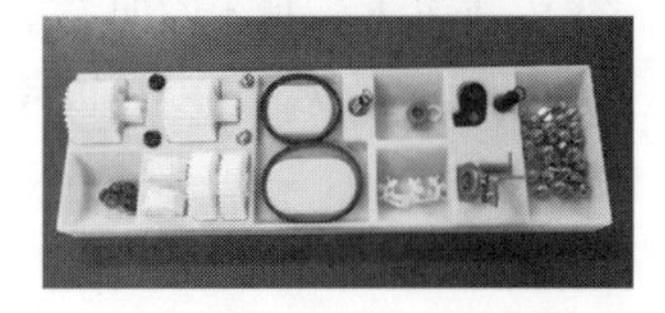

図3　配膳トレイの改善例

3. 複雑形状設計法①：トポロジー最適化

3.1　トポロジー最適化とは

本項及び次項では，3Dプリンタの特性を活かす複雑形状を生成するための，注目すべき手法についてそれぞれ実例を交えて紹介する。一つ目はトポロジー最適化である。

トポロジーとは，物体の穴の数や体積領域のつながり方などの，物体の形態的特徴の一般表現である（数学的に厳密な定義はここでは省く）。より基本的なコンピュータによる設計の自動最適化手法として寸法最適化（**図4** (b)）や形状最適化（図4 (c)）があるが，探索範囲はトポロジーが変化しない範囲に限られる。一方トポロジー最適化では，繰り返し計算の過程で不要な部分に穴が開き，必要な部分には新たに梁が通るなど，トポロジーまでをも柔軟に変化させながら最適な形態が探索される（図４(d)）。

研究対象としてのトポロジー最適化はその歴史も長く[1]，パッケージとして市販されているソフトも多い。筆者らの属する企業においても，ダイキャスト部品の形状設計や筐体に使用する板金厚の最適化等において既に一部適用されている。しかし従来の加工法を前提とした適用においては，離型や刃物のアプローチを考慮し生成形状に大きく制約を課す必要があった。一方 3D プリンタでの製作を前提とすれば，形状の制約は大幅に軽減できる。3D プリンタとトポロジー最適化の相性の良さについては 3D プリンタメーカーとソフトウェアメーカー双方から注目されており，専用のプラグインなども用意されている。

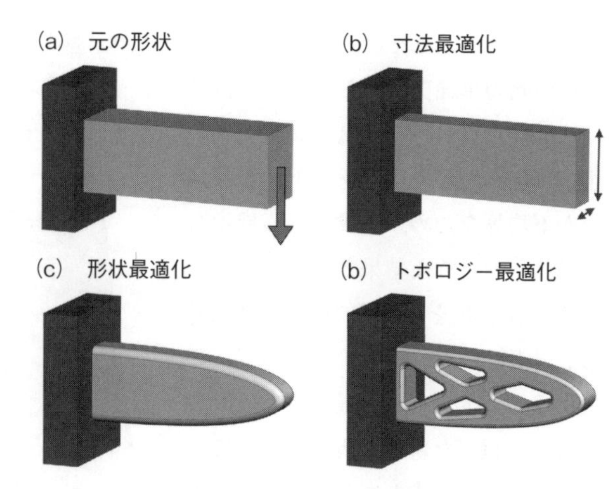

図４　トポロジー最適化例

具体的な手順としては，まず初期条件としてある体積空間を設計領域として設定する。また，境界条件として外力の付加点や向き・大きさ，固定面への拘束等を与える。ソフトウェアによっては境界条件のセットを複数設定しても良く，その場合の結果は各境界条件それぞれを同時に満足する形状となる。与えられた条件下での応力分布や振動モードが計算され，応力値が低いなど不要と判断された部分が削除されていく。計算を繰り返し，評価関数が収束すれば計算を終える。以上が基本的なアイデアである。

3.2　実装例

図５は片持ち梁に対してトポロジー最適化を実施した例である。元の設計領域として単純な直方体形状を与えた。荷重として (i) －Z 方向 300 N，(ii) ＋x 方向 50 N，(iii) ＋y 方向 50 N の３セットを設定した。拘束は荷重点と反対側の端面を完全固定し，更に Z－X 平面について対称形状条件を課した。計算結果を見ると，荷重点の上下付近など応力分担に不要と思われる部分が効率よく除去されていることがわかる。

実際的な適用例として，卓上インクジェットプリンタの展示台の例を**図６**に示す。元の設計領域としては厚さ 8 mm のシェル形状を与えた。荷重として（ i ）－Z 方向 300 N,（ ii ）＋y 方向 100 N,（ iii ）－y 方向 100 N,（iv）＋x 方向 100 N,（ v ）－x 方

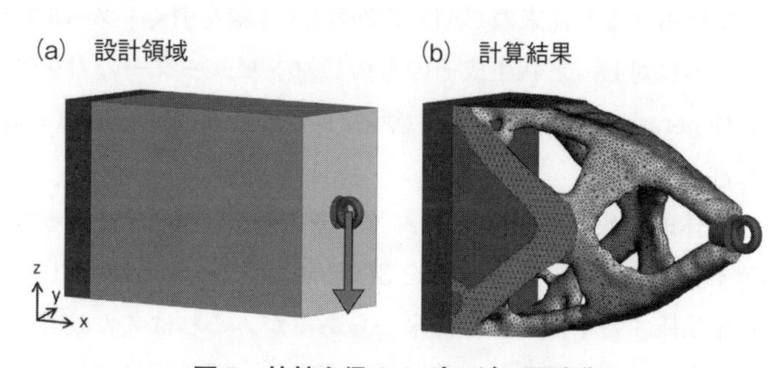

図５　片持ち梁のトポロジー最適化

向 100 N の 5 通りを設定した。拘束は下面四隅の単純支持とした。この例では，前後左右対称な荷重をプリンタの中央に加えたが，プリンタ下面の接地点が不均等なため，生成される展示台の形状が非対称な結果となっている。この生成形状を「直感的に」導き出せる設計者は，そういないであろう。このように，トポロジー最適化は設計者の常識を超えた新たな視点を与えてくれる。また，生成される形状が多くの場合有機的であるのもこの手法の特徴である。一方で，生成後の形状に対して CAE 解析等を行い，所望の力学特性が得られているかチェックすることも肝要である。

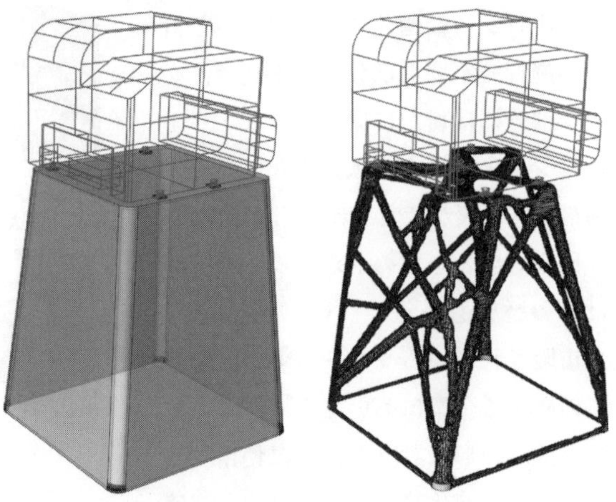

(a)　設計領域　(b)　計算結果

図 6　展示台への適用例

4. 複雑形状設計法②：Generative Design

4.1　Generative Design とは

Generative Design (＝生成的設計手法，Algorithmic Design，Computational Design も近接の概念）という手法は，（特に日本の）メカ設計分野では聞き馴染みが薄いと思われる。しかし，建築設計においては近年注目度が高まっており，またプロダクトデザインにおいても装飾的な意匠形状に対しては適用例が見られ始めている。例えば 3D プリンタの出力サンプルとして，オブジェクトが無数の有機的な穴で肉抜きされたモデルを見たことがないだろうか（**図 7**）。実はあの形状パターンは，設計者が CAD 上で一つひとつ手作業で作成すると膨大な手間がかかる。その様なモデルをつくる際に有効な手法のひとつが，Generative Design である。

Generative Design では，形状そのものを個別に設計するのではなく，「形状を生成するアルゴリズムを設計する」というアプローチを取る。設計意図や力学関係式・数学的規則性などをアルゴリズムとして記述し，形状はそのアルゴリズムにしたがって半自動的に生成される。そのため，人手で作成するには余りに複雑な形状データも効率よく生成することができる。設計者は，設計アルゴリズムを作成したのち，入力として与えるパラメータを調整しながら出力結果を検証し，所望の形状が生成されていればそれを決定形状として採用する。従来の CAD が効率よく「線を引く」ツールに留まるのに対し，形状生成そのものにコンピューターの力を借りる Generative な手法は，ある意味で真の Computer Aided Design と言える。

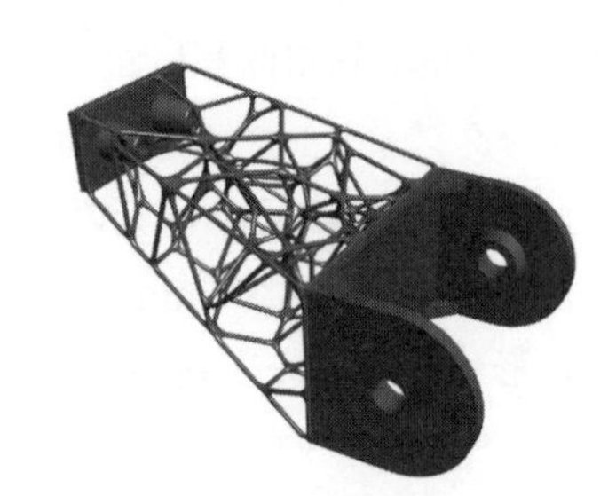

図 7　生成的設計手法による軽量化

具体的な実装方法として，プログラミング言語によるコーディングを行い，出力結果を 3D 描画エンジンに引き渡して形状を生成する手法なども従来からあるが，これはメカ設計者が自ら実施するにはそれなりに敷居が高い。近年注目される方法としては，Graphical Algorithm Editor (GAE) と呼ばれる，CAD コマンドに対応した機能ブロックを入出力の順につなぎ合わせるグラフィカルな UI を備えたツールが発展している。GAE を用いた実装の詳細は次項の例も参照されたい。

4.2　実装例

図 8 (a) は簡単な適用例として，基本立体にランダムな変形を加えて複写し，それを自由曲面上に等間隔にマッピングした例である。設計者はまず，基本立体の読み込み・乱数生成・移動・複写などの基本的な機能ブロックを組み合わせてアルゴリズムを実装する。次に，基本立体の寸法・乱数の分布範囲・乱数シードなどのパラメータを調整し，生成された形状が所望の特性を備えているかチェックする。図 8 (b) はアルゴリズム生成に用いた GAE のイメージである。図中の「RndPattern」「MapToSrf」と記されたブロックは設計者が作成したカスタムブロックで，内部には更に入れ子状にブロックの組合せ構造をもつ。

次に応用例として，筆者らが設計したスピーカー筐体を**図 9** に示す。実際の造形はナイロン材料の粉末焼結方式 3D プリンタで行った。スピーカー筐体は高剛性で不要な振動特性をもたないことが高音質のための条件とされるが，3D プリンタ造形の高い形状自由度を活かした一体成形のモノコック構造はその条件に最適である。また従来のスピーカーでは筐体内の不要な音の反響を防ぐため内面にスポンジなどを設置しているが，有効体積を損なうこと・個体差の原因となることなどの課題があった。提案形状では，それに代えて内面に無響室の壁面同様の吸音体を設けた。全ての吸音体の形状にランダムな差異を与え，不要な共振ピークを避ける様に配慮している。この例では強固な構造体としての役割と音の吸収という 2 つの機能が，複雑形

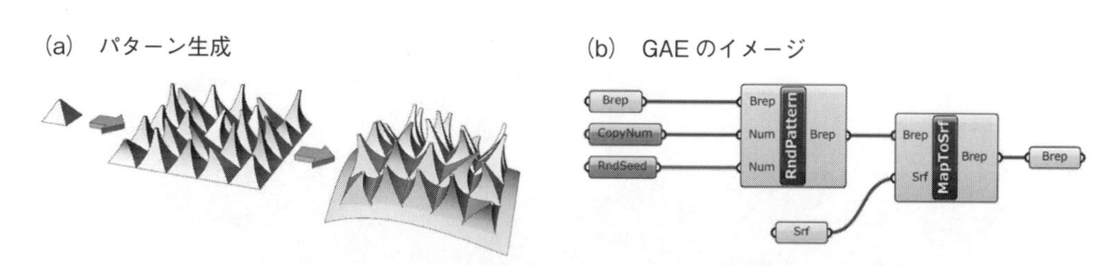

図 8　生成的設計手法による実装例

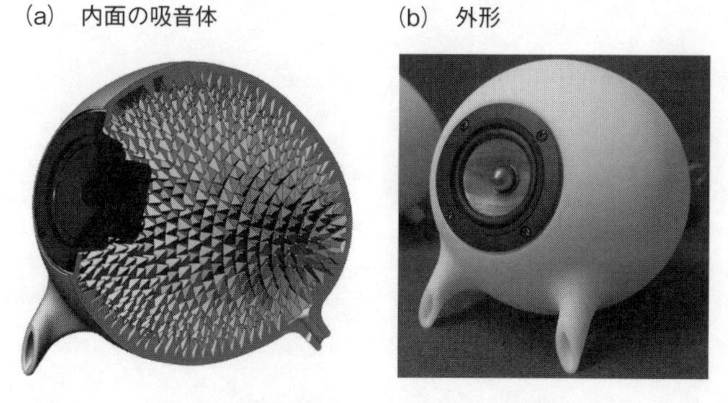

図 9　吸音構造をもつスピーカー筐体

状を用いることにより一部品で実現できている。このように複雑形状そのものが付加価値を生む製品分野は，3D プリンタによる製品製造のアプリケーションとして有望である。

文　献

1）西脇眞二ほか：トポロジー最適化，丸善出版，25-48 (2013).

第1節　大阪府立産業技術総合研究所の取組み

地方独立行政法人大阪府立産業技術総合研究所　中本　貴之
地方独立行政法人大阪府立産業技術総合研究所　木村　貴広

1. はじめに

㈶大阪府立産業技術総合研究所（以後，産技研）は，大阪府内の中小企業の技術指導とそのレベルアップを目的として，1929年に大阪市西区江之子島に創設された公設試験研究機関（当時の名称は「大阪府工業奨励館」）で，以後80数年にわたり企業の抱える様々な技術課題の解決に努め，地域の産業・科学技術の振興に貢献してきた。もち込まれる相談（技術課題）に対しては，内容に応じて，依頼試験，機器開放，受託研究，産学官共同研究など最適な技術サービスを提示し，ワンストップでの解決を図っている。その中で，産技研は3D プリンタ（別名，AM（Additive Manufacturing）装置）を古くから活用しており，その歴史は1984年に丸谷洋二氏（現，大阪産業大学名誉教授）が産技研に在職時に発表した光造形法[1]にまで遡る。その後も金属 AM 装置および樹脂 AM 装置の商業機を導入し，主に企業のモノづくり支援を目的に，上記サービスによる技術支援や研究開発，各種講習会，セミナーによる技術普及活動に努めている。特に金属 AM 装置については，全国の公設試験研究機関の中でいち早く導入し，以来今日に至るまで十数年にわたり利活用している。本節では，産技研における金属 AM に関わる活動内容として，これまでの歴史，技術相談，普及業務，ならびに研究開発事例を中心に紹介する。

2. 産技研における金属 AM に関する歴史

産技研では1999年に，最大出力200 W，ビームスポット径0.4 mm の炭酸ガスレーザを搭載した金属粉末レーザ積層造形（以後，「SLM（Selective Laser Melting）」と略す）装置（機種名：EOSINT-M250）を導入した。2003年には装置のバージョンアップ（機種名：EOSINT-M250 Xtended に変更）を実施して，より薄い積層厚さで造形できるようになった。本装置はその当時，2種類の材料（ブロンズ系と鉄系）のみ標準材として扱うことができたが，これらメーカー指定の材料と造形パラメータ（レーザ照射条件）を使用しても，ブロンズ系材料では緻密化の問題，鉄系材料では熱処理できないことや強度的な問題があり，実用的な普及は難しいと著者らは考えていた。そこで金属 AM 技術を金型や機械部品に展開するには，造形物の高密度化および高強度・高硬度化を実現する各種の鋼系粉末材料とそれによる造形技術の開発が重要なポイントとなると考え，**表1**に示すように炭素鋼[2,3]，合金鋼[4]などの鋼系粉末を用いた造形技術の開発に取組んできた。その中で，一般的によく利用されている樹脂成形型以外にプレス金型への展開も検討している[5]。2008年頃からは，カスタムメイド生体インプラントへの展開を目指してチタン系粉末[6,7]を用いた造形技術の開発にも取組み始めている。また2013年には，最大出力400 W，ビームスポット径0.1 mm のファイバーレーザを搭載した SLM 装置（機種名：

表１　大阪府立産業技術総合研究所における金属 AM に関する取組み

年度	主な取組み内容
1999	炭酸ガスレーザ搭載の金属粉末積層造形装置（EOSINT-M250）の導入
2001	アルミニウムダイカスト製品の試作金型
2003	装置のバージョンアップ（EOSINT-M250 Xtended）
2005	炭素鋼粉末による高密度・高強度造形技術の開発
2006～2007	合金鋼粉末への適用性の検討
2007	造形物の表面硬化処理
2007～	プレス金型への適用
2008～2009	化学エッチング工法を使わない，成形金型シボ加工技術開発
2008	チタン粉末の造形技術の開発
2009～	高品質人工骨のカスタムメイド造形技術の開発
2012	ファイバーレーザ搭載の金属粉末積層造形装置（EOSINT-M280）の導入
2013～	アルミニウム系粉末の造形技術の開発

EOSINT-M280）を導入し，アルミニウム系粉末[8]の造形技術の開発も始めている。

3. 産技研における金属 AM に関する技術相談と指導・成果普及

近年，産技研には金属 AM に関する多数の技術相談が寄せられている。**図１**は，2013 年度１年間の金属 AM に関する技術相談内容（400 件程度）の傾向をまとめたものである。基本情報の収集に関する問い合わせが 33％と最も多いものの，部品の製造，金属 AM 用粉末材料の新規開発，基礎特性評価用テストピースの作製の３項目で 55％と過半数を占めている。寄せられた問い合わせは，自動車，航空機，医療機器，電気機器，産業用機械などの要素部品の製造・加工技術に関する企業からのものが多い。また材質別に分類すると，Fe（鉄）系が 34％と最も多く，非鉄材料の Al（アルミニウム）系が 16％，Ti（チタン）系が 13％と続き，装置メーカーの標準材にないその他の材料が 33％を占めている。2014 年度になると，金属 AM 全般に対する問い合わせは 24％と減少しており，より明確な利用目的をもつ顧客が増えてきている。また，その他の材料の割合は 51％に増えており，従来にない新材料による積層造形技術の実用化に対する

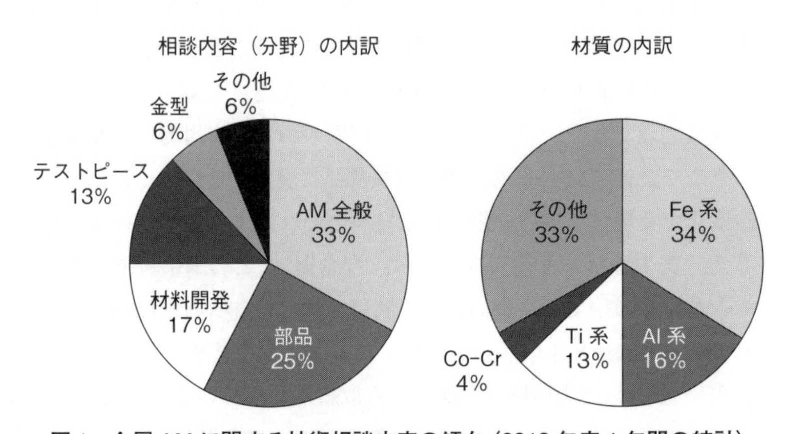

図１　金属 AM に関する技術相談内容の傾向（2013 年度１年間の統計）

期待が非常に大きくなってきていることがうかがえる。

このように金属 AM への期待は高まる一方で，金属 AM 装置はまだまだ高価な機器であるため，産技研の装置利用（依頼試験や受託・共同研究など）の機会は増える傾向にある。受託・共同研究では，利用者が金属 AM 装置を将来導入する際にスムーズに立ち上げられるように，操作方法の習熟，新規材料の造形パラメータ（レーザ照射条件）の開発，造形物の基礎特性の把握，造形可能な製品形状の設計など，装置導入前の事前検討の要望にも応えるようにしている。

また，産技研では上述のような金属 AM に関する技術相談，依頼試験，受託・共同研究以外に，産技研主催の機器利用技術講習会や，学協会や市町村などの公的機関が開催する講習会やセミナーの機会を利用して，金属 AM 技術の普及活動を行っている。そこでは，金属 AM 技術の長所と短所，造形事例，装置メーカーの標準材による造形物の諸特性，造形物の特性改善のための手法，産技研の研究開発事例，ならびに金属 AM 業界の動向と取り巻く環境の変化などを解説し，モノづくりの新たな展開に活用してもらうことを期待して，金属 AM 技術を広く周知することに努めている。

4. 産技研における金属 AM に関する研究事例

産技研における金属 AM に関する研究開発の事例として，本項では，炭素鋼粉末の造形技術開発，アルミニウム合金粉末の造形技術開発，ならびに金属 AM 型への表面加飾法の適用について紹介する。

4.1　炭素鋼粉末の AM における造形物の緻密化

金属 AM 技術を金型や機械部品に展開するには，造形物の高密度化および高強度・高硬度化を実現する各種の鋼系粉末材料とそれによる造形技術の開発が重要なポイントとなる。著者らは，鋼系粉末材料の AM に関する基礎的研究として，炭素量が 0.33～1.04 mass% の範囲で異なる炭素鋼粉末を用いて，緻密で高強度・高硬度の造形物を得ることを目的に，造形物の密度，ミクロ組織ならびに機械的性質に及ぼすレーザ照射条件および炭素量の影響について調査してきた[3]。ここでは，造形物の緻密化の条件探索について述べる。

図２に，炭酸ガスレーザを搭載した SLM 装置（EOSINT-M250 Xtended）を用いて，出力（200 W）と積層厚さ（0.05 mm）は一定のもと，走査速度（50，100 mm/s）と走査ピッチ（0.1～0.4 mm）を変化させ，窒素雰囲気下で造形した円柱（直径 8 mm × 高さ 15 mm）の断面写真の一例（炭素量：0.76 mass% 粉末の場合）を示す。黒色の領域は空隙に相当する。いずれの走査速度においても，走査ピッチが 0.4 mm の条件（図２（a），（e））では，レーザの走査間で積層方向に連続的に空隙が多く残る。走査ピッチを 0.4 mm（図２（a），（e））から 0.3 mm（図２（b），（f）），0.2 mm（図２（c），（g））に狭くし，レーザのビームスポット径（約 0.4 mm）が重なるように走査すると，空隙の体積割合は急激に減少する。一方，走査速度については，走査ピッチが同じであれば，100 mm/s よりも 50 mm/s のほうが空隙の体積割合は減少する。その結果，図２（b）～（d）のように，走査ピッチが 0.3 mm 以下，走査速度が 50 mm/s の条件では，空隙が認められない緻密体が得られる。

ところが，**図３**に示すように，レーザ照射条件が同一であっても，緻密化の挙動は炭素量に

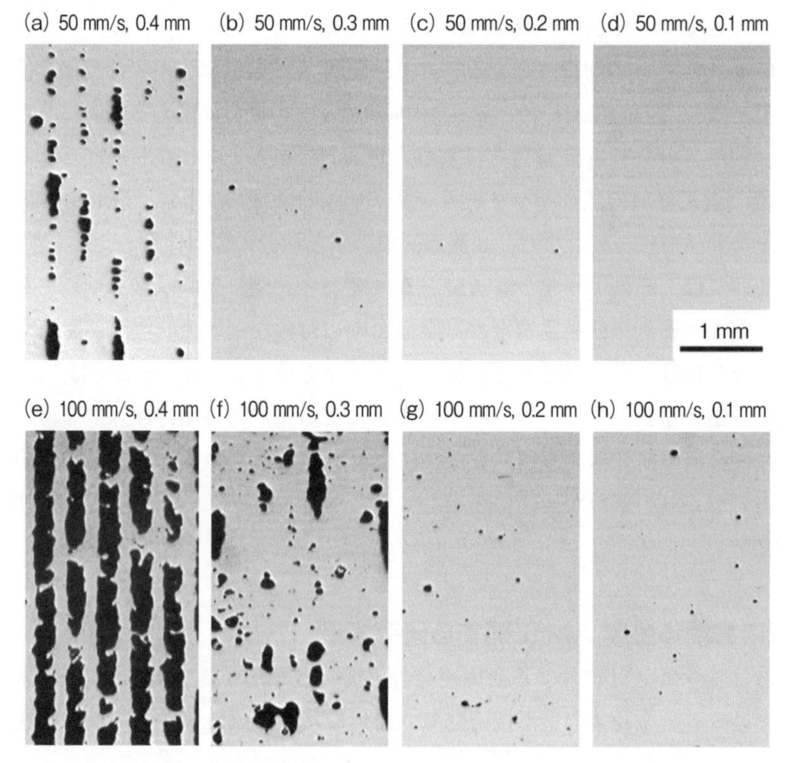

図２　種々のレーザ照射条件で造形した円柱の積層方向に平行な断面写真（炭素量：0.76 mass% の場合）

より異なる。造形物内の空隙の体積割合は，炭素量図３(c) 0.76 mass% と図３(d) 1.04 mass% では明らかに少ないが，図３(c) 0.76 mass% から 図３(b) 0.49 mass%，図３(a) 0.33 mass% へと炭素量が減少するに従って空隙の体積割合は増加する。すなわち，炭素量の多少により，緻密体が得られるレーザ照射条件（走査速度および走査ピッチ）は異なる。

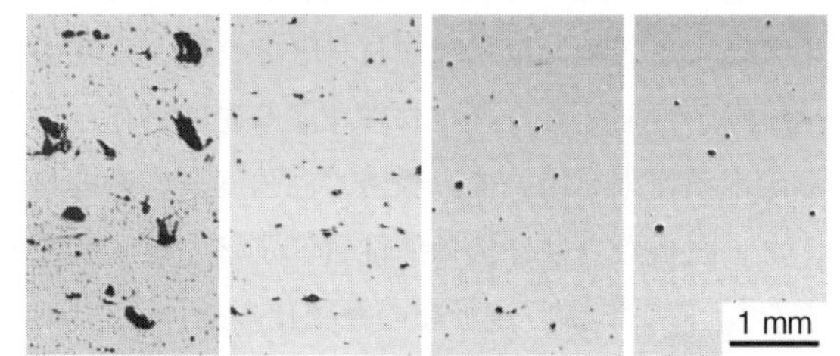

図３　炭素量の異なる炭素鋼粉末を用いて，走査速度 100 mm/s，走査ピッチ 0.2 mm の条件で造形した円柱の積層方向に平行な断面写真

レーザ照射条件と緻密化の関係を詳細に調べるため，炭素量 0.76 mass% 粉末を用いて，走査速度を 100 mm/s と一定にして，走査ピッチを 0.1，0.2，0.3 mm としてレーザを２回走査させた場合のレーザ走査痕の断面組織写真を**図４**に示す。走査ピッチが広くなるに従って，２本のレーザ走査痕に対応する両突起物の間に，大きな隙間が形成される。このような隙間があると，次のレーザ走査では，粉末層の厚さが著しく増加し，粉末層の底部は容易に溶融されない。すなわち，それに相当する部分が，未溶融粉末のくぼみのままで残り，造形物内の空隙になると考えられる。

次に，炭素量と緻密化の関係を詳細に調べるため，炭素量の異なる炭素鋼粉末を用いて，走査速度を 100 mm/s，走査ピッチを 0.2 mm と一定にしてレーザを２回走査させた場合のレーザ走査痕の断面組織写真を**図5**に示す。炭素量の増加とともに突起物の高さは減少し，その幅は増加している。すなわち，炭素量の減少とともに両突起物の間に形成される隙間はより大きくなり，未溶融部をつくることを示している。この結果は，上述したように，炭素量の減少とともに，造形物内の空隙の体積割合が増加する実験結果（図3）と一致する。

今回の炭素量の実験条件の範囲では，炭素量が増加すると，溶融した鉄—炭素合金の表面張力は減少し[9]，融点は低下する[10]ことが一般的に知られている。炭素量の増加に伴う表面張力の減少や融点の低下は，レーザ照射で溶融した部分と粉末あるいは既積層部との濡れ性を向上させ，溶融凝固の安定性につながったと考えられる。また，このようなレーザ走査痕の特徴的な変化は，高炭素鋼の造形物で空隙の体積割合が少なくなるメカニズムをうまく説明できる。

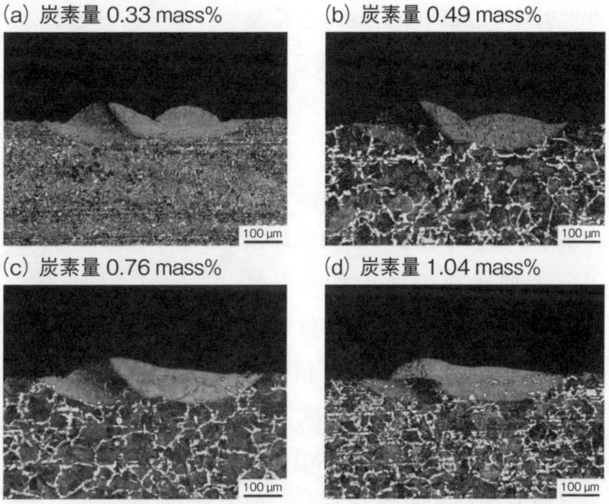

（a）走査ピッチ 0.1 mm

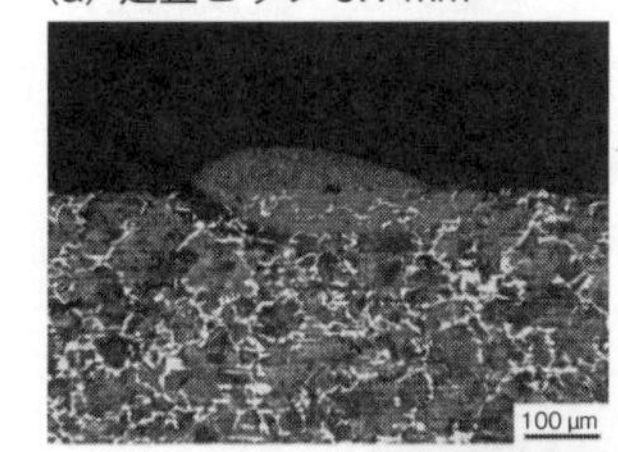

（b）走査ピッチ 0.2 mm

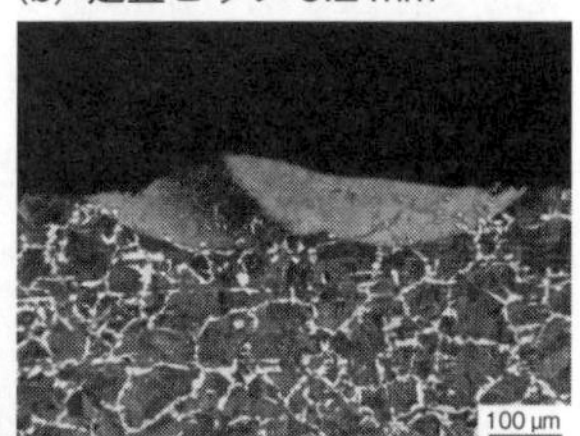

（c）走査ピッチ 0.3 mm

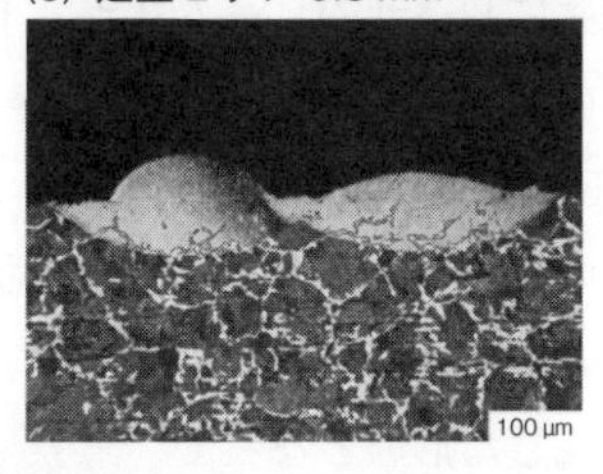

図4　走査速度を 100 mm/s と一定にして，レーザを2回走査させた場合のレーザ走査痕の断面組織写真（炭素量：0.76 mass% の場合）

（a）炭素量 0.33 mass%

（b）炭素量 0.49 mass%

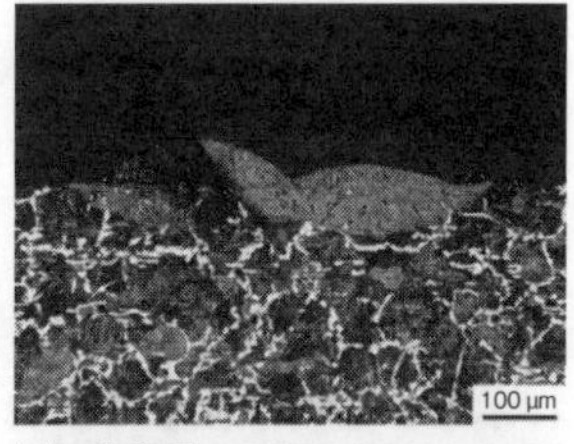

（c）炭素量 0.76 mass%

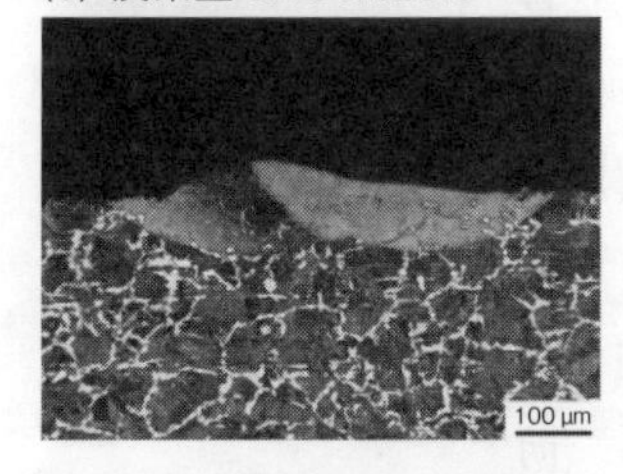

（d）炭素量 1.04 mass%

図5　各種炭素鋼粉末を用いて，走査速度を 100 mm/s，走査ピッチを 0.2 mm と一定にしてレーザを2回走査させた場合のレーザ走査痕の断面組織写真

4.2　アルミニウム合金粉末のAMにおける造形物の高強度・高延性化

アルミニウム系材料を用いたAM技術は，その低比重・高熱伝導性を活かし，航空・宇宙や自動車分野等において，軽量化部材や熱交換器のような熱制御部品への応用が期待されている。産技研ではアルミニウム系材料のAMに関する問い合わせが増えているが，商業機の標準材としてアルミニウム系材料が使えるようになったのはまだ最近のことであり，その用途開発や研究開発は今後盛んになってくると思われる。そこで著者らは，装置メーカーの標準材であり，ダイカスト用合金として広く使用されているAl-10%Si-0.4%Mg合金の造形物の高性能化を目的に，最大出力 400 W のファイバーレーザを搭載したSLM装置（EOSINT-M280）を用い，高密度化のためのレーザ照射条件（出力，走査速度，走査ピッチ）の探索を行った。そして，これらのアルミニウム造形物の基礎的な特性を明らかにするため，組織および機械的性質を調査した[8]。ここでは，見いだした最適なレーザ照射条件による造形物の組織および機械的性質について述べる。

4.1 の炭素鋼粉末の場合と同様に，Al-10%Si-0.4%Mg 合金粉末のレーザ照射条件と緻密化の関係を調べた結果，出力 300 W，走査速度 1,200 mm/s，走査ピッチ 0.15 mm，積層厚さ 0.03 mm の条件下で最も高い相対密度（99.9%）の造形物が得られた。**図 6** に，上述の最適条件にて造形した緻密体の積層方向に図 6（a）垂直および図 6（b）平行な断面の光学顕微鏡写真を示す。垂直・平行断面共にレーザのビームスポット径（約 0.1 mm）とほぼ同じ幅のマクロ組織が観察され，これはそのサイズや形態からレーザの走査痕であると考えられる。これらのマクロ組織の中心付近を FE-SEM にて拡大観察した結果を**図 7** に示す。図 7（a）の垂直断面では，サブミクロンオーダーの微細なデンドライトセル状組織を呈しており，図 7（b）の平行断面では，セル状組織が積層方向すなわち熱流方向に沿って伸長した形態となっている。セル内（灰色部）は初晶 α（Al）相，セル間（白色部）は Si 系晶出相である。これらは，レーザ照射により瞬時に溶融・急冷凝固することで得られる組織であると考えられ，SLM 特有の組織形態である。

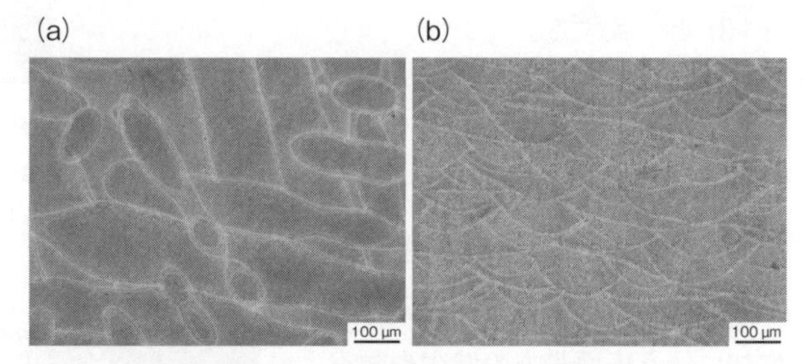

図 6　Al-10%Si-0.4%Mg 合金の緻密体の積層方向に（a）垂直および（b）平行な断面の光学顕微鏡写真

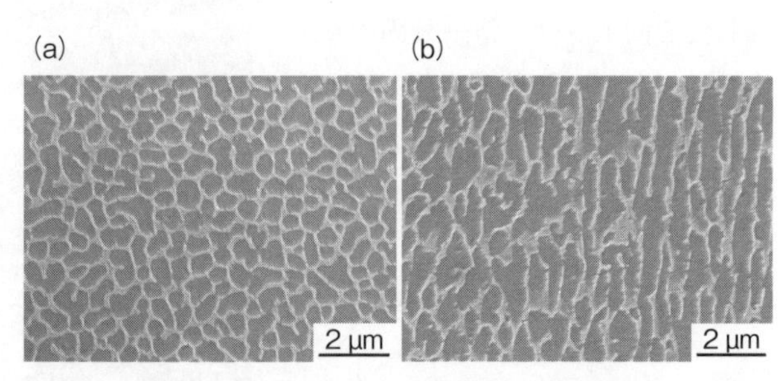

図 7　Al-10%Si-0.4%Mg 合金の緻密体の積層方向に（a）垂直および（b）平行な断面の FE-SEM 写真

緻密体の引張試験の結果を**図 8** に示す。なお，図 8 中には，比較として同組成のダイカスト材（HPDC の F 材）の機械的性質も併せて示す[11]。緻密体は，積層方向に平行（0° 材）および垂直（90° 材）いずれも引張強さ 450 MPa 以上，破断伸び約 10% を示し，同組成のダイカスト材に比べて高い値を示している。これは，造形物では相対密度がほぼ 100% であることに加え，上述の微細なセル状組織が形成されることに起因すると考えられる。このように，SLM では，レーザ照射による溶融状態からの急冷により微細な結晶組織が形成され，溶製材に比べて良好な機械的性質を示す特長がある。

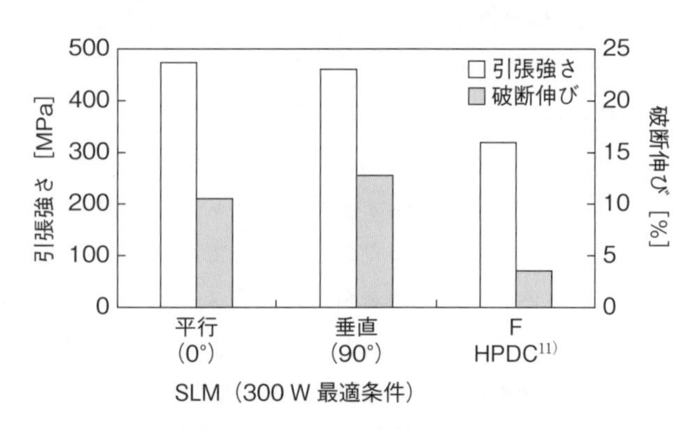

図 8　Al-10%Si-0.4%Mg 合金の緻密体の引張試験の結果

4.3　金属AM型への表面加飾法（セラシボ加工）の適用

金属AM技術は，金型内部に自由な冷却水管を配置した樹脂の射出成形型を製作できる技術として注目され，実用化が進んできている。しかし，現行の金属AM技術では，成形金型としての仕上げ面の精度が低く，表面への加飾模様（樹脂成形品の表面等に形成される意匠的な凹凸模様の呼称で「シボ」と呼ばれている）を直接形成することが不可能であり，またエッチング加工を施すことも困難である。表面加飾法の一つである「セラシボ加工」とは，耐熱・耐摩耗性を有するセラミック系特殊材料で構成された加飾シートを，金型面に貼り付けることでシボ模様を形成する方法である[12]。これまでも金属AM型では，造形面の精度や粗さを改善するために，造形過程で切削加工を併用する複合加工法[13]が実施されているが，造形面に加飾シートを貼り付ける「セラシボ加工」が適用できるようになれば，大幅な工程短縮とコスト削減が期待できる。

SLMでは，レーザ照射条件（出力，走査速度，走査ピッチ，積層厚さ）によって，表面性状の異なる造形物が得られる。そこで，**図9**に示すように，装置メーカー（独EOS社）の標準材の一つである鉄系粉末（DS20）を使用し，炭酸ガスレーザを搭載したSLM装置（EOSINT-M250 Xtended）を用いて，異なるレーザ照射条件にて同一面内に4種類の層構造を構成する平板状の金型（入れ子）を造形した。なお，入れ子のサイズは長さ150 mm×幅100 mm×高さ10 mmとし，厚さ8 mmのベースプレート上に厚さ2 mmの各層構造を造形した。**表2**に，金属AM型表層の各層の表面粗さを示す。

図9　同一面内に4種類の層構造を構成する平板状の金属AM型（材質：鉄系メーカー標準材）

表2　図9に示す金属AM型の各層の表面粗さ

	(a)	(b)	(c)	(d)
Ra [μm]	29.7	20.5	12.2	13.8
Rz [μm]	188.0	140.6	93.7	93.5

図10(a)に，この金属AM型表層に形成した幾何学シボと皮シボの2種類の模様からなるセラシボ層（厚さ300 μm程度）を，図10(b)に，図10(a)の金型を用いて射出成形したPP（ポリプロピレン）製成形品の外観写真を示す。造形面のいずれの表面粗さに対し

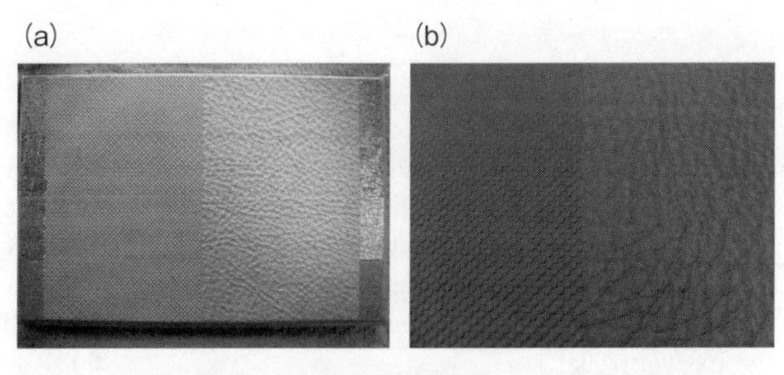

図10　(a)金属AM型の表層に形成したセラシボ層と(b)同AM型による樹脂成形品

ても，セラシボ層は接着できており，また各層の表面状態の影響は受けずにほぼ同等の仕上がり面となっている。また，樹脂成形品には造形面の粗さや凹凸形状は転写されておらず，鮮明な加飾面が得られている。セラシボ加工では，機械加工や放電加工での表面仕上げ状態にかかわらず，加飾シートがその凹凸を吸収してシボ模様を形成できることがわかっているが，SLMでの表面状態に対しても同様にシボ加工が可能であることがわかった。

実際の金型では様々な勾配や曲率を有する形状が多いため，種々の傾斜面を有するトレーを成形するための金型を造形し，上述の平板状の金型と同様にセラシボ層の形成と射出成形試験を行ったところ，シボ金型および成形品ともに，従来の仕上げ加工後に化学エッチングを施す工法と比較して，遜色ないレベルであることも確認している[5)]。

このように，金属AM型にセラシボ層を形成することにより，今までシボ加工が難しいとされていた金属AM型においても，造形後の仕上げ処理を行うことなくシボ加工が可能であることが確認された。これにより，シボ成形用金型の製作工程の短縮化が可能になった。

5. おわりに

産技研は2012年の独立行政法人化後,「オープンイノベーション」の考えのもと，産官学の連携にもとづく，高い技術レベルの共同研究の推進に注力し，2014年からは，SIP革新的設計生産技術「三次元異方性カスタマイズ化設計・付加製造拠点の構築と地域実証」プロジェクト（以後,「SIP事業」と略す）に参画している。このSIP事業では，大阪大学「学」・パナソニック㈱等「産」・産技研「官」の連携により，異なる領域のモノづくりプレーヤーをつなぐ拠点（異方性カスタム設計・AM研究開発センター）を構築し，地域主体の新たなモノづくり技術の確立を進めている。寄せられる技術相談の中には，単に外部形状を作製するだけではなく，結晶方位制御をはじめとする「材質の異方性」の適用や，ラティス構造をはじめとする「構造の異方性」に関する相談も散見され，金属AM特有の異方性カスタム製品の創出に対する期待も大きいと実感される。今後は，造形物内部の機能制御（材質制御および構造制御）技術としての金属AMの活用方法を研究開発していくとともに，公設試験研究機関として，幅広い産業分野でのモノづくりを支援できる体制を強化していきたいと考えている。

なお，[4.3]で紹介したセラシボ加工の研究は，近畿経済産業局平成20，21年度戦略的基盤技術高度化支援事業「化学エッチング工法を使わない、成形金型シボ加工技術開発」の支援を受けて行われた。㈱棚澤八光社，㈱積水工機製作所，E. D. M.ラボをはじめとする関係各位に謝意を表する。

文　献

1）丸谷洋二，早野誠治，今中瞑：積層造形技術資料集，オプトロニクス社，5-6 (2002).

2）T. Nakamoto, N. Shirakawa, Y. Miyata, T. Sone and H. Inui：*Int. J. of Automation Technology*, **2**, 168-174 (2008).

3）T. Nakamoto, N. Shirakawa, Y. Miyata and H. Inui：*J. Mater. Process. Technol.*, **209**, 5653-5660 (2009).

4）T. Nakamoto, N. Shirakawa, Y. Miyata and T. Sone：*Surf. Coat. Technol.*, **202**, 5484-5487 (2008).

5）中本貴之，白川信彦：型技術，**29** (2)，32-35 (2014).

6）中本貴之，白川信彦，四宮徳章，乾晴行：日本レーザー医学会誌，**33**，166-174 (2012).

7）T. Nakamoto, N. Shirakawa, K. Kishida, K. Tanaka

and H. Inui：*Int. J. of Automation Technology*, **6**, 597-603 (2012).
8) 木村貴広，中本貴之：粉体および粉末冶金，**61**, 531-537 (2014).
9) 川合保治：溶鉄・溶滓の物性値便覧（溶鋼・溶滓部会報告），日本鉄鋼協会，125 (1971).
10) T. B. Massalski, J. L. Murray, L. H. Bennett, H. Baker, eds.：Binary Alloy Phase Diagrams, ASM International：OH, **1**, 561-566 (1986).
11) A. L. Kearney：ASM Handbook, ASM International：OH, **2**, 152-177 (1990).
12) 曽我部三志，青田久男：型技術，**28**(2)，23-27 (2013).
13) 例えば，阿部諭，東喜万，峠山裕彦，不破勲，吉田徳雄：精密工学会誌，**73**，912-916 (2007).

第2節　鳥取県産業技術センターの取組み

地方独立行政法人鳥取県産業技術センター　木村　勝典

1. はじめに

㈲地独鳥取県産業技術センターは，2007年4月に地方独立行政法人へ移行し，産業技術に関する試験研究及びその成果の普及を推進するとともに，ものづくり分野における技術支援，人材育成等を積極的に展開することにより，鳥取県の産業活力の強化を図り，もって経済の発展及び県民生活の向上に寄与することを目的に支援業務を行っている。

近年，製造業においてものづくりを行う上で3次元データの利用が増え，また活用するための手法やツールについての相談が増加してきた。特に，製品開発のリードタイムを短縮できる試作開発の効率化ニーズは高く，中でもここ数年造形精度の向上や使用できる樹脂の多様化などにより利用シーンが拡大している3Dプリンタに寄せる期待は年々大きくなってきている。

そこで，鳥取県産業技術センターにおいても，3Dプリンタを導入し技術支援を推進しているが，3Dプリンタの単独利用ではなく，3次元データを活用することでものづくり全体の支援に繋げる活動を強力に進めてきた。

2. 3次元データを活用した技術支援の取組み開始

鳥取県産業技術センターでは1990年代から3次元データを用いたものづくり支援を開始している。当時は現在のように高速処理が可能なコンピュータも存在していないこともあり，安価な2次元CADによる設計支援が中心であった。

2000年代に入り，測定機や加工機および点群データの検査ソフトやリバースエンジニアリングソフトに加え，解析シミュレーションソフトの導入により少しずつ3次元データを活用した支援の強化を進めてきたところである。そして，2007年に熱融解積層造形タイプの3Dプリンタを導入し，産業デザイン部門を中心に試作開発支援の拡充を進めた。

2.1 製品設計支援の強化

3Dプリンタを導入した2007年には，下記の三つの段階における支援が必要との考えで複数のソフトも併せて導入した。

1) 構想段階：3次元CAD（3次元形状の設計支援に利用）
　　　3Dプリンタ（試作開発の際に必要なモックアップの造形支援に利用）
2) 製造条件検討段階：プラスチック流動解析ソフト（樹脂成型方法の検討に利用）
　　　金型設計解析・切削加工支援ソフト（金型開発検討に利用）
3) 製品性能検討段階：電気製品・部品熱流動解析ソフト（電気製品の性能評価に利用）

これらのツールを用いて，これまでよりも一歩踏み込んだ製品開発支援強化を進めてきた。

2.2　試作開発における企業ニーズ

少しずつではあるが，ツールを揃え技術支援を進めてきたが，近年特に試作開発の段階で県内企業から以下の要望が上がってきた。

①　製造プラントを設計製造しているが，ミニチュアでも良いので検証試験を実施したい。
②　デザインした製品の使用感を事前に把握したい。
③　造形した部品のでき上がりの表面を滑らかにして評価を効果的に行いたい。
④　既にある製品のクレードルを試作したいが，設計した形状でのフィット感を把握したい。
⑤　ロボットの部品で新たに設計したチャック機構やクランプ機構などの効果を把握したい。
⑥　内部の状態を把握したいので，透明素材の造形品をつくりたい。
⑦　もう少し造形品に強度が欲しい。大型のサイズも分割せずに造形したい。

既に所有している3Dプリンタでは，上記の要望に充分対応できない部分が増えており，企業ニーズに応える装置の導入が急務と判断した。

3.　３次元データ活用製品開発促進支援事業の立ち上げ

これまでの３次元データを活用したものづくり支援において，鳥取県産業技術センターにおいて今後もニーズに応え続けるために2012年度より新たな装置の導入についての検討を開始した。特に近年，非接触測定による大容量点群データを扱うようになったことで，試作開発について多くの要望を受けるようになってきた。そこで，装置を導入するだけではなく，より効果的な運用および成果普及を行うために，「3次元データ活用製品開発促進支援事業」を2014年度に立ち上げた。

3.1　事業の必要性

鳥取県内のものづくり企業では，近年３次元CADの普及により３次元データを扱うケースが増えてきていること，また３次元データの利活用を進める企業も出てきているのが現状である。しかし加工現場では，２次元図面を利用してきたこれまでの取組みと大きく異なるため以下のような課題が発生している。

①　複雑な形状の部品製造のケースでは設計部門と加工部門での意思疎通が難しい。
②　試作開発のケースでは金型を製作する前段階での形状把握が困難。
③　複雑な形状の部品では加工工程において加工品固定用の専用の治工具や検査具が必要であるケースが多いため，加工準備の効率化が図れない。

また，3D-CADを利用することで，自社で新たなアイデアや提案を形にして検討を行いたいという要望もあるが，多大な時間と費用を要するため着手できないケースが多かった。

そこで，これらの課題を解決するため新たに事業に着手した。

3.2　事業の目的と概要

鳥取県内では，これまで電気関連デバイス産業との繋がりが強かったが，近年そのものづくりの基盤が自動車産業にシフトしてきており，その内容も付加価値の高い部材を用いた軽量化や耐久性の向上が求められている。また，鳥取県では経済再生成長戦略を策定し，その中で医療イノベーション戦略を進め，医療機器産業への県内企業の参入を推進している。そのため今後は医工連携により県内での医療機器関連部品の供給体制を構築する必要がある。

そこで高付加価値な部品開発や医療機器など複雑な形状の製品を製造する上で用いられている3次元データの利活用促進を図るため，3D プリンタを用いた開発支援を強化することとした。

これまで多大な時間や費用を要していた試作開発を効率化することで，製造工程における段取り，製造，改良，修正にかかるリードタイムを大幅に圧縮し，設計における検討（加工方法，加工手順，製品形状）の時間を確保することで，より付加価値の高い製品製造を可能とする。また，通常の機械加工では難しい形状での試作や検証試験を実現可能にすることで，具体的な製品への挑戦を可能とできる。

3.3　3D プリンタの導入と事業内容

事業を推進するために必要な 3D プリンタについて検討した内容を**図1**に示す。

装置導入の検討段階では，特に「造形精度」と「造形サイズ・機能」に重点をおいて調査を行い，これに特化した機器の導入を優先した点と，異なる業界のニーズへの対応も拡大できるように装置を選定した。そして，2014 年 5～7 月にかけて 2 台の 3D プリンタを導入し運用を開始したところである。それによって，これまでの設計・測定・加工・検査・解析・データ変換・リバースといった方面からのアプローチに加え試作開発支援を強化，**図2**に示すように鳥取県産業技術センターにおける3次元データを用いたものづくりに関する支援体制が構築できた。

また事業内容として以下の項目について実施することとした。

① 導入した 3D プリンタによる利活用セミナーの開催
② 先進情報，先進地への技術調査とその報告
③ 3D プリンタの利活用方法の検討と蓄積による県内企業の 3D ものづくりノウハウの向上を図るため，「3次元データ活用製品開発促進支援研究会」の開催（数回/年）

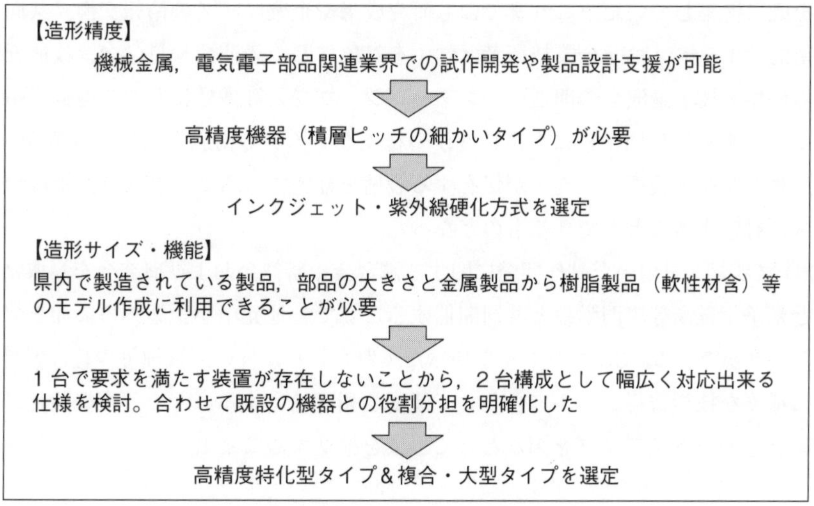

【造形精度】
機械金属，電気電子部品関連業界での試作開発や製品設計支援が可能

高精度機器（積層ピッチの細かいタイプ）が必要

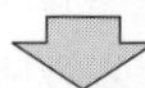

インクジェット・紫外線硬化方式を選定

【造形サイズ・機能】
県内で製造されている製品，部品の大きさと金属製品から樹脂製品（軟性材含）等のモデル作成に利用できることが必要

1台で要求を満たす装置が存在しないことから，2台構成として幅広く対応出来る仕様を検討。合わせて既設の機器との役割分担を明確化した

高精度特化型タイプ＆複合・大型タイプを選定

図1　3D プリンタ検討状況

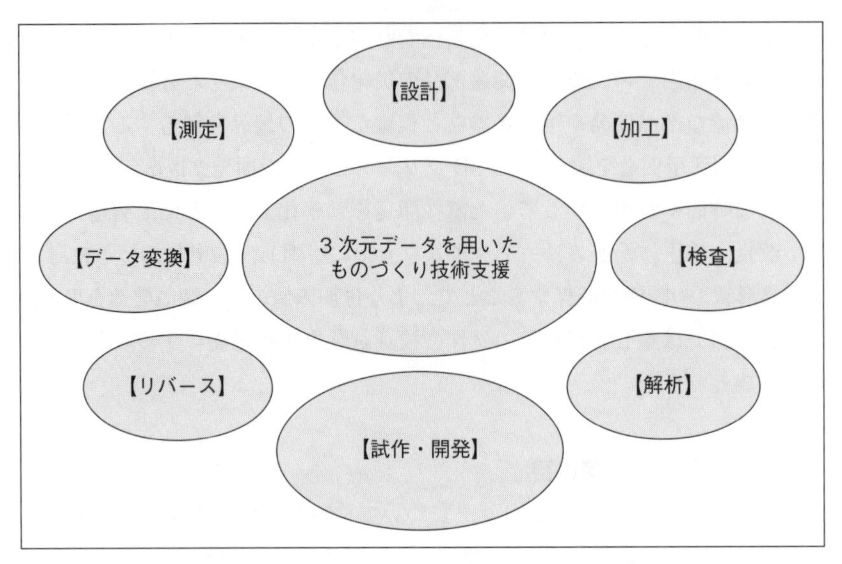

図２　３次元データを活用したものづくり支援に必要なソリューション

3.4　米子工業高等専門学校との連携

この事業を推進する上で，2014 年 7 月から㈱国立高等専門学校機構米子工業高等専門学校（以下，米子工業高等専門学校）では,「3D プリンタを通して学ぶ新しいものづくり思考法　3 次元積層造形技術を地域の力に」と題して経済産業省の「地域オープンイノベーション促進事業のうち 3D プリンタ拠点整備によるオープンプラットフォーム構築支援事業」に採択された。この事業では，従来の切削や射出という加工法とは全く異なる積層造形技術への造詣を深め，地域の企業技術者に新しいものづくり思考法を習得させる。これにより，製品の「高付加価値化」や「差別化」を図り，地域産業にものづくり革新を起こすことを目的としており，人材育成や研究開発・製品開発の支援事業として取組みを開始したものである。

鳥取県産業技術センターと米子工業高等専門学校は「連携協力に関する協定」を締結し緊密な連携体制を既に構築していた。これまでにも研究成果や企業ニーズの情報交換，共同研究等における技術的サポート，地元企業技術者と学生を対象にした講演会や見学会，技能五輪メダリストによる旋盤実技・講演会の開催，インターンシップ受入等多岐にわたる連携実績がある。

今回，米子工業高等専門学校にも高精度かつ様々なタイプの樹脂を使用できる 3D プリンタを導入し，鳥取県産業技術センターが保有する設備を補完できることとなり，地域企業のあらゆるニーズに対応することができるものとなった。

また，3D プリンタを用いた試作開発に関する講習会や研修会および研究会を鳥取県産業技術センターと米子工業高等専門学校と共同開催することで，地元中小企業への参加を促し底辺の拡大を図ることができる。3D プリンタを使った実習も相互に行い，機種毎の特性習得にも繋がる。同時に様々な技術習得レベルに合わせて連携し相互補完することで，支援強化と鳥取県内の中小企業全体のレベルアップを図るとして事業を推進することとした。

4. ３次元データ活用製品開発促進支援研究会の活動

研究会の中では，３次元造形と従来からの加工方法との違いや３次元造形手法および現段階での活用方法などの情報提供，またほとんど明らかにされていない３次元造形モデルにおける強度や造形精度の評価検証，及びこれまでにはない利用方法の検討や協議を進めてきた。

特に，3D プリンタを使用したことがないという企業技術者も多く，まずは自社で生産している部品や製品または金属で試作されていたモデルを造形してもらうなど，理解度を深めてもらう活動に力を注いだ。また並行して企業の方から相談を受けた３次元造形に関する疑問や問い合わせについて一つひとつ実験や試作を行うなどして，情報提供も進めた。

研究会の中では，３次元データ活用に関する最新情報や過去・現在・未来のものづくりにおける活用事例について講演会を開催するなど，知見の蓄積も行った。2014 年度に実施した事業内容を**表１**に示す。

4.1　事業毎の具体的な内容

4.1.1　第１回　３次元データ活用製品開発促進支援事業　技術講習会＆研究会

●技術講習会

1)　題目：「高精度型 3D プリンタの概要および用途について」
　　概要：産業技術センターに導入した高精度型 3D プリンタの特徴，用途及び装置の造形精度や技術について紹介

2)　題目：「3D プリンタによる，新しいものづくりの可能性」
　　概要：産業技術センターに導入した複合・大型 3D プリンタの特徴や技術，およびものづくり現場への利活用の可能性について紹介

表１　３次元データ活用製品開発促進支援事業実施内容
（米子高専 3D プリンタ拠点整備事業）

時期	事業名	会場
2014年 ７月	第１回　３次元データ活用製品開発促進支援事業 技術講習会＆研究会	鳥取県産業技術センター 機械素材研究所
10 月	第２回　３次元データ活用製品開発促進支援研究会 講演会「3D プリンタがもたらす新しい世界」	米子工業高等専門学校
11 月	第３回　３次元データ活用製品開発促進支援研究会 特別講演「３次元データ活用の過去・現在・未来」	鳥取県産業技術センター 機械素材研究所
11 月	第４回　３次元データ活用製品開発促進支援研究会 1) 短期講習「基礎編・3D-CAD 技術」	米子工業高等専門学校
12 月	第４回　３次元データ活用製品開発促進支援研究会 2) 短期講習「基礎編・3D-CAD 技術」	米子工業高等専門学校
12 月	第４回　３次元データ活用製品開発促進支援研究会 3) 短期講習「基礎編・3D プリンタ技術」	米子工業高等専門学校
2015年 ２月	第４回　３次元データ活用製品開発促進支援研究会 4) 短期講習「応用編・3D-CAD 技術」	米子工業高等専門学校
３月	第５回　３次元データ活用製品開発促進支援事業 短期実習「応用編・3D プリンタ技術」	鳥取県産業技術センター 機械素材研究所

●研究会

3)　題目：「本事業と研究会概要および産業技術センターの３次元データ活用支援の取組み」

概要：本事業立ち上げの経緯や概要と活動を進めて行くための研究会の内容について説明，またこれまでの産業技術センターとしての３次元データを活用した技術支援の取組み内容について紹介

4)　題目：「産業技術センターにおける3Dプリンタを用いた試作支援に関するこれまでの取組み」

概要：熱融解積層造形装置を用いた試作開発支援の内容について紹介

5)　題目：「ものづくりソリューションの最新動向」

概要：ものづくりソリューション展で行った技術調査での最新動向の紹介と国における国産3Dプリンタ開発動向および公立試験研究機関における3Dプリンタ研究会の報告

・研究会参加募集と会則の説明

・ものづくりノウハウ向上のための３次元データ活用に関する意見交換

6)　３次元データを活用した製品開発に繋がる機器の説明とデモンストレーション

・高精度および複合・大型3Dプリンタ実機の説明および造形品の紹介

・非接触３次元デジタイザーによる形状測定のそのデータの利用方法の紹介

・３次元データを用いた解析シミュレーション事例紹介

・簡易３次元スキャナーを用いた空間情報データの取得事例紹介

4.1.2　第２回　３次元データ活用製品開発促進支援研究会

●講演会

1)　題目：「3Dプリンタがもたらす新しい世界」

概要：米子高等専門学校に導入したプロトタイプ型3Dプリンタの特徴や技術及び利活用の可能性について紹介

●取組紹介・事例紹介

2)　題目：「3Dプリンタを用いた３次元データ活用支援の取組み状況と課題への対応」

概要：導入した3Dプリンタを用いた試作開発に関する支援の状況について報告，また装置を取り扱う中での課題とその解決方法について紹介

● 3Dプリンタデモンストレーション，施設見学

4.1.3　第３回　３次元データ活用製品開発促進支援研究会

●特別講演

1)　題目：「３次元データ活用の過去・現在・未来について」

概要：３次元データを利用，処理するためのソフトウエア開発を通じて取り組まれた内容および課題と今後の期待や可能性について紹介

●取組紹介・事例紹介・情報提供

2)　題目：３次元データを活用した製品開発への取組みについて

・3次元データを活用した製品開発への取組み状況について
・国際工作機械見本市での最新動向
・機械加工の面から見た3次元データの活用について

4.1.4　第4回　3次元データ活用製品開発促進支援研究会

●短期講習

1)　基礎編・3D-CAD技術　第1回目
概要：3次元モデリングの基礎を学習し，部品，アセンブリ，図面の基本操作を習得するとともに，3Dプリンタへ出力するデータを作成できる人材を育成

2)　基礎編・3D-CAD技術　第2回目
概要：3次元モデリングの基礎を学習し，部品，アセンブリ，図面の基本操作を習得するとともに，3Dプリンタへ出力するデータを作成できる人材を育成

3)　基礎編・3Dプリンタ技術
概要：3Dプリンタで造形したものの加工精度や嵌合具合を検証し，3次元データ作成時の注意点や3Dプリンタの特性等を学習

4)　応用編・3D-CAD技術
概要：3次元CADを使用した自由曲面を含むパーツのソリッドモデリング方法を習得し，高度で良質な部品を作成できる人材を育成

4.1.5　第5回　3次元データ活用製品開発促進支援研究会

●取組紹介

1)　題目：3次元データを活用した製品開発への取組み状況について
概要：事業の今年度の取組状況について紹介

●実習

2)　題目：3Dプリンタ造形物の後処理作業実習
概要：3Dプリンタで造形したモデルのサポート除去作業を体験

3)　題目：3D計測実習
概要：2種類の非接触測定機を使用して，同モデルの形状測定を体験。また測定したデータを使用して造形した3Dモデルの比較検証結果を紹介

●事例紹介

4)　題目：データ編集手法の紹介
概要：非接触測定機で測定した点群データの編集方法と3Dプリンタで出力できる形式への変換および点群データを利用してCAD化を行うリバースエンジニアリング手法の手順について紹介

このような取組みを通じて3Dプリンタ活用支援に重点をおき，3次元データを用いたものづくり支援を進めた。全事業を通じて計323名の方に受講，参加して頂いた。2014年度全体の取組みを**図3**に示す。

図３　2014年度の取組み

5. 製造プロセスイノベーション技術部会活動の開始

2014年度に進めてきた事業について，2015年度は更に新たな展開を模索するため，「製造プロセスイノベーション技術部会」を立ち上げた。

製品や部品の試作開発においては，2014年度の取組みで多くの，技術的調査，情報提供を行うことができた。また企業ニーズに沿った実験や試作により3D造形モデルの特性把握も進めることができ，課題も見えてきた。その中で，製造現場におけるプロセスを革新的に変える可能性を検討したいとの要望を受け，現場実験を行うことも含めて部会を立ち上げた。

この部会では，企業ごとにテーマを選定し，通常であれば従来通りの製造方法により行っている製造プロセスでの取組みや，チャレンジを断念していたケースについて，可能性の有無も含めて検討を行う取組みを進めている。

6. おわりに

鳥取県産業技術センターでは，米子工業高等専門学校と連携し，3Dプリンタ活用による試作開発支援を強化する「3次元データ活用製品開発促進支援事業」を展開し，機器の導入等も含めものづくり支援に繋がる体制づくりと環境整備を進めてきた。

鳥取県内の中小企業にも3次元造形について適切な情報提供を行い，単なるモデル試作に留まらない活用の動きが加速しつつある。引き続き，新たな可能性を探るべく，事業を推進していく。

第3節　東京都立産業技術研究センターの取組み

地方独立行政法人東京都立産業技術研究センター　阿保　友二郎
地方独立行政法人東京都立産業技術研究センター　横山　幸雄

1. はじめに

㈶東京都立産業技術研究センター（以下，都産技研）は，産業技術に関する試験，研究，普及及び技術支援等を行うことによって，都内中小企業の振興を図り，もって都民生活の向上に寄与することを目的として東京都が設立した法人である。このような組織は，他の道府県にも置かれており，地方自治体による公設の試験研究機関（以下，地方公設試）として，各地域の中小企業振興に役立つべく事業を実施している。

2. 機器利用事業による運用

都産技研では，本部と都内4つの事業所において3Dプリンタ（AM装置と同義語）による機器利用事業を実施している。3Dプリンタの機器利用では，利用者が造形するためのデータ（STL形式）を持参し，造形時間と使用材料量等に応じた料金を支払うことにより造形物を得ることができる。現在，本部（江東区青海）では①粉末床融合（Powder Bed Fusion），城南支所（大田区南蒲田）では②液槽光重合（Vat Photopolymerization）および③材料押出（Material Extrusion），城東支所（葛飾区青戸）では④結合剤噴射（Binder Jetting）および⑤材料噴射（Material Jetting），さらに，墨田支所生活技術開発セクター（墨田区横網），多摩テクノプラザ（昭島市東町）では⑤材料噴射（Material Jetting）といった五つの造形原理による10台の3Dプリンタを機器利用で運用している（**表1**）。このような導入規模と運用実績は，地方公設試で最大を誇っている[1]。利用者の業種分類は，製造業にとどまらずデザイナー，卸売業，教育，医療などといった幅広い分野における製品の改良・開発の際の利用が進んでいる[1]。特に金型の製作に係わる企業では，顧客に対する試作品を提供するために欠かせないものとしている。

3. 導入の歴史

都産技研における導入の歴史は，1998年頃の城南支所への液槽光重合の導入が最初である。その後，城南支所で最初の材料押出などの導入を図り，現在も機種更新を重ねている。2006年より本部（当時北区西が丘）でデザインセンター事業を立上げ，粉末床融合と結合剤噴射の運用をはじめた。続いて，2009年から2011年にかけては，城東支所，多摩テクノプラザに材料噴射を順次導入した。2011年の本部の北区西が丘から江東区青海への移転の際には，デザインセンターを終了した上で粉末床融合による3Dプリンタを2機種（CO_2レーザタイプおよびファイバーレーザタイプ）を看板の一つとするシステムデザインセクターを組織した。一方，都内事業所で唯一未導入であった墨田支所生活技術開発セクターには2014年にカラー出力可能な材料

表１　都産技研の機器利用で運用している 3D プリンタ

造形原理による分類	組織	所在地	メーカー（現在のメーカー）	型名
①粉末床融合 (Powder Bed Fusion)	本部	江東区青海	㈱アスペクト	RaFaEl 550C
				RaFaEl 300F（2 台）
			3D systems 社	ProX300（金属対応）
②液槽光重合 (Vat Photopolymerization)	城南支所	大田区南蒲田	シーメット㈱	NRM-6000
③材料押出 (Material Extrusion)			Stratasys 社	FORTUS 400mc-L
④結合剤噴射 (Binder Jetting)	城東支所	葛飾区青戸	Z corporation（3D Systems 社）	Z Printer 650
⑤材料噴射 (Material Jetting)			Objet（Stratasys 社）	Eden 350V
	墨田支所生活技術開発セクター	墨田区横網	Stratasys 社	Objet500 Connex3
	多摩テクノプラザ	昭島市東町	Objet（Stratasys 社）	Connex500

噴射（カラー対応の結合剤噴射は2011 年に城東支所に導入）を導入することで都内全事業所における支援体制を整えた。なおも 2015 年には，AM（3D プリンタ）ラボを開設し，ついに金属の粉末床融合の運用も開始するに至った（図 1，図 2）。

図１　AM（3D プリンタ）ラボ 2

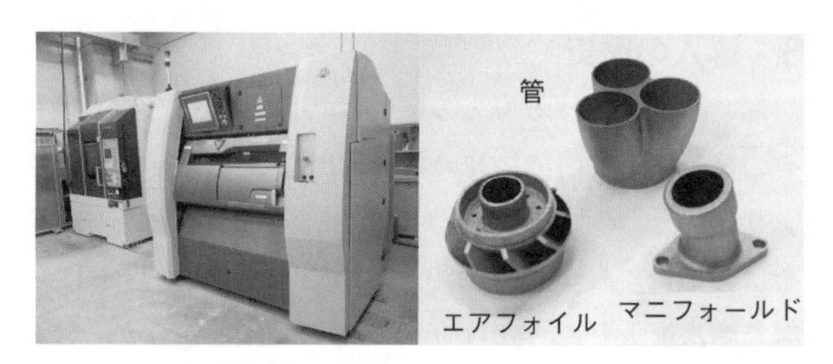

図２　AM（3D プリンタ）ラボ１と造形例

4.　中小企業にとっての 3D プリンタの活用[2)]

3D プリンタを直接的な製造手段として活用するアイデアは以前より提唱されてきたが，従来の加工方法（切削や成形など）による量産方法と比べると，スピードやコストおよび精度や強度などに課題があると考えている。機器利用事業を通じていえることは，中小企業のものづくりの現場における3Dプリンタの活用による最大の効果は，製品の改良・開発時の設計・試作工程の迅速化が図られることである。

中小企業がいかに優れた技術を保有していたり，秀でたアイデア，企画力を有していたりしても，それだけでは製品化は実現しない。製品化に至る過程において様々な試作や評価を行い，結果を設計にフィードバックしながら具現化する工程を経る必要がある。これを経て完成度を高めた「売れる製品」の実現には，この繰り返し工程に用いる試作品の作製が必須となる。一方で，この工程は無視できない程のコスト負担（金額および時間的負担）が発生することになり，繰り返しを継続か終了するかの判断は，それまで発生したコスト負担の度合いあるいは許容範囲（予算金額および時間的猶予）の残量によって判断される場合がほとんどである。ここに着目して，現行の3Dプリンタは試作品のコスト負担の低減に役立ち許容範囲を拡大するツールである，と割り切って考えることによって，中小企業の製品開発の現場において著しい効果を発揮することになる。

例えば，ある企業において3Dプリンタの活用以前は，試作品を図面からの木型製作を外注していたが簡単な形状で早くて4日間，複雑な形状や大きな形状では1週間以上の納期がかかっていたという。ところが3Dプリンタの活用によって1～2日で試作品が入手可能になったという。このことによるコスト削減は，日数の短縮による効果のみならず，製作費が木型外注時に比べて20%から50%の削減，さらに，複雑な形状の場合には70%近くまで削減することができたという。木型製作の場合，同じ形状を複数個得るためには，原則として一つひとつの製作を繰り返す必要があるが，3Dプリンタは複数個であってもワークスペース内に収まれば同時に造形することが可能なため，同じ形状の複数のモデルを容易に得ることもできるようになった。

あるいは，ファブレスのベンチャー企業が，都産技研の3Dプリンタを多用して製品開発を実施する例も多数ある。ファブレスであるということは量産設備を保有していないことを意味し，さらにベンチャー企業であるため試作製作費の支出もままならない数名程度の企業規模である場合が多い。こういったシチュエーションにおける設計者やデザイナーが取る手法は，自らのアイデアを具現化するために3Dプリンタの利点を活かして複数の設計パラメータによる多くの試作品を短期間に手にし，取捨選択をするがごとく続々とテンポ良く評価を続行しながら良い製品に収束させることである。この手法によって自信をもって開発された製品が市場に投入され，さらには時流に乗って大ヒット商品に発展した例も多数見届けてきた。

一方で，実際の製品により近いモデルによって使用時の機械的ストレス下における強度の評価を行いたい，という要望も多く寄せられる。しかし，3Dプリンタでこの要望に応えるためには，どのような評価に使って，どのような結果を得たいのかを慎重に検討する必要がある。例えば，粉末床融合と材料押出などでは，ナイロンやABSなどといった汎用的な樹脂名が表記されているが，射出成形で得られたモデルと物性的特徴は異なる。また，液槽光重合や材料噴射によるモデルの場合は，製品化時に使用されるであろう樹脂と比較して軟化点温度が低い場合が多いため，評価時の発熱や高い雰囲気温度により物性値が異なってくるのである。

より付加価値の高いものを追求している製品開発の試作検討の場では様々な判断材料がある。試作品へ期待することが，形状さえ確認できればよいのであれば，都産技研を利用しなくとも市場に流通する廉価な3Dプリンタを導入して自社内で出力した方が簡便かつ迅速である。したがって，3D プリンタが普及するにつれて都産技研の機器利用を「卒業」する中小企業も増えている。しかし，3D プリンタの認知度向上は，同時に「入学」する利用者の増加にもつながり，中小企業の製品開発現場における 3D プリンタ活用に関する市場のすそ野拡大に貢献してきたと自負している。すそ野拡大には，装置の製造あるいは販売する側および造形サービスを提供する側からのプロモーションだけでは，実際に必要となる設置環境や造形能力の限界に関する誤解や不満が表出することもある。都産技研は機器利用事業を通じてそれぞれの中小企業に適した 3D プリンタの選択等に関する相談にも応じ，使う側の現状認識の向上に努めてきた。さらに，このことや前述の事例をまとめたものとして，2014 年 9 月には，使う側にとっての指針の一つとなることを目指した本の出版も行った[2)]。

このように，都産技研がハイエンドクラスの 3D プリンタ群を公平，かつ容易に利用できる環境を用意し，「売れる製品」の実現のための支援体制を追求していくことにより，中小企業がこの環境を活用して続々と試作を重ね，結果として数多くのヒット商品を世に出すという結果をもたらすことになった。かつては大企業が中心として活用されてきた 3D プリンタだが，中小企業の製品開発においても大きな効果がある。

5. 試作目的に応じた 3D プリンタの必要[2)]

都産技研では，五つの造形原理による 10 台の 3D プリンタを運用しているが，なぜこのような多くの種類が必要となったのか。いずれの装置も数千万円以上するハイエンドクラスのものであり，一つに絞り込んだ方が投資額も押さえられ，運用も効率的にできるのではないかという指摘があっても当然である。

試作の用途は様々であるため，造形モデルに期待する事項もサイズ，材料特性（強度，耐候性，耐薬品など），表面外観（表面性状，加飾などの処理など）など多岐にわたる。これらの期待を全て同時に満足させる唯一の 3D プリンタは市場に存在しないと考えている。必ず，試作で評価したい事項の何かを除外せざるを得ない，というのが実情である。

都産技研の保有機が廉価な 3D プリンタと違うことの一つに，大きなサイズの造形ができることが挙げられる。城南支所の液槽光重合は W610 × D610 × H500 mm，本部の粉末床融合の一つ（大型機）は W460 × D460 × H460 mm の造形エリアをもち，数 cm のマージンが必要となるが造形可能エリアに収まるサイズの造形物が概ね一様な品質で造形できる。城南支所では，さらに保有機の中では最も透明度が高く，表面性状が最も滑らかな造形物をエポキシ系の UV 硬化樹脂によって造形可能である。本部・大型機は，ナイロン 12 を材料としているため，比較的強度のある造形物を得ることができる。

高精細な試作を得ることが優先的な目的である場合は，ファイバーレーザを用いた本部の粉末床融合（精細機）やアクリル系の UV 硬化樹脂による材料噴射（城東支所，多摩テクノプラザ，墨田支所生活技術開発セクター）が選択肢に挙がる。その上で，多摩テクノプラザではゴムライク樹脂（柔・硬の 2 タイプ）や PP（ポリプロピレン）ライク樹脂といった複数の材料バリエーションをそろえている。あるいは，様々なカラー表現を所望とする場合，材料噴射であれば墨田支所生活技術開発セクターになるが，結合剤噴射を運用している城東支所ではフルカラー表現のデータへの対応も可能である。

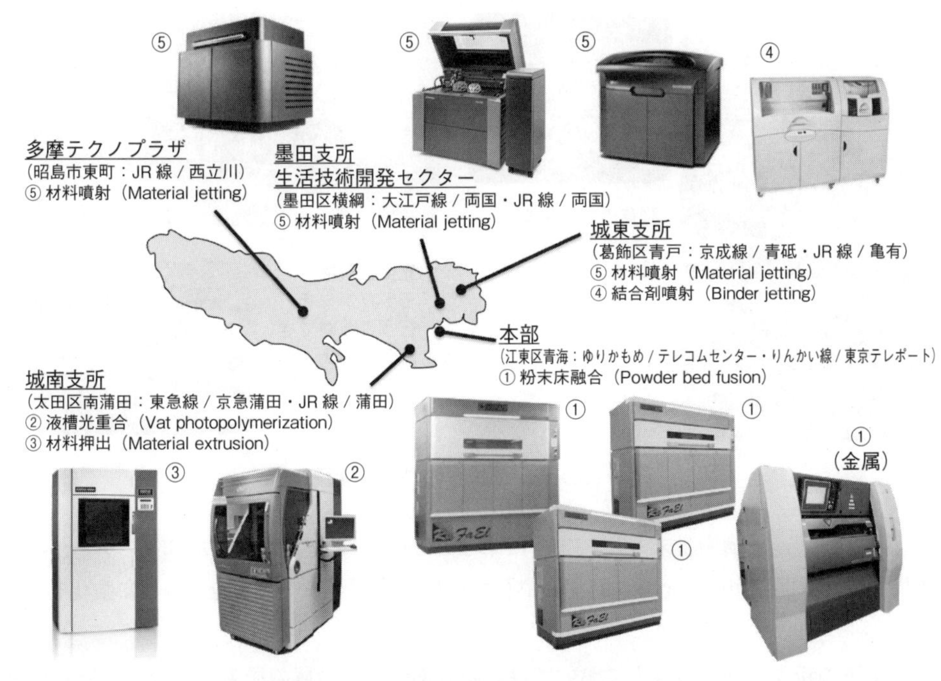

図 3　都産技研の事業所と 3D プリンタ

このように，各事業所の所在地における産業集積の度合いから様々な分野に渡る中小企業の必要に対応をすすめた結果，このようなラインアップの整備がなされたのである（**図 3**）。

6. 3D デジタルものづくり支援

デザインを活用した製品開発を総合的に支援する「システムデザインセクター」事業では，粉末床融合のほかにも，非接触型 3D デジタイザ，3D-CAD/CAE などの 3D デジタルエンジニアリング関連の機器利用向け設備を「3D デジタルものづくり支援」の柱として整備している。中小企業にとって 3D プリンタの導入は，設計，試作業務をデジタル化することに他ならない。特に 3D プリンタの利用には 3D データの作成が不可欠であるため，データ作成・修正に必須となる 3D-CAD に関しては，操作実習を交えた講習会を毎年行っている。さらに，3D デジタイザなどについても個別の丁寧な利用指導を行うことにより，製品の測定・設計・解析・試作品作成の一貫した製品設計支援を展開している（**図 4**）。

7. AM（3D プリンタ）ラボ

好調な事業であった粉末床融合によるものづくり支援については，金属による粉末床融合に対する利用者からの多くの期待の声に応えて 2015 年度から導入した。これまでの樹脂材料による 3D プリンタではできなかった強度のある部品をつくることができるため，実際に組み立てて最終製品に近い環境でテストを行うなど，高度な部品試作への対応が可能になった。これを期に，金属粉末床融合の 3D プリンタの運用環境を「AM（3D プリンタ）ラボ 1」，既存の樹脂粉末床融合の 3D プリンタの運用環境を「AM（3D プリンタ）ラボ 2」として新たに開設し，金属

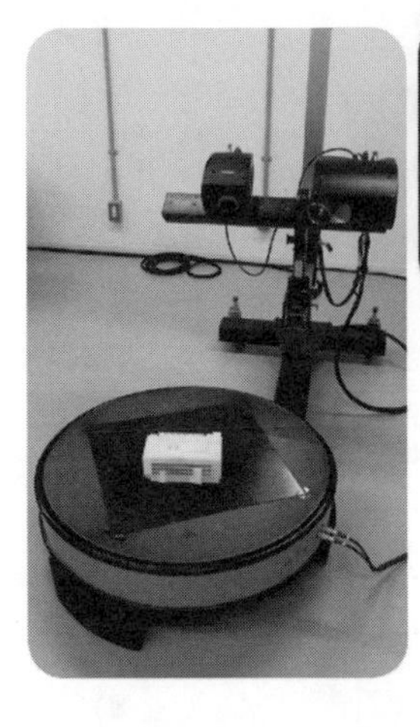

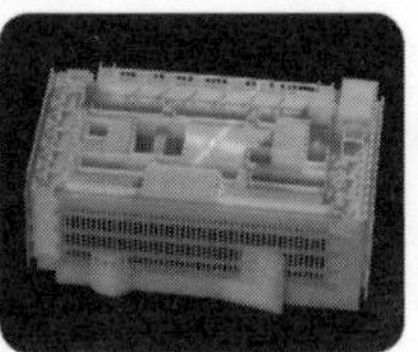

既存の立体物を
精密に測定し，
3D データ化する
ことができる

立体造形物の
モデリングを
行うことができ，
導入セミナーも
行っている

図４　3D デジタルものづくり支援

粉末（SUS630 相当）と樹脂粉末（ナイロン 12 および 11 系）を材料に用いた 3D プリンタの支援体制の構築により開発型中小企業に対する高付加価値ものづくり支援機能をさらに強化した（図 1，図 2）。

一方，金属の粉末床融合の導入においては課題もあった。金属の粉末床融合は，樹脂粉末のものとは異なりモデルの残留応力（熱応力）変形が顕著であり，このことへの対応がしばしば問題となる。モデルの残留応力を低減させる一つの手段として造形後に熱処理炉への投入による加熱処理によって緩和させることが必要になる。さらに，サポートが必須になるため，これの切り離しとさらなる追加工に対応するため機械加工を行う設備の導入も同時に必要となる。具体的には，金属であっても粉末床融合の造形原理は樹脂とほぼ同様であるが金属の造形では多くのサポートが必要となる。サポートの概念は液槽光重合と同様であるが，サポートの材料はモデルと同じ金属となり，造形工程の終了後はモデルへの固着のほかにも，底部に敷かれたビルドプレート（ステンレス製など）にも固着した状態である。金属のサポートは容易に除去できないため，切り離しにはワイヤ放電加工機や各種切削加工機によって除去する必要がある。さらに造形品の表面を仕上げるためには，研磨材を吹き付けるブラスト装置も必要である。このように，導入には 3D プリンタ本体装置以外にも多くの機械加工関連の付帯設備に関する理解が必要となった。

8. 弦楽器の作製[3)]

粉末床融合による造形品は，都産技研の運用している 3D プリンタの中では比較的丈夫な造形ができ，複雑かつ空洞をもつような形状の造形も可能である。この特徴に注目し，少数ロット品製造の適用例として，演奏可能なヴァイオリンを作製したので紹介する。作製にあたっては，一般的な木製のヴァイオリン（4/4 サイ

(a) 3D-CAD でのデータ作成　　(b) 意匠を凝らしたスクロール

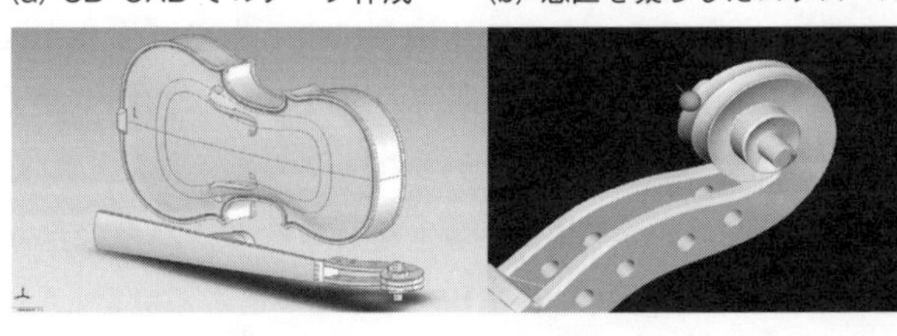

図５　ヴァイオリンの 3D データ

(a) 粉末床融合による素体とりだし　(b) 研磨作業の例

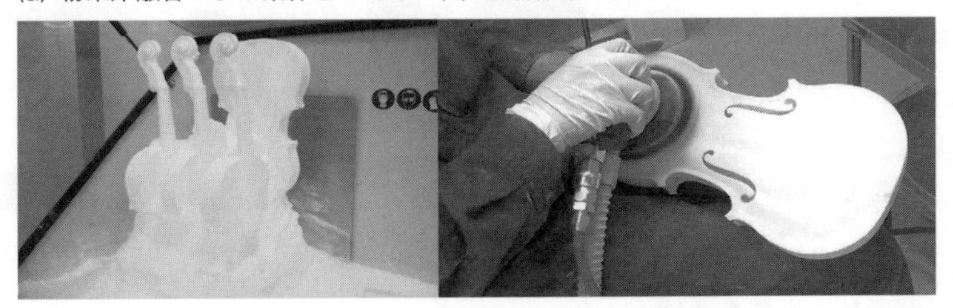

図6　ヴァイオリンの素体とりだしと二次加工

ズ，全長約600 mm）とおよそ同形状，同寸法の3Dデータが必要となる。木製のヴァイオリンの現物をスキャニングすれば容易に得られるのではないかと思われがちであるが，材質や製法の違いからくる寸法等の調整を考慮すると，可能な限りパラメトリックフィーチャーベースの3D-CADでデータを作成することが，経験上一番合理的な作成方法であると言える（**図5**(a)）。

通常，ヴァイオリンのネック先端部には意匠を凝らしたスクロールを見ることができるが，この複雑な形状も3Dモデリングにより作成している（図5(b)）。

図7　完成したヴァイオリン

図6(a)は，粉末床融合によるヴァイオリンの素体の作製プロセスにおける造形物のとりだしの様子である。この図では4本の素体を見ることができるが，粉末床融合における造形では，柔軟なレイアウトにより1回のバッチ処理で複数個の造形物を得ることもできる。試作用途では，個体ごとに設計パラメータが異なる素体の同時作製も可能である。

素体は研磨（図6(b)）などの2次加工を施した後，市販の弦やその他の部品を装着して完成となる（**図7**）。この完成品は実際に演奏可能なモデルであり，また都産技研による関連特許[4]が成立している。

9. 塗装による後加工[2]

3Dプリンタによる直接的な製品製造の可能性は大きいものの，様々な課題も顕在化している。その一つとして，造形品の外観への要望に対する表面処理が挙げられる。3Dプリンタによるモデルは，従来方法で作製したモデルと比較して表面に凹凸や空隙が生じる。特に粉末床融合は，液槽光重合や材料噴射と比較して表面が粗く仕上がる傾向にあり，特に美観を求めるモデルには塗装が必要となる。しかし，都産技研が粉末床融合で用いているナイロン素材は，塗装の点では塗膜の付着性が低い難付着材料であるため，塗装前処理などの表面処理に対策が必要となる。塗装をする際には，被塗物の表面に凹凸があると塗料が付きやすくなるが，凹凸が

図８　べっこうランプシェードのモデルと塗装仕上げ

大きすぎると塗膜表面の平滑性が損なわれ美観のある仕上がりを得ることができない。そのため，表面状態の把握およびそれに対応した表面処理が必要となる。また，被塗物がプラスチックの場合は，溶解など塗料が素材に影響を及ぼすことがある。さらに，被塗物から塗膜がはがれないことも重要となる。これらを考慮して，塗装工程の検討を進めた。塗装工程の検討結果を活かした実際のウレタン塗装仕上げのモデル（意匠登録[5]）を**図８**に示す。

10. 公設試の役割

東京都の製造業の事業所における従業者数別構成比では，95％以上が従業者 30 人未満の事業所によって構成され，従業者 300 人未満の事業所を含めると 99％を超える。全国平均では従業者 30 人未満の事業所は 90％に満たないため，比較すると東京都では小規模な事業者が多いことがうかがえる[6]。このこともあり，東京都の製造業における産業施策は中小企業振興を抜きには語ることができない。とはいえ，およそ 10 年の間に製造業の従業者はおよそ 3 割から 4 割台の減少が見られることも事実である[6]。都産技研はこのような状況の中，ものづくりおよび関連業に対する中小企業への技術的振興にまい進している。

本節では，中小企業への 3D プリンタ活用促進の取組みと環境整備をテーマに，機器利用事業による運営および導入の歴史，中小企業にとっての 3D プリンタの活用事例と試作目的に応じた 3D プリンタの必要，都産技研における 3D デジタルものづくり支援と応用事例を紹介した。

3D プリンタは，用途の多様化，製造装置としての実用化が進展することにより，量産品の供給方法では不経済となる多品種少ロット対応かつ顧客の要望に応じたカスタマイズ可能な高付加価値製品の市場が形成されることが予想できる。このことは，ニッチな市場を得意とする中小企業にとって好適なはずである。今後も，中小企業への技術振興の一環として 3D プリンタによる開発支援の取組みを行っていく所存である。

文　献

1）経済産業省：新ものづくり研究会報告書　3D プリンタが生み出す付加価値と 2 つのものづくり～「データ統合力」と「ものづくりネットワーク」～，67（2014）．
2）東京都立産業技術研究センター編：3D プリンタによるプロトタイピング，オーム出版（2014）．
3）横山幸雄：日本音響学会講演論文集 2008 年 9 月，ラピッドプロトタイピングシステムによる弦楽器の作製，859-860（2008）．
4）都産技研：弦楽器，弦楽器の製造方法及び弦楽器製造装置，日本国特許庁，特許第 5632597 号（2014）．および Stringed instrument, manufacturing method and apparatus thereof, US patent, US 8729371 B2（2014）．
5）都産技研：ランプシェード，日本国特許庁，意匠登録第 1433084 号（2012），意匠登録第 1439104 号（2012）および照明器具，実用新案登録第 3170441 号（2011）．
6）東京都産業労働局：東京の産業と雇用就業 2015，東京都産業労働局，39（2015）．

第4節　メーカーにおける大量生産に向けた 3D プリンタ活用と課題

株式会社コイワイ 安達　充　株式会社コイワイ 小岩井　修二
株式会社コイワイ 小岩井　豊己

1. 緒　言

3 次元データを用いて型をつくることなく直接立体造形物を成形する積層造形法が最近注目されてきている。成形法としては，樹脂積層工法，砂積層工法，金属積層工法などがある。しかしながら，現在国内において使用されている装置のほとんどは外国製のものである。これを受け，経済産業省の指導のもと 2013 年「超精密 3 次元造形システム技術開発プロジェクト」がスタートし，2014 年には砂積層に加えて金属積層も含んだ国家プロジェクトである技術研究組合次世代 3D 積層造形技術総合開発機構（TRAFAM）が現行の外国版積層装置の性能を凌駕する高機能，高速，大型化などを目的にして始動した。

砂積層工法と金属積層工法のいずれにおいてもいえることだが，上記プロジェクトにおいて積層装置の開発が行われ，積層品の製品品質，コストが将来大きく進化することになり，しかも使用する粉末の品質が差別化され，コストも低くなれば，ものづくりのやり方に大きな変革がおきる。すなわち，積層法の特徴とする形状の自由度を生かすことで，製品の設計思想が変わり現行の工法の中に量産工法の一つとして今後いろいろなところで，3D プリンタを用いた積層工法が当たり前のように使用されることもそう遠くないところに来ていると考えられる。

本節においては，すでに実用化実績が長い砂積層工法に絞り，その特徴を踏まえてその活用と今後の課題について説明する。

2. 砂積層工法の特徴

大きく分けて，レーザ焼結積層工法とインクジェット積層工法に分けられる。基本的な原理は両法ともに同じであり，砂同志を結合させるのに熱を付加するか化学的に反応させるかの違いである。下記工程により最終形状のものを製造する。

① 一定厚みの粉末を敷きつめる
② 3D データ・スライスデータに基づき固化したいところに対して局部的に熱をかけたり，化学反応を行わせることで粉末を固化させる
③ 造形テーブルを降下させることを毎回繰り返す

この後，未固化の粉末を取り除いて製品あるいは中間製品をとりだす。これにより砂積層工法においては金属溶湯が注がれるための鋳型ができ上がる。

以下に積層工法のレーザ焼結積層工法とインクジェット積層工法について，その特徴を説明する。

図 1 にレーザ焼結積層装置（EOS-S750，EOS 社）を示す。また同積層装置により作成された

図１　レーザ焼結積層装置

図２　砂型の例（レーザ積層装置を用いた）

砂型の一例を**図２**に示す。使用する砂は粒径 50 μm の人工砂セラビーズで，積層ピッチは 200 μm，1 時間で約 30 mm の積層が可能である。レーザにより固化したいところのみ加熱されながら一定速度で積層されることで，一次焼結された砂型は未焼結砂からとりだされ，さらに 230℃の加熱炉での二次焼結により完全に強度をもつこととなる。現在の砂型の製造最大サイズは縦 730，横 380，高さ 380 mm である。砂型の面粗度はシェル型とほぼ同等である。本砂型が得意とする製品としては，小径の油路，水路などを有する複雑な形状の製品がある。一例としてはターボチャージャーのベアリングハウジングがある。

図３に ExOne 社（米国）のインクジェットプリンタの積層装置 S-Max を示す。使用する砂は粒径 140 μm，積層ピッチは 280 μm，1 時間で約 20 mm の積層が可能である。なお，砂には結合促進剤アクチベータが混練されており，上述のとおり，固化したいところのみフラン樹脂を噴霧しながら一定速度で積層されること，強度をもった砂型が製作される。砂型の製造最大サイズは縦 1,800，横 1,000，高さ 700 mm である。この大型積層装置は大型製品に対応するだけでなく，多品種の製品を一度に製作することも可能である。**図４**に多品種砂型の積層模式図を示す。また，**図５**に同積層装置により作成された砂型とアルミ鋳物の一例を示す。複雑な形状の製品の鋳造が容易になる。

図３　インクジェットプリンター積層装置（S-Max）

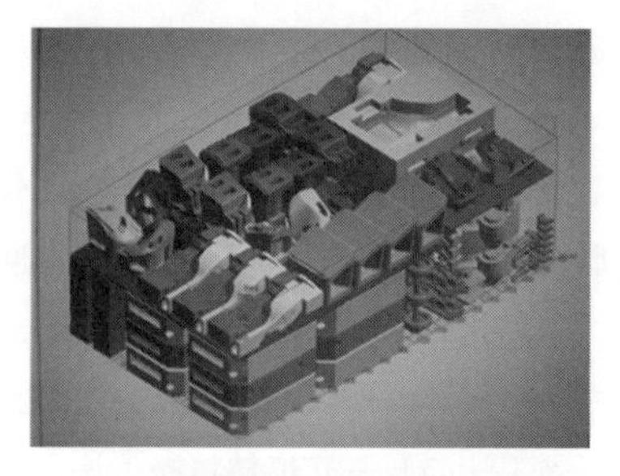

図４　多品種砂型の積層模式図

(a) 砂型

(b) アルミニウム鋳物

図5　インクジェット積層装置を使用した一例

3. 各種成形法における砂型鋳造と金型鋳造の位置

砂積層工法の活用に入る前に中子を使用する砂型鋳造，金型鋳造について考える。自動車部品をはじめとして各種製品の製造法は合金により大きく異なる。たとえばアルミニウム合金鋳物においては，その6割は高圧鋳造法（ダイキャスト法95%，スクイズ法5%），その3割は金型鋳造法（低圧鋳造，重力鋳造）であり，残りの1割以下が砂型鋳造法である。一方，鋳鉄鋳物においてはその大半は砂型鋳造法である。砂積層型はすでに鋳鉄製品において使用されているところではあるが，全製品の中における砂中子の使用割合が鋳鉄に比較すると少ないアルミニウム合金鋳物について検討を加える。**図6**に示すとおり，アルミニウム製品の中での製造法には，溶湯を鋳込むことを特徴とする鋳造法，半凝固メタルを成形する半凝固鋳造法，固体を成形する押出し，鍛造法，粉末焼結法，粉末を成形する金属積層法などがある。最近注目され始めた金属積層法を除き，これら工法は製品品質（収縮巣，空気巻き込み欠陥）とコストを改善することで自動車部品をはじめとして多方面において使用されてきた。鋳造法においては，なかでも最も多用されているダイキャスト法は，型開閉-鋳込み-射出-高加圧-とりだしを連続で行うことで品質とコストを改善して使用実績を上げてきた。しかし高圧であるがために中子の破損を招くため，砂中子を使用できるのは，砂型鋳造法，金型鋳造法，低圧鋳造法にほぼ限定される。ただし，他の成形法と比較すると砂型鋳造法は凝固速度が遅く，また金型鋳造法，低圧鋳造法においては中子近傍においては機械的性質がやや低下するところは避けられないが，ダイカストのように空気巻き込み欠陥はなく，中子を使用して中空部品，複雑部品ができる。このため，これら製品の収縮巣を低減できればその用途は広がるものと考えられる。

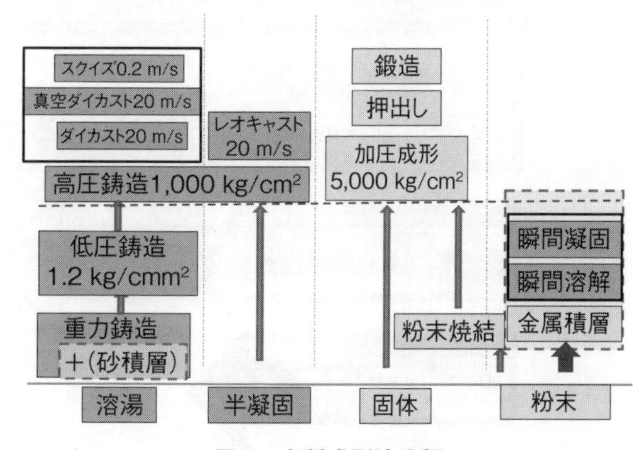

図6　各種成形法分類

4. 砂積層工法の使い方とその特徴

上述したように砂型鋳造法においては，**図7**に示すような上型，下型，中子を組み合わせてつくられた鋳型の中に溶湯を注ぎこみ，凝固させた後，型をばらして製品をとりだす。この型構成の中で，中子，必要に応じて上型，下型に積層工法で準備されたものを使用する。金型鋳造法においては，中子の部分に積層工法で準備されたものを使用する。これにより以下のような多くの利点が確認できる。

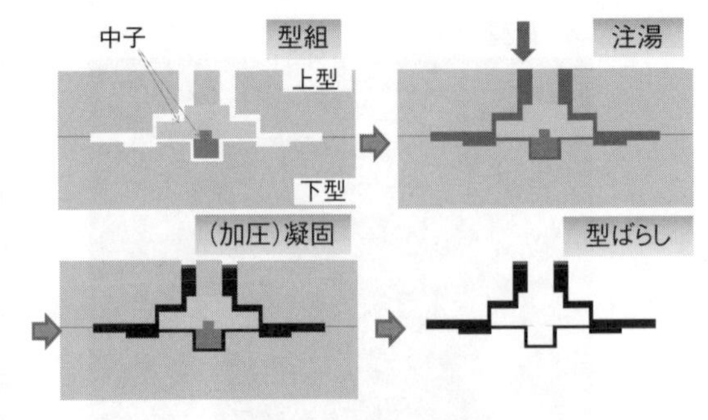

図7　中子を含む鋳型

① 従来製造日数の大半を占めていた木型製作の必要がなくなるため，鋳物製作に要していた工数が大幅に削減する（一例として必要製作工数が1/3になる）。短納期を必要とする試作には有利である（**図8**）。

② 多数の砂型の組み合わせにより発生していた鋳物寸法の誤差を抑えることができ，たとえば2 mm程度の薄肉の大型鋳物を製作するにしても，高精度でできる。このため，軽量化鋳物の生産に有利である。

③ 従来法ではありえなかった木型から取れないような抜け勾配，アンダーカットの砂型や中空ものに代表される複雑な形も容易にできることになり，鋳物製品の形の自由度が大きくなる。

④ 中子のための型製作が不要になり，砂中子製作スタッフの経費が削減できる

⑤ 鋳物鋳造のために木型製作依頼が必須であったが，積層で鋳型を直接つくるため難易度の高い木型が不要となった。そのため，型をつくる木型メーカーが抱える後継者育成問題に影響を受けなくなった。

上述したとおり，多くの利点を有する。しかしながら，高い品質の鋳物を製造するためには，

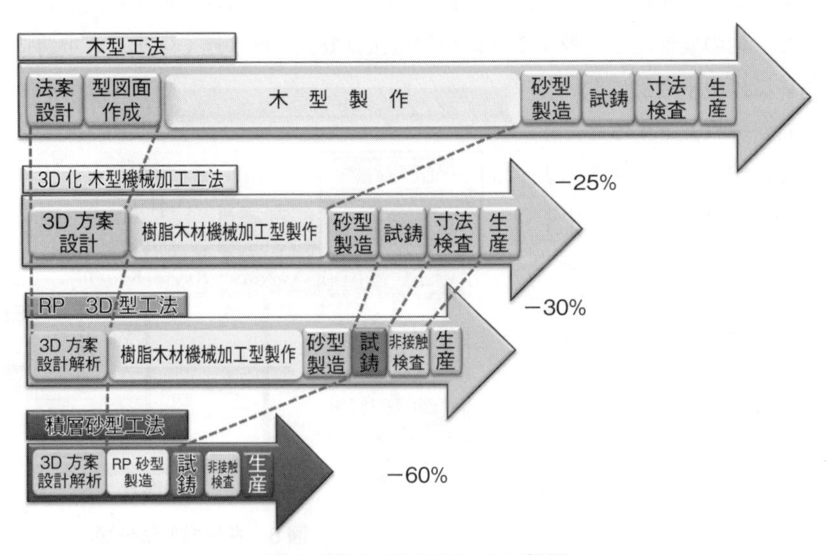

図8　積層工法を用いた工程図

積層砂中子，砂型の形状の自由度を効果的に利用することは有利であるが，そのためには砂積層特有の課題は解決する必要がある。すなわち，寸法精度，未固化の不要砂の排出，鋳造時に発生する熱分解ガスの対策などを含めた積層砂型の製作が重要になる。また，積層砂型，積層中子を使用することで鋳造方案の立案にも有利な面もあるが，凝固収縮，凝固割れ，湯回り不良などの主要な鋳造欠陥対策については積層砂型を使用する場合においても通常砂型の場合と同様に必要である。すなわち，溶湯管理はもちろん，鋳造方案立案のためには湯流れ，凝固解析からの検討も，また鋳造技術に関する基本技術を高めて積層法をうまく活用することが重要である。ちなみに，たとえば自硬性の砂型と積層砂型とは砂の材質，粒径なども異なるために，正確な解析を求める場合においては，その熱伝導率についても注意を払うことは大事である。

5. 砂型鋳造の進化と3Dを用いた砂積層の今後の期待

積層法を用いた砂型により従来にない形状の鋳物製品ができることを上述した。これにより，一般の中子を用いることに比較してかなり有利になることは容易に判ることである。砂積層が少量かつ短期間に完成させる工法として試作品づくりにはなくてはならないものであることはよく理解されているところである。一方，積層工法が大量生産に適した工法になりうることについては，現在一般に使用されている砂積層装置が極めて高いために，製品1個当たりの単価としては高額の印象があり，必ずしも知られていないところである。しかしながら，現在使用されているたとえばインクジェットタイプのS-Maxであれば，たとえば，1回の積層造形の工程においてできる砂型ボックスのサイズは縦1,800，横1,000，高さ700 mmである。たとえば縦100，横100，高さ100 mmの体積の中子成形体をつくるとなれば，1回の造形で1,260個ができるわけである。しかも，たとえば従来の木型からの工法では多数個の中子の組み合わせをしないといけなかったものが積層法では一回でつくることになれば，中子の単価はむしろ安価になると考えられる。また，金型鋳造においては砂中子1種のみの砂となるので砂のリサイクルも容易となり，砂積層が大量生産に充分適用できる工法と考えられる。2015年6月のGIFA（ドイツ）では**図9**に示すようにS-Maxの2倍以上の性能をもつ装置Exerialの展示が行われ，多くの来場者の注目を浴びていた。今後大型化，高速化が進めば大量生産に大きくつながるものと確信できる。国内においてもTRAFAMにおいてすでに海外に対抗できる大型化，高速化の積層装置の開発が進行中である。また，砂のバインダーとして多くは有機バインダーが使用されているが，欧州においては環境対策から，日本においては鋳造品の品質改善からも，無機バインダーの使用が検討されている。このように3Dデータを用いた砂積層の取り巻く環境は大きく変化しており，同法が大量生産に対応する標準の工法の一つにいずれなると考えられる。一方，砂積層工法を使わない限りできな

図9　新大型砂積層装置（Exerial）
積層速度：300-400L/h，体積：2,200×1,200×700 mm×2
S-Max；積層速度：60-85L/h，体積：1,800×1,000×700 mm

い複雑，あるいは中空部品もすでに多く市場化されている。積層型を用いた設計の自由度の高さから製品形状の差別化と併せて製品品質の高度化が進むことにより，この分野はますます今後広がると予想される。現行のシェル型が砂積層に置換されることも否定できないところである。**図 10** に 6 月の GIFA で展示されていた AFS のブースで受賞製品として展示されていた「低圧鋳造法で作られた複雑中空部を有する 7075 アルミ合金製の大型ガスタンク（280×280×510）」を示す。これは積層砂型を用いた一例に過ぎないが，大量生産までにはいかないけれども，形状，品質を満足したこの種の複雑な製品が今後多方面に広がり，従来工法の一角に入り込むことが十分予想される。

（2015 年 GIFA での American Foundry Sociedy 展示ブースで著者撮影）

図 10　積層工法を用いて製作された天然ガスタンク

6. まとめ

① 3D を用いた砂積層工法によれば，従来必要であった木型製作期間がないため，短期間に試作品をつくることが可能になる。

② 中子の形状，組み合わせの自由度は極めて高いために，中空部を有する製品や複雑な形状の製品，精密な製品を鋳造することが可能になる。このため，アルミ鋳物においては，高圧鋳造（ダイカスト法，スクイズ法）では決してできない領域の製品や現状シェル型でやっていたような製品を積層工法の砂型を用いて金型鋳造，砂型鋳造で新たな設計で展開できる可能性もある。

③ 中子，鋳型を砂積層でつくるにあたっては，未固化の不要砂の排出，鋳造時に発生する熱分解ガスの対策，積層型の寸法，変形などについて充分な注意が必要である。なお，砂積層を用いても良品を得るためには鋳造方案，鋳造条件の解析などを用いた検討が必要なことは言うまでもない。

④ 砂積層装置の大型化，高速化が大きく進みつつあり，1 回の積層造形単位での砂型，砂中子の生産数に加えて単価も大量生産に必要なレベルに将来下がるものと考えられる。このため，（砂型＋砂中子）あるいは（金型＋砂中子）の組み合わせの鋳型において，凝固解析による方案絞り込みや積層による短期試作による鋳造結果の検証を繰り返すことで，大量生産のための高品質で高歩留りの鋳型条件，鋳造条件の絞り込みが可能になる。

文　献

1）安達充，栗田健也，小岩井修二：アルトピア，**44**（6），9-15（2014）.

2）安達充，栗田健也，永田佳彦，小岩井修二：塑性と加工，**58**．118-123（2015）.

第5節　経済産業省における3Dプリンタの取組みについて（新ものづくり研究会での報告から）

経済産業省　鳴原　明里

1.　3Dプリンタの発展可能性　二つの方向性

近年,「3D プリンタ」が急速に注目を集めている。その本質は,“付加製造※1”という新たな技術により,「デジタルデータから直接様々な造形物をつくり出す」ことで，1950 年代以降設計における CAD※2 や CAE※3 の導入や加工におけるマシニングセンタ※4 の活用など着実に進んできたデジタル製造技術の発展を一気に加速する点にある。この技術は今後,

①　精密な工作機械としての発展可能性

②　個人も含めた幅広い主体のものづくりツールとしての発展可能性

の２つの方向性をもっていると考えられる。

経済産業省では，平成 26 (2014) 年２月，付加製造技術がものづくりにおいてどのような活用可能性があるか等の論点について,「新ものづくり研究会」における検討を報告書としてとりまとめた。本節では，新ものづくり研究会における検討結果を中心に，付加製造技術の革新性について紹介していく。

2.　精密な工作機械としての発展可能性

付加製造技術は，精密な工作機械として発展する可能性を有しており，ものづくりのプロセス・プロダクトの双方に革新をもたらすと考えられている。

2.1　プロセスの革新

プロセスの革新としては，①試作・設計を迅速化する②高機能の型が製造できることで生産性を向上させる③材料の無駄が出ない省資源性をもつ，といった効果をもたらす。

特に試作・開発プロセスや製造プロセスにおいて付加製造技術を活用することにより，開発期間の短縮による研究開発の効率化およびリードタイム等生産コストの削減(**図 1**)が見込まれる。

また，付加製造技術の有する造形の迅速性・直接性を発揮した用途は，古くからラピッドプ

※1　切削工法と対比させて，3 次元の設計情報から，材料を付加させて立体物を造形する工法をいう。通常，積層造形（一層一層の積み重ね）によって行われる。本節では，これを行う装置のうち，ハイエンドのものを「付加製造装置」，パーソナル領域の比較的安価なものを「3D プリンタ」と呼ぶ。

※2　Computer Aided Design：コンピュータ支援設計。コンピュータを用いて設計すること，もしくはコンピュータによる設計支援ツールをいう。

※3　Computer Aided Engineering：設計した製品モデルについて強度等の特性を解析することにより，工業製品の設計・開発工程を支援するシステム。

※4　自動工具交換機能をもち，目的に合わせてフライス削り，中ぐり，穴あけ，ねじ立てなどの異種の加工を１台で行うことができる数値制御 (NC) 工作機械。工具マガジンには多数の切削工具を格納し，コンピュータ数値制御 (CNC) の指令によって自動的に加工を行う。

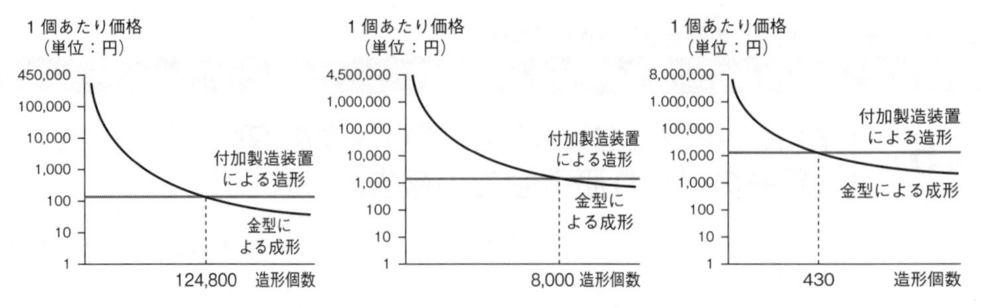

図１　付加製造装置による造形と金型による成形のコスト比較

ロトタイピングと呼ばれ活用されてきたところであるが，材料の多様化や精度・速度の向上など，付加製造技術の進展に伴って利便性が高まっていくことが期待される。

2.2　プロダクトの革新（表１～表５）

近年ではこうした試作用途だけでなく，部品・製品を付加製造技術により直接造形する活用が進められている。具体的には，①形状や内部構造の複雑性，材料の自由により従来，複数部品を組み合わせて実現していた構造を一気につくり出すことが可能となる。②人体や自然物などと接点を有し，人工骨や臓器モデルなど製造可能となる，③少量生産品のコスト合理性をもち，細かにカスタマイズされた製品の連続生産などが可能になる，という特長を活かし，従来は実現しなかった部品・製品が供給されるプロダクトの革新が実現しつつある。

このプロダクトの革新について，業種・用途ごとに当てはめて考えると，

①　自動車分野では，エキゾーストマニホールドなどの複雑形状部品や，少量生産である高

表１　付加製造装置の活用状況等（自動車）

業種		自動車
付加製造装置の活用状況	開発	・新車開発における CAE の前後での設計チェック，組立作業性の確認等（完成車） ・量産用鋳型（砂型）を開発するための樹脂型造形（鋳造部品） ・試作品製作のための砂型の直接造形（鋳造部品）
付加製造装置がもたらした効果	開発	・新車開発期間の短縮（完成車） ・量産用鋳型の開発リードタイムの短縮化（鋳造部品） ・試作品製作の短納期オーダーへの対応が可能に（鋳造部品）
付加製造装置による製造への移行の展望	開発	・精密鋳造や重力鋳造，低圧鋳造，ダイカスト部品の試作品（形状確認・性能確認用のほか，テストコース走行用車両に採用）
	製品	・ダイカスト，重力鋳造，樹脂成形の金型への特殊部品（３次元水管を組込み）の採用による部品の品質向上とハイサイクルの実現 ・レーシングカー用部品への活用 ・アフターパーツ（シフトノブなど安全性に直接影響しないような部位が中心）の付加製造による生産に伴う金型保管コストの低減 ・生産方法の付加製造への代替に伴う温暖化ガス排出量削減効果に期待
	課題	・金属の積層部品は強度に不安が伴う ・鋳鉄部品は製品単価が非常に安く，アフターパーツについても付加製造による代替（砂型の直接造形を含む）は困難

表 2　付加製造装置の活用状況等（航空・宇宙）

業種		航空・宇宙
付加製造装置の活用状況	開発	・試作品の製作（燃焼試験用エンジン部品など）
	製品	・軍用機の冷却ダクト用部品の製作 ・ジェットエンジンの燃料噴射装置，エンジンカバー用ドアヒンジ等の一体成形
付加製造装置がもたらした効果	開発	・CAE の結果確認への活用による開発リードタイムの短縮とコストダウンの実現 ・チームメンバー間での情報共有ツールとして有効
	製品	・一体成形による納期短縮，コスト削減，強度向上の実現
付加製造装置による製造への移行の展望	開発	・翼や機体の設計，空力検証などの分野でも活用 ・既存部品の代替ではなく，新しい設計を可能に
	製品	・「10 年以内にエンジン部品の 50% が生産可能となり，10〜30% 重量削減，25〜50% 部品削減が可能に」との航空機メーカーの見通しも発表されている。一方で付加製造によるエンジン部品の比率は 25% に達しないのではとの意見もある。 ➢軍用機はエンジン以外の部品から適用開始 ➢民間機のジェットエンジン用タービンブレードの付加製造は，次々世代のエンジンから適用開始 ・翼胴結合金具やファスナーなどのうち，重要箇所に用いられるものの付加製造 ・傾斜構造や複合材などの付加製造でしかできない製品や溶解鋳造では得られない特性を持った部材でもニーズあり
	課題	・高機能樹脂を材料として活用できること

表 3　付加製造装置の活用状況等（医療機器）

業種		医療機器
付加製造装置の活用状況	開発	・開発用の試作品製作（注射筒などの量産品） ・義歯，インプラント，人工骨，人工関節など
	製品	・オーダーメード補聴器の造形 ・鋳造冠（銀歯），床義歯（入れ歯）のパターンの製作（義歯）
付加製造装置がもたらした効果	開発	・商品開発の迅速化（量産品）
	製品	・精度向上により再調整や作り直しの減少（補聴器） ・直接造形することによる作業時間，コストの削減（義歯）
付加製造装置による製造への移行の展望	開発	・既に付加製造装置は研究開発部門では一般的に活用（量産品）
	製品	・高機能樹脂による耐久性，審美性に優れた義歯等の直接造形（義歯） ・手術支援用，医師の教育用臓器モデルの直接造形（臓器モデル） ・多孔質構造により人体との自然な接着が可能な人工骨，人工関節（人工骨，人工関節）
	課題	・歯科技工関係者の IT リテラシーの向上（義歯） ・口腔内印象データ，設計データのオープン化（あらゆる機器で使用可能になること）（義歯） ・CT スキャンに映らない神経組織の再現（義歯） ・使用可能な樹脂の多様化（義歯，臓器モデル） ・臓器モデルに付随する個人情報の取り扱い（臓器モデル）

表４　付加製造装置の活用状況等（金型）

業種		金型
付加製造装置の活用状況	開発	・光造形装置を用いた試作型の製作
	製品	・付加製造装置を用いた特殊金型部品（内部に３次元の冷却用水管を組込み）の製作
付加製造装置がもたらした効果	開発	・開発に必要なトライアル回数の減少（最大５回→３～４回）
	製品	・樹脂成形部品の品質の安定化，生産効率の向上 ・金型製作期間 2/3，成形時間 30% 短縮，量産立上期間 1/2
付加製造装置による製造への移行の展望	製品	・金型全体の 20% に付加製造装置を用いた特殊金型部品が組み込まれる（特殊金型部品の占める割合は金型部品全体の 1%） ・リードタイム 1/100，１個のものづくりの実現
	課題	・金型業界で普及するには NC 工作機械並みの価格になることが必要 ・精密順送プレス金型には不向き（3D-CAD による設計が不要） ・意匠性が高く，高精密な製品を成形する金型を製作するためには，積層面や内部に形成される微小なポーラスの問題を解決することが必要

表５　付加製造装置の活用状況等（試作品・模型制作下請け）

業種		試作品・模型製作下請け
付加製造装置の活用状況	製品	・付加製造装置は試作品を作るツールの１つであり，ユーザーニーズに応じて真空注型，切削と使い分け ・サポート材の除去，表面研磨，塗装などで熟練職人による処理が必要 ・依頼主から受領した 3D データの修正作業が必要
付加製造装置がもたらした効果	製品	・多くの種類の試作品を一回で造形できる点が付加製造のメリット ・近年の付加製造装置ブームが販促に直結
付加製造装置による製造への移行の展望	課題	・使用できる材料の多様化が必要 ・積層面の問題などにより，真空注型，切削で製作した試作品に比べてどうしても意匠性が劣る

級車および特殊車両（レーシングカー）の部品など

② 航空・宇宙分野では，主に航空機エンジンのタービンブレードや燃料ノズル及び翼胴結合金具（ファスナ）など

③ 医療機器分野では，歯冠補綴物（インプラント），義手・義足，補聴器（耳穴型），臓器モデルなどを中心に活用が進んでいくと見込まれる。

また，従来は，生産や保管コストを要していた自動車や家電などの交換用部品の分野では，付加製造技術の活用によりコスト削減が可能となるため交換用部品についても活用されると考えられる。

他方で，3D プリンタは決して万能のツールというわけではない。前述のような，付加製造技術が得意とする領域においては一つのものづくりの工法として確立されていき，新たなプロダクトを生み出していくが，少なくとも当面はどんな製品もつくれる世界がすぐに実現するわけではない。また，量産においては，金型を用いた造形方法がコスト合理性をもち続けると考えられる。

3. 幅広い主体のものづくりツールとしての発展可能性

次に，幅広い主体のものづくりツールとしての発展可能性を有する3Dプリンタは，①個人にとっても直接的でわかりやすい②自宅やオフィスでの手軽なデータの実体化③即興性をもった「アイデアの実体化」といった特徴を有している。このため，個人も含めて幅広い主体が活用でき，また造形物を通じたコミュニケーションやアイデア誘発が加速され，創造性の高い製品が生み出されるきっかけとなる。また，④ネットワークとの親和性が高いことから，オープンな開発環境でものづくりを進める契機となり，産業や社会への革新をもたらす可能性も有している。

4. 今後の方向性

4.1 装置・ソフト・材料一体の基盤技術開発

付加製造技術を実用化につなげるためには，①精度や速度，大きさなどの基本的な要求を満たした装置開発が行われることはもとより，②加工の際に修正やパラメータ設定を行うソフトウェアの開発や，③取り扱う材料自体の開発を一体的に進めていくことが極めて重要である。

(a) 電子ビーム要素技術研究機　(b) レーザービーム要素技術研究機

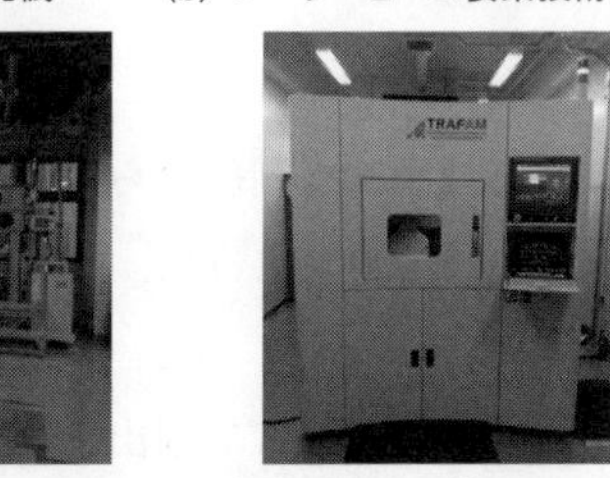

図2　開発した要素技術研究機2機種

また，欧米主導の現状では，精密なものづくりを目指すユーザーから弊害があると指摘されており，我が国製造業の強みが充分発揮されにくい。しかし，もし我が国発の付加製造技術によって，前述の構造的課題を除去しながら早期かつ確実に市場に結びつけていくことができれば，我が国製造業の強みが発揮されるとともに，世界のものづくりに対しても大きな貢献となりうる。以上を踏まえれば，企業の取組みだけでなく，官民を挙げた取組みが必要であり，日本再興戦略（平成25年6月14日閣議決定）にも掲げられているように，「3次元造形システム」の研究開発に関する国家プロジェクトを核としながら，これを実現していくことが求められる。その際，海外も含めた企業活動を阻害しないよう，特許動向についても充分留意していく必要がある。

経済産業省では，平成26（2014）年度から「三次元造形技術を核としたものづくり革命プログラム」をスタートさせ，世界最高水準の3Dプリンタ技術開発に向けた取組みを加速させている。本事業では，平成26（2014）年度に要素技術研究機（**図2**）を2機種・1次試作機を5機種（電子ビーム方式2機種・レーザービーム方式3機種）開発し，技術開発を進めている。

4.2 オープンネットワークでのものづくりを促進する環境整備

一定程度のものづくりを誰でも可能とする製造プロセスのデジタル化，特に金型を用いない造形を可能とする付加製造技術は，一見すると中小ものづくり企業にとって脅威であると捉えられがちである。しかし，肉厚の設計やサポート材の位置に精緻なものづくりに必要な知見は，これまで培ってきた金属加工等の技術が発揮される領域である。むしろ，デジタル製造技術を従来からの技術・技能をフル活用する手段と捉えて積極的に使い込んでいくことが重要である。また，付加製造技術を用いて中子を迅速に造形すると同時に，鋳造品の製造に用いる砂型の水分量の微妙な調整を丹念に行うことで従来にないスピードと精度を同時に実現するなど，従来の技術と新たな技術とを掛け合わせて活用し，競争力につなげる視点も重要である。

国としては，中小ものづくり企業が３次元デジタル製造技術に確実に対応できるよう，付加製造技術など新しい技術を使いこなすノウハウの集積が地域内で進むよう支援が必要である。このため，公設試験場や高等専門学校などに地域のイノベーション促進のための拠点を整備し，最先端技術を中小企業が活用しやすい環境をつくっていくことが重要である。この際，地域の力を引き出す上で，自治体等の取組とも連携することも重要である。

併せて，幅広い関係者間の情報交換が円滑に進むような，情報のハブ機能，ソフトなネットワークの形成も促進し，新たな取組が有機的につながり，大きな流れとする後押しをしていくことが必要であると考えられる。

4.3　人材育成

これまで技術的な制約から，ものづくりのプロセスにおいて２次元の図面が必要となってきたが，これまで見たように，既に設計から造形までを３次元データで一貫して行っていくものづくりが可能となっている。一方，これを活用する人材が２次元の発想に縛られてしまい，３次元ならではのアイデア創出を充分に行えない可能性も指摘されている。

初等教育において，簡易な3D-CAD，3Dプリンタを導入し，早くから３次元でのものづくりにふれてものづくりへの関心を高めるとともに，立体認知能力の向上や３次元での創造性育成を図ることが必要である。また，この場合，指導者も必要となる。

米国においては，すでにデザインやものづくり体験に焦点を当てたプログラムが開始しており，全米の高校１千校を目標として3Dプリンタを含む工作機械を整備するほか，民間企業によって米国の全ての公立学校（小中学校を含む）に3Dプリンタを導入する取組みが開始されている。海外においてこうした環境整備が積極的に進められていることを踏まえ，我が国としても将来を見据えた人材育成・教育プログラムを検討していく必要がある。

また，精密なものづくりを追求するためには，材料特性や塑性加工等の金属加工に対する基礎的な知識が必要不可欠である。しかし，金属加工等の基礎的知見を有する大学等の金属系学科や塑性加工等の機械系学科は厳しい状況に置かれており，高等教育におけるテコ入れが必要である。

同時に，今後，デジタルデータを介して製造ノウハウを形式知化し，設計情報やソフト等に移し込んでいくことが重要となる。もはや製造だけの知見で設計情報の高度化を図ることは難しく，情報と製造技術の両方を理解した人材の育成が必要となる。また，デザイン価値の重要性が高まっている中，製造技術者との乖離により最終製品ではデザイン性が失われるなどの事態が生じないよう，デザインと製造技術の両方を理解した人材が必要である。製造プロセスのデジタル化が進み，上流に位置する，設計・デザインの過程で，材質，製法，用途等を考える必要（デザイン・オリエンテッド）があることは，ハイブリッドの人材の重要性をますます高めていく。

このような背景を踏まえると，大学や高専のような高等教育においては，各学科を融合しつつ，デジタルものづくりの時代に見合った人材を育成することが必要である。その際，企業で戦力となる人材を育成するため，デジタルデータや，デザインに通じた人材だけでなく，設計等の知識のある企業のシニア人材を教育現場で活用することも有効である。

4.4　アプリケーション市場拡大のための環境整備

付加製造技術をはじめとする先端設備の使い込みを行い，イノベーションが促進されれば，デジタル製造技術が導入される市場（アプリケーション市場）が一層開拓されていく可能性がある。こうした新たな市場においては，技術の導入によりさらにイノベーションが進み，当該市場そのものの変革を促していく可能性がある。

たとえば医療機器分野においては，付加製造技術を活用して，様々な疾患データ，臓器データ，手術手法（手技）から臓器モデルを作製し，インフォームドコンセントや手術支援（シミュレーション，ナビゲーション，トレーニング），医学教育等に活用することが期待される。また患者個々人にとって最適で負担の少ない治療手法の開発が期待されている。

このようにデジタル製造技術が医療現場や患者のニーズを大きく引き出す可能性がある一方，例えば造形品が体に直接触れたり，造形品を埋め込んだりする場合，薬事法上の安全性審査に時間がかかるといった指摘もある。安全性を確保しつつ，新しい技術の普及やイノベーションが進みやすい環境整備が重要であり，必要な制度改革が求められる。同時に，日本発の医療サービスの海外市場展開に向けた支援も重要である。

5.　まとめ

先に述べた付加製造技術の二つの発展可能性は，我が国製造業の競争力や付加価値づくりという視点から二つの重要な方向性をもたらすと考えられる。

一つは，精密なものづくりとしての付加価値であり，ここでは製造プロセスのデジタル化の影響を踏まえた対応が重要である。自動車や航空機，医療等の分野でデジタル製造技術を用いた精密なものづくりを行ううえでは，様々なデータや経験値を蓄積して「設計情報の高度化」を行い，再現可能な組織知へと結びつける能力（「データ統合力」）が競争上重要となる。付加製造技術の活用拡大は，設計情報に盛り込むことができるデータ量を増大させることなどにより，データ統合力の重要性を高めうる。精密な部品を付加製造装置で製造する可能性を一層広げるためには，設計と製造の現場がより密接に連携してすりあわせを行い，新しい製品を生み出していく「設計・製造連携」が重要となる。このように，付加製造技術は製造業の発展を支え，製造業の競争力に影響を与えていく可能性がある。

もう一つは，3Dプリンタを一つの契機としてものづくりの裾野が広がることで生まれる付加価値であり，ここでは，世界の多様な事業ニーズをつかむ「ものづくりの協業・ネットワーク化」が重要となる。具体的には，基幹部品の共通化が進んだ情報家電などを中心に，大規模資本や設備を有さない新たな主体が「インディーズ・メーカー」として参入し，様々なアイデアが造形化されて「適量規模の消費市場」が開拓できるようになる。こうした世界では，個人やベン

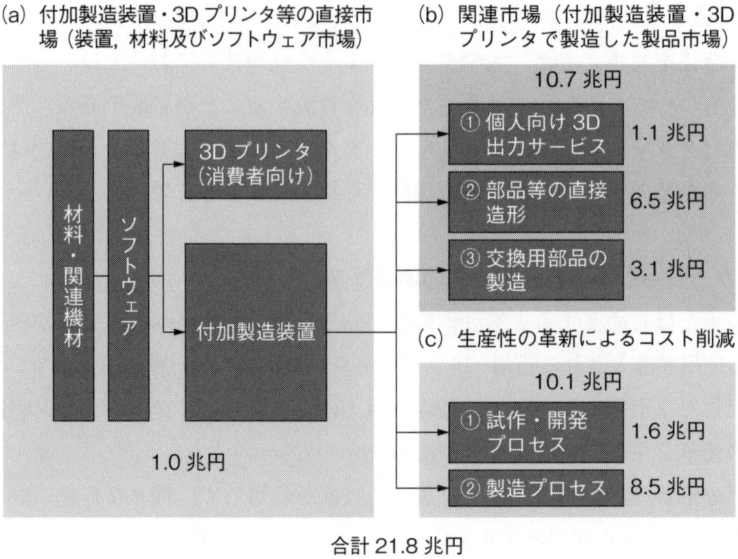

(a) 付加製造装置・3D プリンタ等の直接市場（装置，材料及びソフトウェア市場）

材料・関連機材
ソフトウェア
3D プリンタ（消費者向け）
付加製造装置
1.0 兆円

(b) 関連市場（付加製造装置・3D プリンタで製造した製品市場）

10.7 兆円
① 個人向け 3D 出力サービス 1.1 兆円
② 部品等の直接造形 6.5 兆円
③ 交換用部品の製造 3.1 兆円

(c) 生産性の革新によるコスト削減

10.1 兆円
① 試作・開発プロセス 1.6 兆円
② 製造プロセス 8.5 兆円

合計 21.8 兆円

図３　付加製造装置・3D プリンタによる経済波及効果試算

チャー，中小企業，専門主体等によるものづくり協業により，オープンなネットワークでのものづくりにより付加価値を高めることが重要となる。

こうした付加価値の源泉の変化を見据え，我が国製造業が競争力・収益力を確保していくため，産官学で連携した取組みが必要である。

また，「新ものづくり研究会」では，付加製造技術のもたらす経済波及効果を，2020 年時点で 21 兆 8 千億円（全世界）と試算している（**図 3**）。激化する国際競争の中，この豊かな可能性を我が国産業，企業の競争力に結びつけていくため，豊かな金属加工ノウハウなど我が国の強みを活かし，新たなツールを積極的に活用していくことが求められている。

索　引

●英数・記号●

●ア行●

●カ行●

●サ行●

●タ行●

●ナ行●

●ハ行●

●マ行●

●ヤ行●

●ラ行●

「新たなものづくり」3Dプリンタ活用最前線

―基盤技術，次世代型開発から産業分野別導入事例，促進の取組みまで―

発行日	2015年12月 8 日　初版第一刷発行
監修者	桐原　慎也
発行者	吉田　隆
発行所	株式会社 エヌ・ティー・エス 〒102-0091 東京都千代田区北の丸公園 2-1　科学技術館 2 階 TEL.03-5224-5430　http://www.nts-book.co.jp
編　集	新日本印刷株式会社
印刷・製本	新日本印刷株式会社

ISBN978-4-86043-437-3